计算机"十三五"规划教材

中文版 AutoCAD 2016 机械制图实例教程

主　编　张惠涛　喻红中　祝成峰
副主编　李秀娥　刘万辉

北京希望电子出版社
Beijing Hope Electronic Press
www.bhp.com.cn

内 容 简 介

本书详细介绍了 AutoCAD 2016 软件的应用方法，以及使用 AutoCAD 2016 进行机械图形设计与处理的方法，使读者能够快速掌握 AutoCAD 2016 的机械制图技能。

本书内容共分为 12 章，主要包括 AutoCAD 2016 基础入门、管理机械图形制图环境、管理视图与图层对象、绘制与编辑机械图形、创建文字与表格对象、计算面域与填充图案、管理外部的图块对象、创建图形的标注样式、使用三维绘图环境、创建三维机械模型、渲染与打印三维模型以及设计常用机械模型等内容，读者学后可以融会贯通、举一反三，制作出更多专业的机械图形文件。

本书结构清晰、语言简洁，适合于 AutoCAD 的初、中级读者使用，包括平面辅助绘图人员、机械绘图人员、工程绘图人员、模具绘图人员、工业绘图人员、室内装潢设计人员、室外建筑施工人员及建筑效果图制作者等，同时也可作为各类计算机培训中心、中职中专、高职高专等院校及相关专业的辅导教材。

图书在版编目（CIP）数据

中文版 AutoCAD 2016 机械制图实例教程 / 张惠涛，喻红中，祝成峰主编. -- 北京 ：北京希望电子出版社，2019.7（2023.8 重印）

ISBN 978-7-83002-703-2

Ⅰ．①中… Ⅱ．①张…②喻…③祝… Ⅲ．①机械制图－AutoCAD 软件－教材Ⅳ．①TH126

中国版本图书馆 CIP 数据核字（2019）第 140497 号

出版：北京希望电子出版社	封面：赵俊红
地址：北京市海淀区中关村大街 22 号	编辑：周卓琳
中科大厦 A 座 10 层	校对：薛海霞
邮编：100190	开本：787mm×1092mm 1/16
网址：www.bhp.com.cn	印张：15.5
电话：010-82626270	字数：400 千字
传真：010-62543892	印刷：廊坊市广阳区九洲印刷厂
经销：各地新华书店	版次：2023 年 8 月 1 版 2 次印刷

定价：68.00 元

前　言

AutoCAD 2016 是由美国 Autodesk 公司开发的一款计算机辅助绘图与设计软件，具有界面友好、功能强大、易于掌握、使用方便和体系结构开放等特点，广泛应用于机械、电子、建筑、土木、园林等领域，深受相关行业设计人员的青睐。

为了帮助广大读者快速掌握 AutoCAD 2016 机械制图技术，特别组织专家和一线骨干老师编写了《中文版 AutoCAD 2016 机械制图实例教程》一书。本书主要具有以下特点。

（1）全面介绍 AutoCAD 2016 软件的基本功能及实际应用，以各种重要技术为主线，对每种技术中的重点内容进行详细介绍。

（2）运用全新的写作手法和写作思路，使读者在学习本书之后能够快速掌握软件操作技能，真正成为 AutoCAD 2016 机械制图的行家里手。

（3）以实用为教学出发点，以培养读者实际应用能力为目标，通过手把手地讲解机械图形设计过程中的要点与难点，使读者全面掌握 AutoCAD 机械设计的知识。

本书知识点安排合理，运用简练、流畅的语言，结合丰富、实用的实例，由浅入深地对 AutoCAD 2016 的机械图形设计功能进行全面、系统的讲解，让读者在最短的时间内掌握最有用的知识，迅速成为 AutoCAD 制图高手。本书结构安排如下所述。

第 1 章　AutoCAD 2016 基础入门。通过对本章的学习，读者可以了解 AutoCAD 2016 的基本功能；启动与退出 AutoCAD 2016 的方法；了解 AutoCAD 2016 的工作界面；掌握图形文件的基本操作方法。

第 2 章　管理机械图形制图环境。通过对本章的学习，读者可以掌握设置坐标和坐标系显示的方法；使用正交、捕捉与栅格功能的方法；设置工作环境参数的方法。

第 3 章　管理视图与图层对象。通过对本章的学习，读者可以掌握对图形进行平移和缩放的方法；创建与合并平铺视口的方法；新建图层并置为当前层的方法；设置图层对象属性的方法。

第 4 章　绘制与编辑机械图形。通过对本章的学习，读者可以掌握绘制二维机械图形对象的方法；编辑二维机械图形对象的方法。

第 5 章　创建文字与表格对象。通过对本章的学习，读者可以掌握创建与编辑单行文字的方法；创建与编辑多行文字的方法；插入与更新文字对象的方法；创建与编辑表格对象的方法。

第 6 章　计算面域与填充图案。通过对本章的学习，读者可以掌握创建面域的方法；

布尔运算面域对象的方法；创建与编辑图案填充的方法。

第7章　管理外部的图块对象。通过对本章的学习，读者可以掌握创建与修改块对象的方法；附着、拆离与绑定外部参照的方法；应用 AutoCAD 设计中心管理图形的方法。

第8章　创建图形的标注样式。通过对本章的学习，读者可以掌握新建与设置标注样式的方法；标注机械图形尺寸的方法。

第9章　使用三维绘图环境。通过对本章的学习，读者可以掌握创建坐标系与动态观察的方法；使用视觉样式显示模型的方法；使用相机观察三维模型的方法；使用漫游与飞行观察三维模型的方法。

第10章　创建三维机械模型。通过对本章的学习，读者可以掌握创建三维实体对象的方法；编辑三维实体对象的方法；布尔运算三维实体对象的方法。

第11章　渲染与打印三维模型。通过对本章的学习，读者可以掌握设置三维材质与贴图的方法；设置模型光源并渲染的方法；设置与打印图形图纸的方法。

第12章　设计常用机械模型。通过对本章的学习，读者可以掌握二维机械、三维机械、模型零件以及产品样板的设计方法。

本书由石家庄学院的张惠涛、贵州职业技术学院的喻红中和广州华夏职业学院的祝成峰担任主编，由滨州技术学院的李秀娥和唐山职业技术学院的刘万辉担任副主编。本书的相关资料和售后服务可扫本书封底的微信二维码或登录 www.bjzzwh.com 下载获得。

由于编者水平有限，书中难免有疏漏或不妥之处，恳请广大师生和读者批评指正。

编　者

目　录

第 1 章　AutoCAD 2016 基础入门 1
【本章导读】 1
【本章重点】 1
1.1　初识 AutoCAD 2016 1
1.1.1　创建与编辑图形 1
1.1.2　输出及打印图形 3
1.1.3　标注图形尺寸 3
1.1.4　控制图形显示 4
1.1.5　渲染三维图形 4
1.2　启动与退出 AutoCAD 2016 4
1.2.1　启动 AutoCAD 2016 5
1.2.2　退出 AutoCAD 2016 5
1.3　了解 AutoCAD 2016 的工作界面 6
1.3.1　标题栏 7
1.3.2　菜单浏览器 7
1.3.3　快速访问工具栏 7
1.3.4　"功能区"选项板 8
1.3.5　绘图窗口 8
1.3.6　命令窗口 8
1.3.7　状态栏 9
1.4　掌握图形文件的基本操作 10
1.4.1　创建图形文件 10
1.4.2　打开图形文件 11
1.4.3　保存图形文件 12
1.4.4　关闭图形文件 12
本章小节 13
课后习题 13

第 2 章　管理机械图形制图环境 14
【本章导读】 14
【本章重点】 14
2.1　设置坐标和坐标系显示 14
2.1.1　世界坐标系 14
2.1.2　用户坐标系 14

2.1.3　相对坐标 15
2.1.4　绝对坐标 16
2.1.5　相对极坐标 16
2.1.6　绝对极坐标 16
2.1.7　控制坐标显示 16
2.1.8　控制坐标系图标显示 17
2.1.9　设置正交 UCS 18
2.1.10　重命名用户坐标系 19
2.2　使用正交、捕捉与栅格功能 19
2.2.1　开启正交功能 20
2.2.2　开启捕捉和栅格功能 21
2.2.3　开启捕捉自功能 22
2.2.4　开启极轴追踪功能 23
2.3　设置个性化环境参数 23
2.3.1　设置文件路径 23
2.3.2　设置窗口元素 24
2.3.3　设置文件保存时间 25
2.3.4　设置打印与发布 26
2.3.5　设置图形性能 26
2.3.6　设置用户系统配置 27
2.3.7　设置绘图 27
2.3.8　设置三维建模 27
2.3.9　设置拾取框大小 28
本章小节 29
课后习题 29

第 3 章　管理视图与图层对象 30
【本章导读】 30
【本章重点】 30
3.1　对图形进行平移和缩放 30
3.1.1　实时平移 30
3.1.2　定点平移 31
3.1.3　放大视图 32
3.1.4　缩小视图 32

3.1.5	实时缩放	33
3.1.6	圆心缩放	34
3.1.7	动态缩放	35
3.1.8	比例缩放	36
3.1.9	窗口缩放	37
3.1.10	范围缩放	38
3.1.11	对象缩放	39

3.2 创建与合并平铺视口 39
  3.2.1 创建平铺视口 40
  3.2.2 合并平铺视口 41
  3.2.3 分割平铺视口 42
3.3 新建图层并置为当前层 42
  3.3.1 新建图层 42
  3.3.2 置为当前层 44
3.4 设置图层对象的属性 44
  3.4.1 设置图层颜色与线宽 44
  3.4.2 设置图层线型 46
  3.4.3 设置线型比例 47
  3.4.4 隐藏和显示图层 48
本章小节 49
课后习题 49

第 4 章　绘制与编辑机械图形 50

【本章导读】 50
【本章重点】 50
4.1 绘制二维机械图形对象 50
  4.1.1 绘制单点和多点 50
  4.1.2 绘制定数等分点 52
  4.1.3 绘制直线 53
  4.1.4 绘制射线 54
  4.1.5 绘制构造线 55
  4.1.6 绘制圆 56
  4.1.7 绘制圆弧 57
  4.1.8 绘制圆环 58
  4.1.9 绘制正多边形 59
4.2 编辑二维机械图形对象 60
  4.2.1 选择图形 60
  4.2.2 复制图形 63
  4.2.3 镜像图形 64
  4.2.4 阵列图形 65

  4.2.5 偏移图形 66
  4.2.6 缩放图形 67
  4.2.7 拉伸图形 68
  4.2.8 修剪图形 69
  4.2.9 延伸图形 70
  4.2.10 圆角图形 71
  4.2.11 倒角图形 72
  4.2.12 对齐图形 73
本章小节 75
课后习题 75

第 5 章　创建文字与表格对象 76

【本章导读】 76
【本章重点】 76
5.1 创建与编辑单行文字 76
  5.1.1 创建单行文字 76
  5.1.2 编辑单行文字 79
  5.1.3 创建特殊字符 80
5.2 创建与编辑多行文字 81
  5.2.1 创建多行文字 81
  5.2.2 堆叠多行文字 82
  5.2.3 缩放多行文字 83
  5.2.4 控制文字显示 84
5.3 插入与更新文字对象 85
  5.3.1 插入字段 85
  5.3.2 更新字段 86
  5.3.3 超链接操作 86
5.4 创建与编辑表格对象 88
  5.4.1 创建表格样式 88
  5.4.2 编辑表格样式 89
  5.4.3 创建表格对象 90
  5.4.4 设置表格底纹 91
  5.4.5 设置表格边框 92
  5.4.6 调整表格列宽 93
  5.4.7 调整表格行高 94
本章小节 95
课后习题 95

第 6 章　计算面域与填充图案 96

【本章导读】 96

【本章重点】 96
6.1 创建面域 96
　　6.1.1 了解面域 96
　　6.1.2 运用"面域"命令创建面域 ... 96
　　6.1.3 运用"边界"命令创建面域 ... 97
6.2 布尔运算面域对象 99
　　6.2.1 交集运算 99
　　6.2.2 并集运算 100
　　6.2.3 差集运算 101
　　6.2.4 提取面域数据 102
6.3 创建与编辑图案填充 103
　　6.3.1 了解图案填充 103
　　6.3.2 创建图案填充 104
　　6.3.3 使用孤岛填充 105
　　6.3.4 创建渐变色填充 106
　　6.3.5 更改图案填充 107
　　6.3.6 调整图案填充比例 108
　　6.3.7 设置图案填充透明度 110
　　6.3.8 修剪图案填充 111
　　6.3.9 分解图案填充 112
　　6.3.10 控制图案填充 112
本章小节 113
课后习题 113

第7章 管理外部的图块对象 114

【本章导读】 114
【本章重点】 114
7.1 创建与修改块对象 114
　　7.1.1 创建内部图块 114
　　7.1.2 创建外部图块 116
　　7.1.3 插入块 117
　　7.1.4 分解块 118
　　7.1.5 定义属性块 119
　　7.1.6 修改属性定义 121
　　7.1.7 提取属性 123
7.2 附着、拆离与绑定外部参照 125
　　7.2.1 附着图形参照 125
　　7.2.2 附着图像参照 127
　　7.2.3 附着PDF详图 128

　　7.2.4 拆离外部参照 129
　　7.2.5 绑定外部参照 130
7.3 应用AutoCAD设计中心
　　管理图形 132
　　7.3.1 启动AutoCAD设计中心 132
　　7.3.2 通过设计中心插入图块 133
　　7.3.3 搜索图形对象 134
本章小节 135
课后习题 135

第8章 创建图形的标注样式 136

【本章导读】 136
【本章重点】 136
8.1 新建与设置标注样式 136
　　8.1.1 了解标注样式 136
　　8.1.2 新建标注样式 137
　　8.1.3 修改尺寸线 139
　　8.1.4 设置标注箭头的大小 140
　　8.1.5 设置标注箭头的样式 141
　　8.1.6 设置标注文字 142
　　8.1.7 设置标注比例 144
　　8.1.8 设置主单位 144
8.2 标注机械图形尺寸 145
　　8.2.1 使用线性标注 145
　　8.2.2 使用对齐标注 147
　　8.2.3 使用基线标注 148
　　8.2.4 使用半径标注 149
　　8.2.5 使用直径标注 150
　　8.2.6 使用弧长标注 151
　　8.2.7 使用圆心标记 152
本章小节 153
课后习题 153

第9章 使用三维绘图环境 154

【本章导读】 154
【本章重点】 154
9.1 创建坐标系与动态观察 154
　　9.1.1 创建用户坐标系 154
　　9.1.2 创建世界坐标系 155
　　9.1.3 使用"视点"命令 156

9.1.4 使用"视点预设"命令 157
9.1.5 三维动态观察模型 158
9.1.6 三维标准视图观察模型 159
9.2 使用视觉样式显示模型 160
9.2.1 使用视觉样式管理器 160
9.2.2 使用二维线框显示模型 161
9.2.3 使用概念显示模型 162
9.2.4 使用真实显示模型 162
9.3 使用相机观察三维模型 163
9.3.1 创建相机观察模型 163
9.3.2 修改相机观察模型 165
9.4 使用漫游与飞行观察三维模型 166
9.4.1 使用漫游观察三维模型 166
9.4.2 使用飞行观察三维模型 167
本章小节 168
课后习题 169

第 10 章 创建三维机械模型 170

【本章导读】 170
【本章重点】 170
10.1 创建三维实体对象 170
10.1.1 创建拉伸实体 170
10.1.2 创建旋转实体 171
10.1.3 创建三维直线 172
10.1.4 创建长方体 173
10.1.5 创建球体 174
10.1.6 创建圆柱体 175
10.1.7 创建圆锥体 176
10.2 编辑三维实体对象 177
10.2.1 移动三维实体 177
10.2.2 旋转三维实体 178
10.2.3 镜像三维实体 179
10.2.4 对齐三维实体 180
10.2.5 分解三维实体 181
10.2.6 加厚三维实体 182
10.2.7 抽壳三维实体 183
10.3 布尔运算三维实体对象 184
10.3.1 并集三维实体 184
10.3.2 差集三维实体 185
10.3.3 交集三维实体 187

本章小节 188
课后习题 188

第 11 章 渲染与打印三维模型 189

【本章导读】 189
【本章导读】 189
11.1 设置三维材质与贴图 189
11.1.1 设置模型材质 189
11.1.2 设置三维贴图 191
11.2 设置模型光源并渲染 192
11.2.1 创建模型光源 193
11.2.2 设置渲染环境 194
11.2.3 渲染三维模型 195
11.3 设置与打印图形图纸 195
11.3.1 设置打印设备 196
11.3.2 设置图纸尺寸 196
11.3.3 设置打印区域 197
11.3.4 在模型空间打印 198
11.3.5 创建打印布局 199
11.3.6 输入与输出图形 200
11.3.7 打印图形文件 201
本章小节 202
课后习题 202

第 12 章 设计常用机械模型 203

【本章导读】 203
【本章导读】 203
12.1 二维机械：制作平垫圈 203
12.1.1 绘制平垫圈基本图形 203
12.1.2 填充平垫圈图形对象 208
12.2 三维机械：制作三通接头 211
12.2.1 绘制三通接头基本模型 211
12.2.2 渲染三通接头机械模型 215
12.3 模型零件：制作阀管模型 219
12.3.1 绘制阀管基本模型 219
12.3.2 完善阀管并着色处理 222
12.4 产品设计：制作电源插座 225
12.4.1 绘制插座基本模型 225
12.4.2 渲染处理插座模型 237
本章小节 240

第 1 章　AutoCAD 2016 基础入门

【本章导读】

AutoCAD 2016 是由美国 Autodesk 公司推出的 AutoCAD 的最新版本，它是一款计算机辅助绘图与设计软件，具有功能强大、易于掌握、使用方便等特点，能够绘制二维与三维图形、标注图形尺寸、渲染图形以及打印输出图纸。本章将介绍 AutoCAD 2016 的基础知识，以及图形文件的基本操作。

【本章重点】

- 初识 AutoCAD 2016
- 启动与退出 AutoCAD 2016
- 了解 AutoCAD 2016 的工作界面
- 掌握图形文件的基本操作

1.1　初识 AutoCAD 2016

AutoCAD 产生于 1982 年，至今已经过多次升级，其功能不断增强并日趋完善，如今已成为工程设计领域中应用最为广泛的计算机辅助绘图和设计软件之一，深受广大工程技术人员的欢迎。本节主要介绍 AutoCAD 2016 的主要功能。

1.1.1　创建与编辑图形

在 AutoCAD 2016 中，可以通过菜单中的"绘图"菜单和"修改"菜单下的相应命令绘制图形。在 AutoCAD 2016 中，既可以绘制平面图，也可以绘制轴测图和三维图。下面向用户介绍绘制各种图形的方法。

1．绘制平面图

AutoCAD 提供了丰富的绘图命令，使用这些命令可以绘制直线、构造线、多段线、圆、矩形、多边形、椭圆等基本图形，也可以将绘制的图形转换为面域，对其进行填充，使用"绘图"选项板中的相应命令，可以绘制出各种各样的平面图形，如图 1-1 所示的室内平面图，以及在其他软件中根据图纸设计的效果图。

图 1-1　室内平面图和效果图

2．绘制轴测图

在工程设计中经常见到轴测图，轴测图是一种以二维绘图技术来模拟三维对象沿特定视点产生的三维平行投影效果，但在绘制方法上不同于二维图形的绘制。因此轴测图看似三维图形，但实际上是二维图形。切换到 AutoCAD 的轴测模式下，就可以方便地绘制出轴测图。此时直线将绘制成与坐标轴成 300°、90°、150°等角度，圆将绘制成椭圆，如图 1-2 所示的轴测图。

3．绘制三维图

在 AutoCAD 2016 中，不仅可以把一些平面图形通过拉伸、设定标高和厚度等方式转换为三维图形，还提供了三维绘图命令，用户可以很方便地绘制圆柱体、球体、长方体等基本实体以及三维网格、旋转网格等网格模型。同样，再结合编辑命令，还可以绘制出各种复杂的三维图形，如图 1-3 所示。

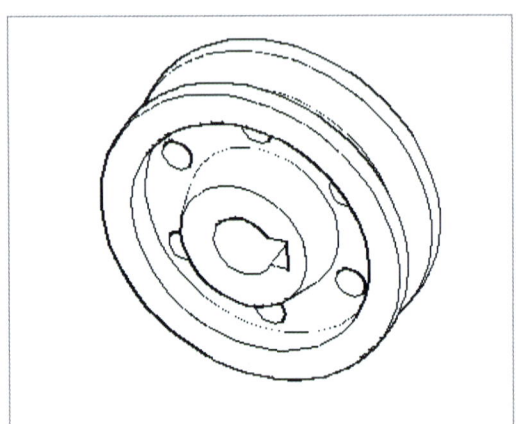 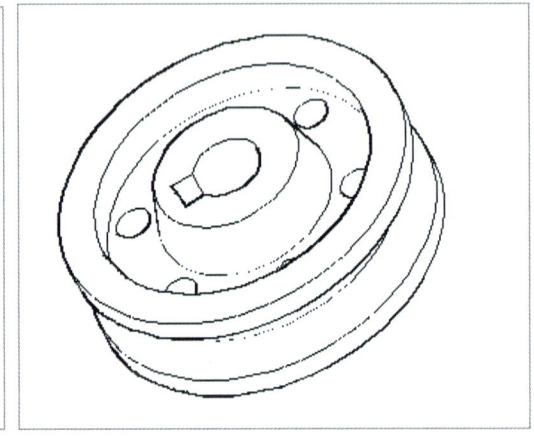

图 1-2　模型轴测图

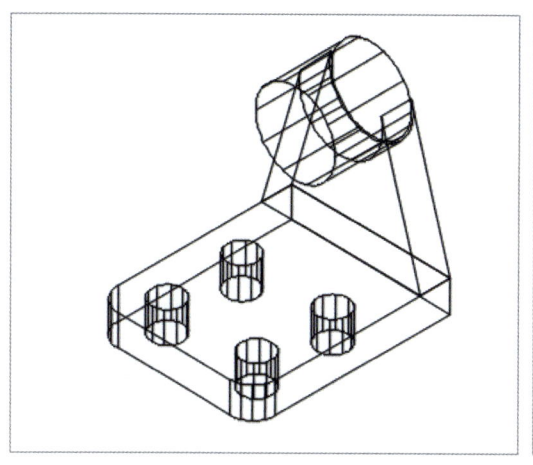 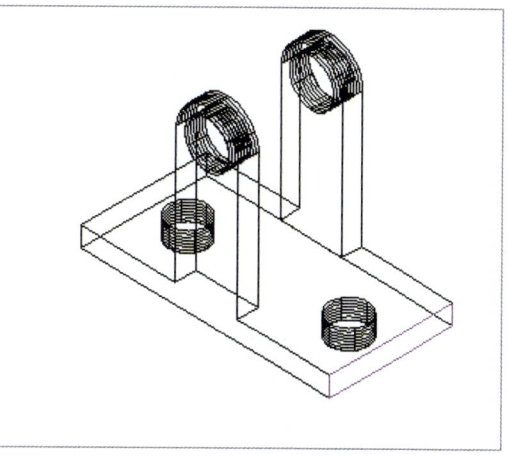

图 1-3　三维模型

1.1.2　输出及打印图形

AutoCAD 2016 不仅允许将所绘制的图形以不同样式通过绘图仪或打印机输出，还能够将不同格式的图形导入 AutoCAD 或将 AutoCAD 图形以其他格式输出。因此，当图形绘制完成之后可以使用多种方法将其输出。例如，可以将图形打印在图纸上，或创建成文件以供其他应用程序使用。

1.1.3　标注图形尺寸

尺寸标注是向图形中添加测量注释的过程，是整个绘图过程中不可缺少的一步。AutoCAD 2016 提供了标注功能，使用该功能可以在图形的各个方向上创建各种类型的标注，也可以方便、快速地以一定格式创建符合行业或项目标准的标注。

在 AutoCAD 2016 中提供了线性、半径和角度 3 种基本标注类型，可以进行水平、垂直、对齐、旋转、坐标、基线或连续等标注。标注的对象可以是二维图形或三维图形，如图 1-4 所示。

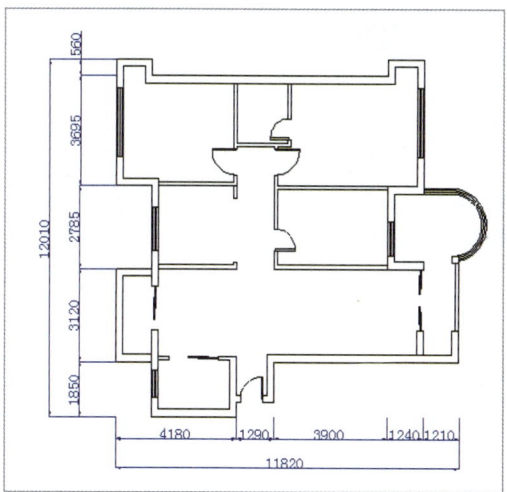 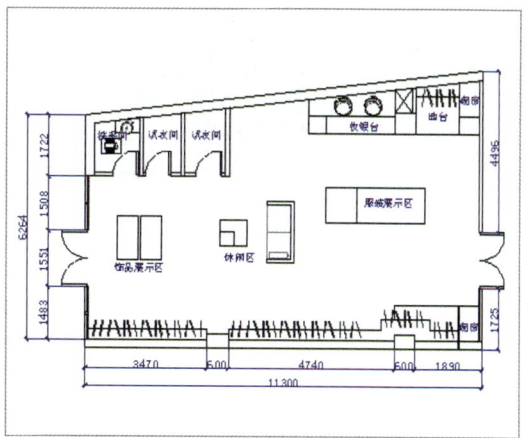

图 1-4　标注图形尺寸

1.1.4 控制图形显示

控制图形显示可以方便地以多种方式放大或缩小绘制的图形。对于三维图形来说，可以通过改变观察视点，从不同视角显示图形；也可以将绘图窗口分为多个视口，从而在各个视口中以不同文件方位显示同一图形。此外，AutoCAD 2016 还提供了三维动态观察器，利用该观察器可以动态地观察三维图形，如图 1-5 所示。

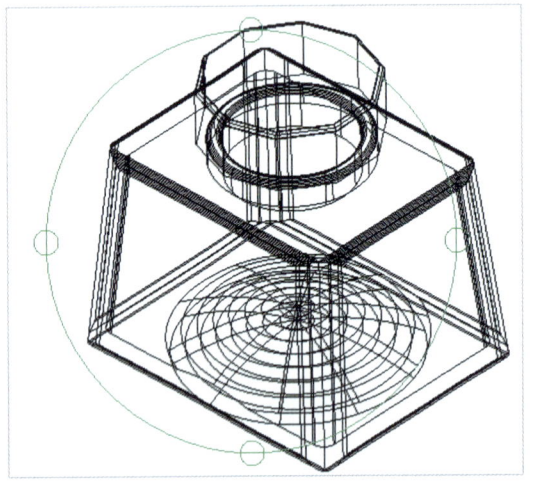 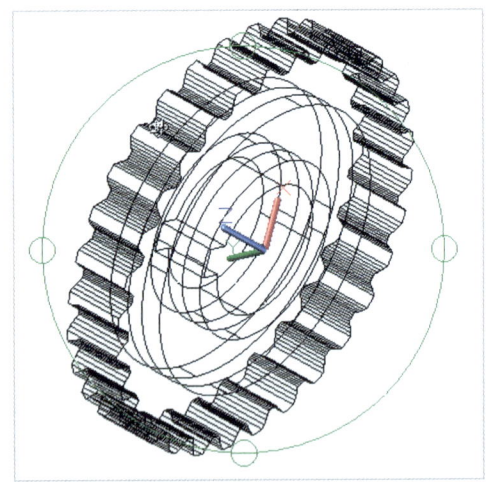

图 1-5 动态观察图形

1.1.5 渲染三维图形

在 AutoCAD 2016 中，可以运用雾化、光源和材质，将模型渲染为具有真实感的图像。如果为了演示，可以渲染全部对象，如图 1-6 所示。

图 1-6 渲染三维图形

1.2 启动与退出 AutoCAD 2016

下面以在 Windows 7 操作系统下启动与退出 AutoCAD 2016 为例，向用户介绍启动与退出 AutoCAD 2016 的方法。

第 1 章　AutoCAD 2016 基础入门

1.2.1　启动 AutoCAD 2016

在安装好 AutoCAD 2016 软件后，用户可以通过以下方法启动 AutoCAD 2016。

步骤 01　移动鼠标指针至桌面上的 AutoCAD 2016 图标上，在图标上单击鼠标右键，在弹出的快捷菜单中选择"打开"选项，如图 1-7 所示。

步骤 02　弹出 AutoCAD 2016 程序启动界面，显示程序启动信息，如图 1-8 所示。

图 1-7　选择"打开"选项

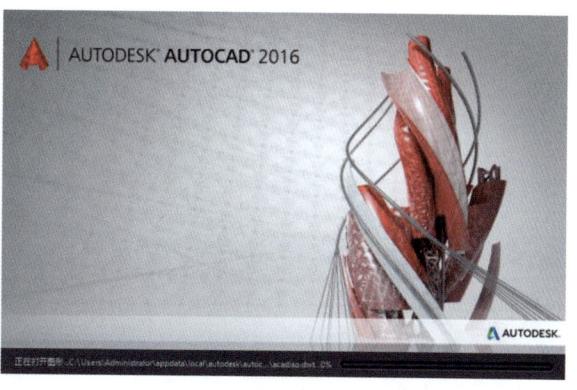
图 1-8　显示程序启动信息

步骤 03　稍等片刻，即可进入 AutoCAD 2016 的程序界面，如图 1-9 所示。

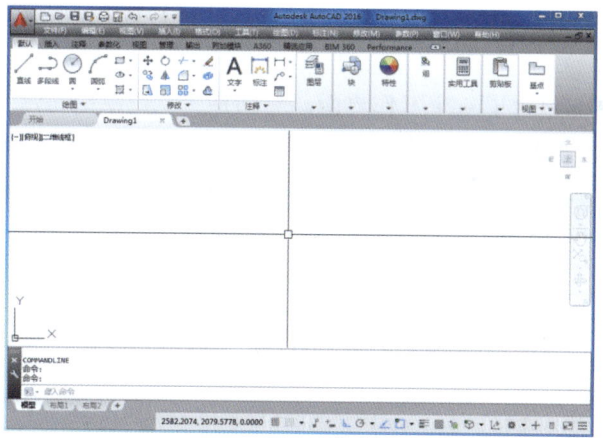
图 1-9　进入 AutoCAD 2016

1.2.2　退出 AutoCAD 2016

当用户完成绘图工作后，不再需要 AutoCAD 2016 软件，则可以退出该程序。下面介绍退出 AutoCAD 2016 软件的方法。

步骤 01　启动 AutoCAD 2016 后，单击"菜单浏览器"按钮，在弹出的下拉菜单中，单击"退出 Autodesk AutoCAD 2016"按钮，如图 1-10 所示。

步骤 02　执行操作后，即可退出 AutoCAD 2016 的应用程序。

> ▶ **专家指点**
> 若在工作界面中进行了部分操作,之前也未保存,在退出该软件时,会弹出信息提示框,如图 1-11 所示。单击"是"按钮,将保存文件;单击"否"按钮,将不保存文件;单击"取消"按钮,将不退出 AutoCAD 2016 程序。

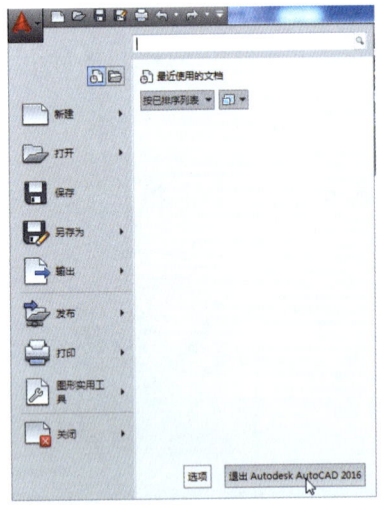

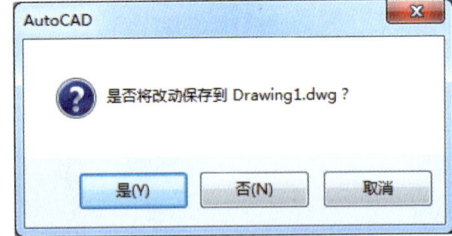

图 1-10 单击"退出 Autodesk AutoCAD 2016"按钮　　　图 1-11 信息提示框

1.3 了解 AutoCAD 2016 的工作界面

AutoCAD 2016 包含了 4 个工作界面,分别是"二维草图与注释""三维基础""三维建模"和"AutoCAD 经典"工作界面。在"二维草图与注释"工作界面中,其界面主要由菜单浏览器、标题栏、快速访问工具栏、绘图窗口、功能区、命令行以及状态栏等部分组成,如图 1-12 所示。

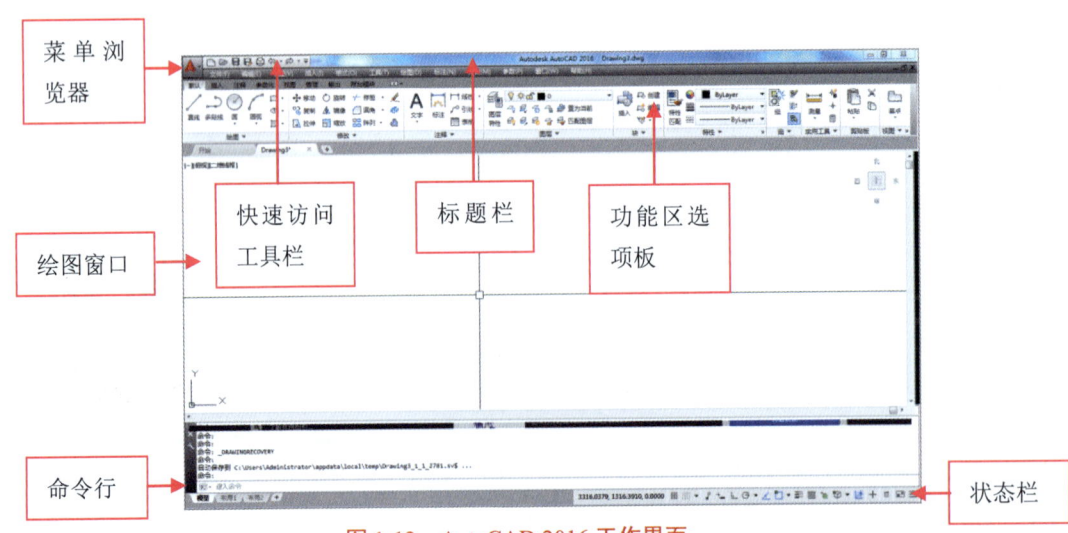

图 1-12 AutoCAD 2016 工作界面

1.3.1 标题栏

标题栏位于应用程序窗口的最上方，用于显示当前正在运行的程序及文件名等信息，图 1-13 为 AutoCAD 2016 的标题栏。

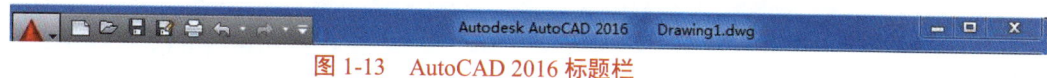

图 1-13　AutoCAD 2016 标题栏

单击标题栏右侧的按钮组　　　　，可以最小化、最大化或关闭应用程序窗口。在标题栏上的空白处单击鼠标右键，在弹出快捷菜单中可以执行最小化窗口、最大化窗口、还原窗口、关闭 AutoCAD 等操作。

1.3.2 菜单浏览器

"菜单浏览器"按钮 是 AutoCAD 2016 新增的功能按钮，位于界面左上角。单击该按钮，将弹出 AutoCAD 菜单，如图 1-14 所示，这其中几乎包含了 AutoCAD 的全部功能和命令，用户单击命令后即可执行相应操作。

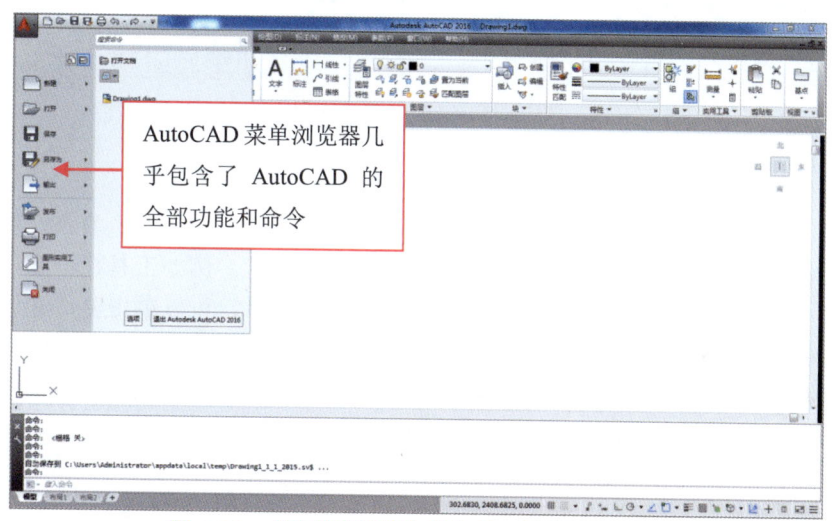

图 1-14　"菜单浏览器"按钮的下拉菜单

> ▶ 专家指点
>
> 单击"菜单浏览器"按钮 ，在弹出的菜单中，在"搜索"文本框中输入关键字，然后单击"搜索"按钮，即可以显示与关键字相关的命令。

1.3.3 快速访问工具栏

AutoCAD 2016 的快速访问工具栏中包含最常操作的快捷按钮，方便用户使用。在默认状态中，快速访问工具栏中包含 7 个快捷按钮，如图 1-15 所示，分别为"新建"按钮、"打开"按钮、"保存"按钮、"另存为"按钮、"打印"按钮、"放弃"按钮和"重做"按钮。

图 1-15　快速访问工具栏

如果想在快速访问工具栏中添加或删除其他按钮，可以在快速访问工具栏上单击鼠标右键，在弹出的快捷菜单中选择"自定义快速访问工具栏"选项，在弹出的"自定义用户界面"对话框中进行设置即可。

> ▶ 专家指点
>
> 在快速访问工具栏右侧的三角按钮上单击鼠标左键，再在弹出的快捷菜单栏中选择"显示菜单栏"选项，就可以在工作空间中显示菜单栏。

1.3.4 "功能区"选项板

"功能区"选项板是一种特殊的选项板，位于绘图区的上方，是菜单和工具栏的主要替代工具。默认状态下，在"草图与注释"工作界面中，"功能区"选项板包含了默认、插入、注释、参数化、视图、管理、输出、附加模块等选项卡。每个选项卡包含若干个面板，每个面板又包含许多命令按钮，如图1-16所示。

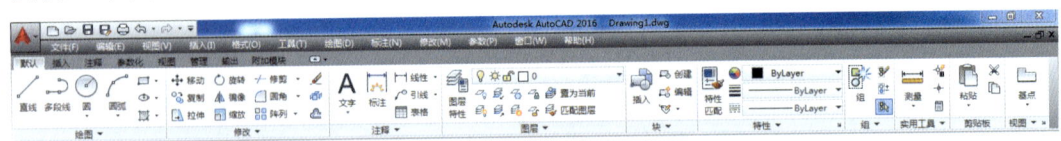

图1-16 "功能区"选项板

1.3.5 绘图窗口

绘图窗口是用户绘制图形时的工作区域，用户可以通过 LIMITS 命令设置显示在屏幕上绘图区域的大小，也可以根据需要关闭其他窗口元素，例如工具栏、选项板等，以增大绘图空间。如果图纸比较大，需要查看未显示部分时，可以单击窗口右边与下边滚动条上的箭头，或拖曳滚动条上的滑块来移动图纸。绘图窗口左下方显示的是系统默认的世界坐标系图标。绘图窗口底部显示了"模型""布局1"和"布局2"3个选项卡，用户可以在模型空间及图纸空间之间自由切换。

1.3.6 命令窗口

命令窗口位于绘图窗口的底部，用于接收输入的命令，并显示 AutoCAD 的提示信息。在 AutoCAD 2016 中，命令窗口可以拖曳为浮动窗口，如图1-17所示。处于浮动状态的命令行随拖曳位置的不同，其标题显示的方向也不同。如果将命令行拖曳到绘图窗口的右侧，这时命令窗口的标题栏也将位于右边。

图1-17 AutoCAD 2016 命令窗口

第 1 章　AutoCAD 2016 基础入门

> ▶ 专家指点
>
> 使用 AutoCAD 2016 绘图时，命令提示行一般有以下两种显示状态。
> （1）等待命令输入状态：表示系统等待用户输入命令，以绘制或编辑图形。
> （2）正在执行命令的状态：在执行命令的过程中，命令提示行中将显示该命令的操作提示。

1.3.7　状态栏

状态栏位于屏幕的最下方，它显示了 AutoCAD 当前的工作状态，以及其他的显示按钮等，如图 1-18 所示。

图 1-18　AutoCAD 2016 状态栏

状态栏中包括"推断约束""捕捉模式""栅格""正交模式""极轴追踪""二维对象捕捉""三维对象捕捉""对象捕捉追踪""动态 UCS""动态输入""线宽""透明度""快捷特性""选择循环"和"注释监视器"这 15 个状态转换按钮，功能如表 1-1 所示。

表 1-1　状态栏中的状态转换按钮

名称	功能说明
推断约束	单击该按钮，打开推断约束功能，可约束设置的限制效果，比如限制两条直线垂直、相交、共线，圆与直线相切等
捕捉模式	单击该按钮，打开捕捉设置，此时光标只能在 X 轴、Y 轴或极轴方向移动固定的距离
栅格	单击该按钮，打开栅格显示，此时屏幕上将布满小点。其中，栅格的 X 轴和 Y 轴间距也可通过"草图设置"对话框的"捕捉和栅格"选项卡进行设置
正交模式	单击该按钮，打开正交模式，此时只能绘制垂直直线或水平直线
极轴追踪	单击该按钮，打开极轴追踪模式。在绘制图形时，系统将根据设置显示一条追踪线，可在该追踪线上根据提示精确移动光标，从而进行精确绘图
二维对象捕捉	单击该按钮，打开对象捕捉模式。因为所有的几何对象都有一些决定其形状和方位的关键点，所以在绘图时可以利用对象捕捉功能，自动捕捉这些关键点
三维对象捕捉	单击该按钮，打开三维对象捕捉模式。在绘图时可以利用三维对象捕捉功能，自动捕捉三维图形的各个关键点
对象捕捉追踪	单击该按钮，打开对象捕捉模式，可以通过捕捉对象上的关键点，沿着正交方向或极轴方向拖曳光标，此时可以显示光标当前位置与捕捉点之间的相对关系。若找到符合要求的点，直接单击即可
动态 UCS	单击该按钮，可以允许或禁止动态 UCS
动态输入	单击该按钮，将在绘制图形时自动显示动态输入文本框，方便绘图时设置数值

续表

线宽	单击该按钮，打开线宽显示。在绘图时如果为图层和所绘图形设置了不同的线宽，打开该开关，可以在屏幕上显示线宽，以标识各种具有不同线宽的对象
透明度	单击该按钮，打开透明度显示。在绘图时如果为图层和所绘图形设置了不同的透明度，打开该开关，可以在屏幕上显示透明度，方便识别不同的对象。
快捷特性	单击该按钮，可以显示对象的快捷特性选项板，能帮助用户快捷地编辑对象的一般特性。通过"草图设置"对话框的"快捷特性"选项卡可以设置快捷特性选项板的位置模式和大小
选择循环	单击该按钮，可以帮助用户对选择进行循环操作
注释监视器钮	单击该按钮，可以启用注释监视器，它提供关于关联注释状态的反馈。如果当前图形中的所有注释都已关联，在系统托盘中的注释图标将保持为正常

1.4 掌握图形文件的基本操作

要学习 AutoCAD 2016 软件的设计应用，首先需掌握 AutoCAD 2016 的基本操作，包括新建图形文件、打开图形文件、保存图形文件、输出图形文件和关闭图形文件，下面向用户介绍各个基本操作的方法。

1.4.1 创建图形文件

启动 AutoCAD 2016 之后，系统将自动新建一个名为"Drawing1"的图形文件，该图形文件默认以"acadiso.dwt"为模板，用户根据需要也可以新建图形文件，以完成相应的绘图操作。下面介绍创建图形文件的操作方法。

步骤 01 启动 AutoCAD 2016，单击"菜单浏览器"按钮，在弹出的菜单列表中单击"新建"命令，如图 1-19 所示。

步骤 02 弹出"选择样板"对话框，在列表框中选择相应选项，如图 1-20 所示。

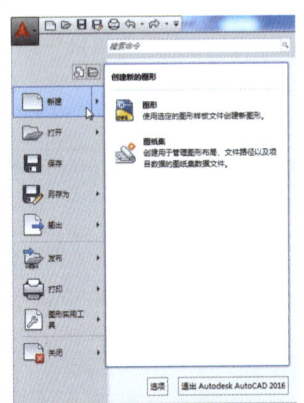

图 1-19 单击"新建"命令

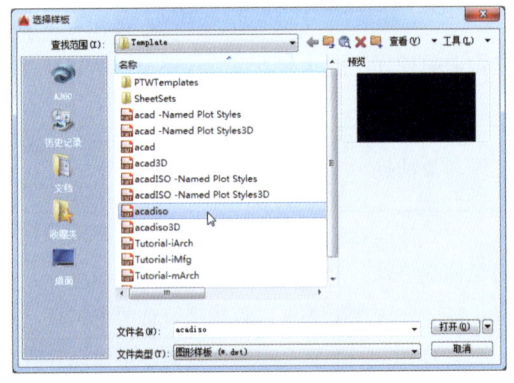

图 1-20 选择 acadiso 选项

步骤 03 单击"打开"按钮，即可新建图形文件。

第 1 章　AutoCAD 2016 基础入门

> ▶ 专家指点
>
> 用户还可以通过以下 3 种方法，新建图形文件。
> （1）在命令行中输入 NEW 命令，并按【Enter】键确认。
> （2）按【Ctrl + N】组合键。
> （3）单击快速访问工具栏的"新建"按钮。

1.4.2　打开图形文件

若计算机中已经保存了 AutoCAD 文件，可以将其打开进行查看和编辑。下面介绍打开图形文件的操作方法。

步骤 01　在 AutoCAD 2016 工作界面中，单击"菜单浏览器"按钮，如图 1-21 所示。
步骤 02　在弹出的菜单列表中单击"打开"|"图形"命令，如图 1-22 所示。

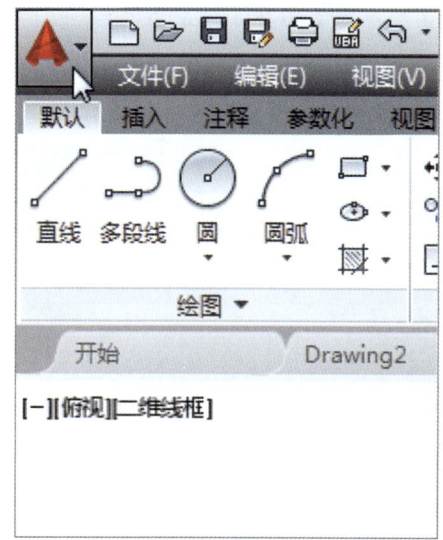
图 1-21　单击"菜单浏览器"按钮

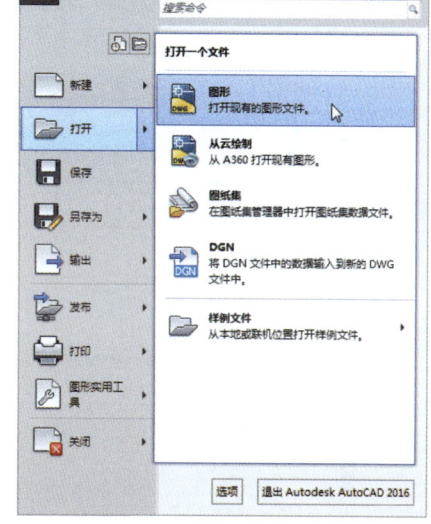
图 1-22　单击"打开"|"图形"命令

步骤 03　弹出"选择文件"对话框，在"查找范围"列表框中选择需要打开的素材图形（素材\第 1 章\卡座.dwg），如图 1-23 所示。
步骤 04　单击"打开"按钮，即可打开素材图形，如图 1-24 所示。

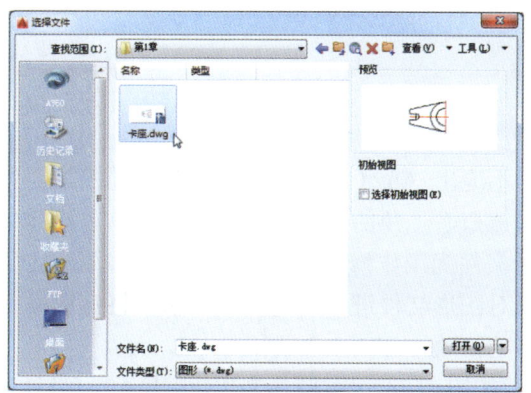

图 1-23　选择素材图形

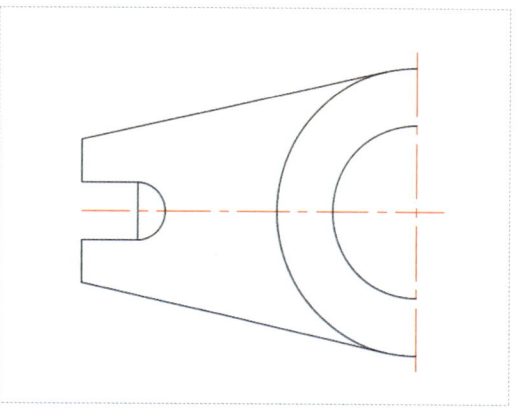
图 1-24　打开素材图形

> ▶ 专家指点
>
> 用户还可以通过以下 3 种方法，打开图形文件。
> （1）在命令行中输入 OPEN 命令，并按【Enter】键确认。
> （2）按【Ctrl + O】组合键。
> （3）单击快速访问工具栏的"打开"按钮。

1.4.3 保存图形文件

如果用户需要重新将图形文件保存至磁盘中的另一位置，此时可以使用"另存为"命令，对图形文件进行另存为操作。下面介绍保存图形文件的操作方法。

步骤 01　打开素材图形（素材\第 1 章\窗格.dwg），如图 1-25 所示。

步骤 02　单击"菜单浏览器"按钮，在弹出的菜单列表中单击"另存为"|"图形"命令，弹出"图形另存为"对话框，单击"保存于"右侧的下拉按钮，在弹出的列表框中重新设置文件的保存位置，如图 1-26 所示。

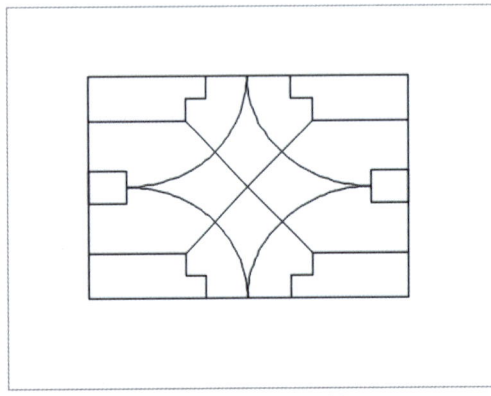

图 1-25　打开素材图形　　　　　　图 1-26　设置文件的保存位置

步骤 03　单击"保存"按钮，即可另存为图形文件。

> ▶ 专家指点
>
> 用户还可以通过以下两种方法另存图形文件。
> （1）在命令行中输入 SAVEAS 命令，并按【Enter】键确认。
> （2）按【Ctrl + Shift + S】组合键。

1.4.4 关闭图形文件

如果用户只是想关闭当前打开的文件，而不退出 AutoCAD 程序，可以通过相应的操作，关闭当前的图形文件。将鼠标移至绘图窗口右上角的"关闭"按钮上，单击鼠标左键，如图 1-27 所示。执行操作后，如果图形文件尚未作修改，可以直接将当前图形文件关闭；如果保存后又修改过图形文件，且未对图形文件进行重新保存，系统将弹出提示信息框，提示用户是否保存文件或放弃已作的修改，如图 1-28 所示。

单击"是"按钮，将保存图形文件；单击"否"按钮，将不保存图形文件，退出 AutoCAD 2016 应用程序；单击"取消"按钮，则不退出 AutoCAD 2016 应用程序。

第 1 章　AutoCAD 2016 基础入门

图 1-27　单击"关闭"按钮

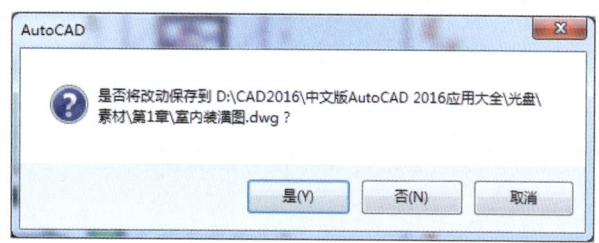

图 1-28　信息提示框

本章小节

本章主要学习了 AutoCAD 2016 的基础内容，主要包括 AutoCAD 2016 的基本功能、启动与退出 AutoCAD 2016 的操作方法，还对 AutoCAD 2016 的工作界面各组成部分进行了详细介绍，最后对 AutoCAD 图形文件的基本操作进行了讲解。

通过本章的学习，可以让用户在制作模型文件的过程中，更加灵活地使用工作界面中的各项功能，提高用户的制图效率。

课后习题

练习启动与退出 AutoCAD 2016 软件的方法，除了上述介绍的启动方法外，用户还可以通过以下两种方法启动软件。

方法一：移动鼠标指针至桌面上的 AutoCAD 2016 程序图标 上，双击鼠标左键，如图 1-29 所示，即可启动软件。

方法二：双击".dwg"格式的 CAD 图形文件，如图 1-30 所示，也可以启动软件。

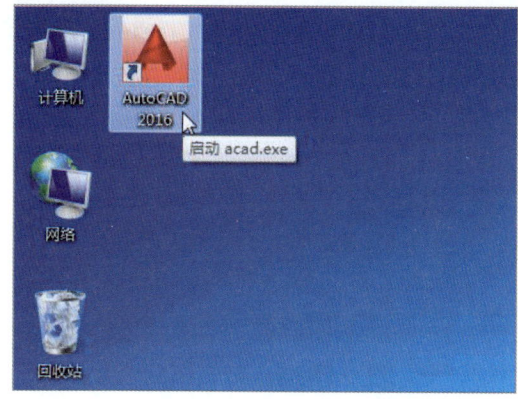

图 1-29　双击 AutoCAD 2016 程序图标

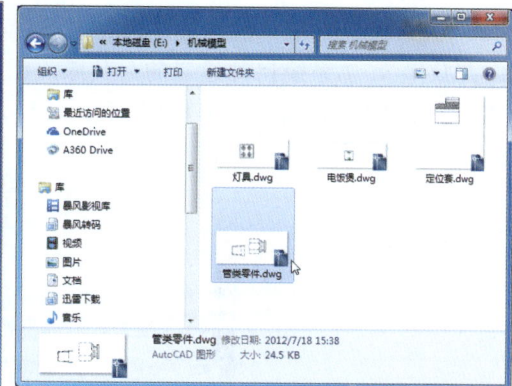

图 1-30　双击".dwg"格式的文件

第 2 章　管理机械图形制图环境

【本章导读】

通常情况下，在进行绘图之前，首先应确定绘图环境所需要的环境参数，以提高绘图效率。在 AutoCAD 中，设置绘图环境包括设置坐标和坐标系、使用正交和捕捉等辅助功能，以及设置个性化环境参数等，经过一系列制图环境的设置，使用户设计的图形更加精准，绘图效率更高。本章主要介绍管理机械图形制图环境的操作方法。

【本章重点】

- 设置坐标和坐标系显示
- 使用正交、捕捉与栅格功能
- 设置个性化环境参数

2.1　设置坐标和坐标系显示

在绘图过程中，常常需要使用某个坐标系作为参照来拾取点的位置，以精确定位某个对象，AutoCAD 提供的坐标系可以用来准确设置并绘制图形。本节主要介绍设置坐标和坐标系显示的操作方法。

2.1.1　世界坐标系

AutoCAD 2016 默认的坐标是世界坐标系，简称 WCS，是固定不变的坐标系。运行 AutoCAD 时，由系统自动建立的，其原点位置和坐标轴方向固定的一种整体坐标系。WCS 包括 X 轴和 Y 轴（在 3D 空间下，还有 Z 轴），其坐标轴的交汇有一个"口"字形标记，如图 2-1 所示。

图 2-1　世界坐标系

2.1.2　用户坐标系

用户坐标系是一种可移动的自定义坐标系，用户不仅可以更改该坐标的位置，还可以改变其方向，在绘制三维对象时非常有用。下面介绍

第 2 章　管理机械图形制图环境

设置用户坐标系的操作方法。

步骤 01　打开素材图形（素材\第 2 章\电源插座.dwg），如图 2-2 所示。

步骤 02　在"功能区"选项板的"可视化"选项卡中，单击"坐标"面板中的"原点"按钮 ⌐，如图 2-3 所示。

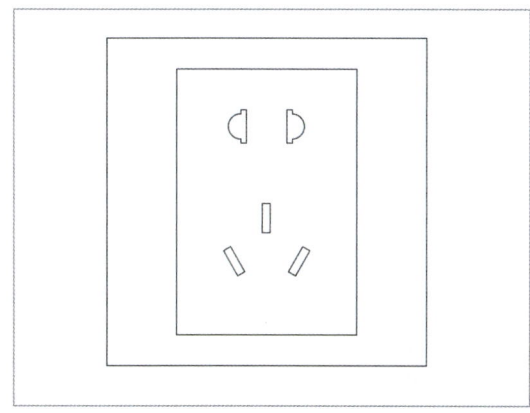

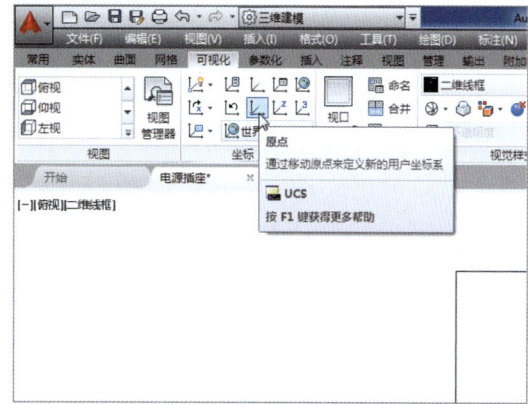

图 2-2　打开素材图形　　　　　　　　图 2-3　单击"原点"按钮

步骤 03　根据命令行提示进行操作，将光标移至模型左下角，如图 2-4 所示。

步骤 04　单击鼠标左键，即可设置用户坐标系，如图 2-5 所示。

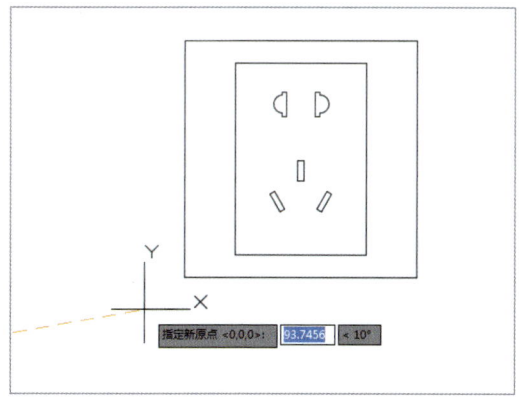

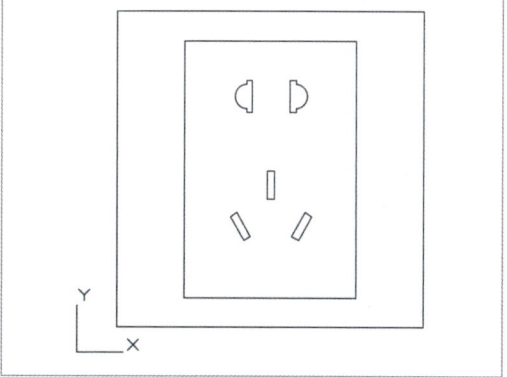

图 2-4　将光标移至时钟左下脚　　　　图 2-5　设置用户坐标系

> ▶ **专家指点**
>
> 除了运用上述方法设置用户坐标系外，还有以下两种方法。
> （1）在命令行中输入 UCS 命令，按【Enter】键确认。
> （2）单击菜单栏中"工具"｜"新建 UCS"｜"原点"命令。

2.1.3　相对坐标

相对坐标是指相对于当前点的坐标在其 X、Y 轴上的位移，它与坐标系的原点无关。输入格式与绝对坐标相同，但要在输入的坐标值前加上"@"符号。一般情况下，绘图中常常把上一操作点看作是特定点，后续绘图的操作都是相对于上一操作点而进行的。如果上一操作点的坐标是（30，45），通过键盘输入下一点的相对坐标（@20，15），则等于确定了该点的绝对坐标为（50，60）。

2.1.4 绝对坐标

在AutoCAD 2016中，绝对坐标以原点（0，0）或（0，0，0）为基点定位所有的点。AutoCAD默认的坐标原点位于绘图窗口左下角。在绝对坐标系中，X轴、Y轴和Z轴在原点（0，0，0）处相交。绘图窗口的任意一点都可以使用（X、Y、Z）来表示，也可以通过输入X、Y、Z坐标值（中间用逗号隔开）来定义点的位置。

> ▶ **专家指点**
> 输入绝对坐标值，可以使用分数、小数或科学记数等形式表示点X、Y、Z的坐标值。

2.1.5 相对极坐标

相对极坐标通过用相对于某一特定点的极径和偏移角度来表示。相对极坐标是以上一操作点作为极点，而不是以原点作为极点，这也是相对极坐标同绝对极坐标之间的区别。用（@l＜a）来表示相对极坐标，其中@表示相对，l表示极径，a表示角度。例如，@60＜30表示相对于上一操作点的极径为60、角度为30°的点。

2.1.6 绝对极坐标

绝对坐标和相对坐标实际上都是二维线性坐标，一个点在二维平面上都可以用（X，Y）来表示其位置。极坐标则是通过相对于极点的距离和角度来进行定位的。在默认情况下，AutoCAD 2016以逆时针方向来测量角度。水平向右为0°（或360°），垂直向上为90°，水平向左为180°，垂直向下为270°。当然，用户也可自行设置角度方向。

绝对极坐标以原点作为极点。用户可以输入一个长度距离，后面加一个"＜"符号，再加一个角度即表示绝对极坐标，绝对极坐标规定X轴正方向为0°，Y轴正方向为90°。例如，20＜45表示该点相对于原点的极径为20，而该点的连线与0°方向（通常为X轴正方向）之间的夹角为45°。

2.1.7 控制坐标显示

在绘图窗口中移动鼠标指针时，状态栏上将会动态显示当前坐标。在AutoCAD 2016中，坐标显示取决于所选择的模式和程序中运行的命令，共有"关""绝对"和"相对"3种模式，各种模式的含义分别如下。

- ➢ **模式0，"关"**：显示上一个拾取点的绝对坐标。此时，指针坐标将不能动态更新，只有在拾取一个新点时，显示才会更新。但是，从键盘输入一个新点坐标时，不会改变显示方式，图2-6为"关"模式。
- ➢ **模式1，"绝对"**：显示光标的绝对坐标，该值是动态更新的，默认情况下，显示方式是打开的，图2-7为"绝对"模式。
- ➢ **模式2，"相对"**：显示一个相对极坐标，当选择该方式时，如果当前处在拾取点状态，系统将显示光标所在位置相对于上一个点的距离和角度。当离开拾取点状态时，系统将恢复到"模式1"，图2-8为"相对"模式。

| -9.6109, -28.8937, 0.0000 | 149.4407, -15.5634, 0.0000 | 69.3093＜347, 0.0000 |

图2-6 模式0，"关" 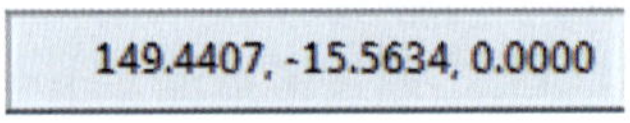   图2-7 模式1，"绝对"    图2-8 模式2，"相对"

第2章 管理机械图形制图环境

启动 AutoCAD 2016，在命令行中输入 LINE（直线）命令，并按【Enter】键确认，将鼠标移至绘图区中的任意位置，单击鼠标左键，此时在状态栏将显示图形坐标为关模式，如图 2-9 所示。在图形坐标上，单击鼠标右键，在弹出的快捷菜单中选择"绝对"选项，如图 2-10 所示。

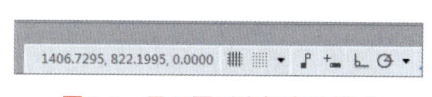

图 2-9 显示图形坐标为关模式

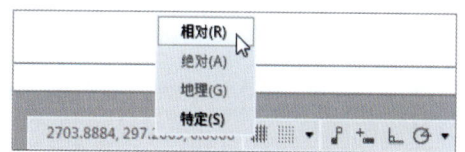

图 2-10 选择"绝对"选项

执行操作后，图形坐标将切换至"绝对"模式，如图 2-11 所示。在图形坐标的"绝对"模式上，单击鼠标右键，在弹出的快捷菜单中选择"相对"选项，如图 2-12 所示，即可切换至"相对"模式。

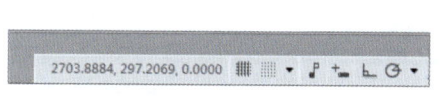

图 2-11 切换至"绝对"模式

图 2-12 选择"相对"选项

2.1.8 控制坐标系图标显示

在 AutoCAD 2016 中，用户可以设置 UCS 图标的隐藏或显示，UCS 图标显示样式主要包括二维坐标样式和三维坐标样式。

启动 AutoCAD 2016，在"功能区"选项板中单击"视图"选项卡，在"坐标"面板上单击"在原点处显示 UCS 图标"按钮，弹出列表框，选择"隐藏 UCS 图标"选项，如图 2-13 所示，即可隐藏坐标系原点。

显示菜单栏，单击"视图"|"显示"|"UCS 图标"|"特性"命令，即可弹出"UCS 图标"对话框，如图 2-14 所示，在其中可以设置 UCS 图标的样式、大小、颜色和布局选项卡图标颜色等。

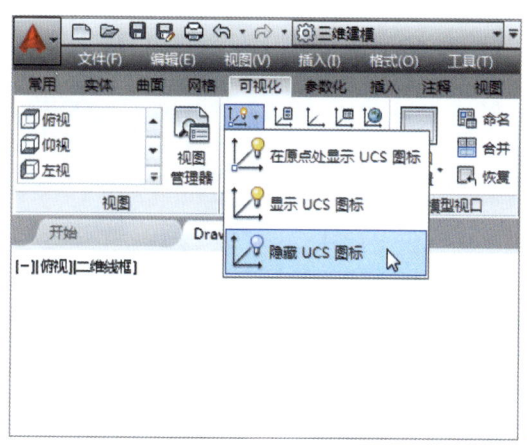

图 2-13 选择"隐藏 UCS 图标"选项

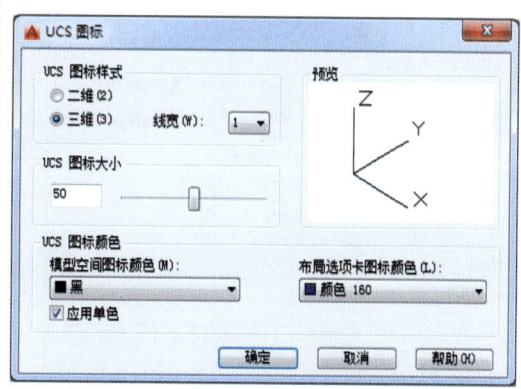

图 2-14 "UCS 图标"对话框

2.1.9 设置正交 UCS

在 AutoCAD 2016 中,用户可以设置正交 UCS,下面介绍具体的设置方法。

步骤 01 打开素材图形(素材\第 2 章\吊环.dwg),如图 2-15 所示。

步骤 02 在命令行中输入 UCSMAN(命名 UCS)命令,并按【Enter】键确认,弹出"UCS"对话框,如图 2-16 所示。

> ▶ **专家指点**
>
> 在 UCS 对话框中的"正交 UCS"选项卡中,各主要选项的含义如下所述。
> ➢ **"深度"列表:** 表示正交 UCS 的 XY 平面与通过坐标系统变量指定的坐标系统原点平行平面之间的距离。
> ➢ **"相对于"下拉列表框:** 用于指定定义正交 UCS 的基准坐标系。

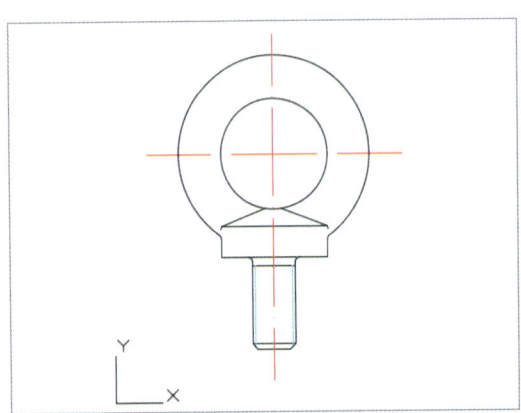

图 2-15 打开素材图形

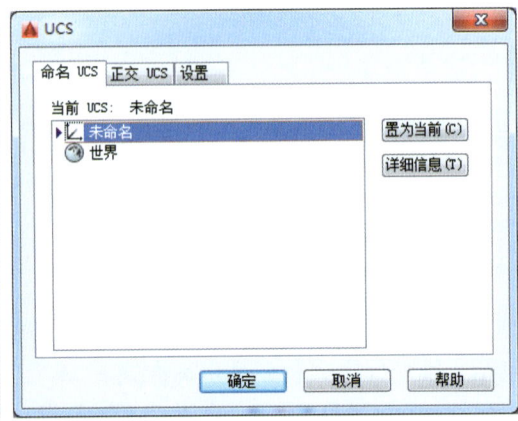

图 2-16 弹出"UCS"对话框

步骤 03 单击"正交 UCS"选项卡,在"当前 UCS"列表中选择"Front(前视)"选项,如图 2-17 所示。

步骤 04 单击"置为当前"按钮,然后单击"确定"按钮,返回绘图窗口,可以看到设置后的 UCS,效果如图 2-18 所示。

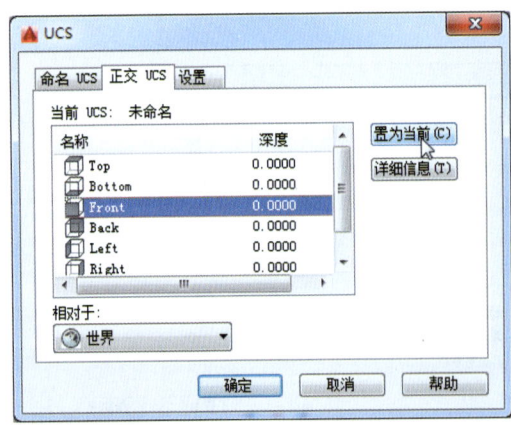

图 2-17 选择"前视"选项

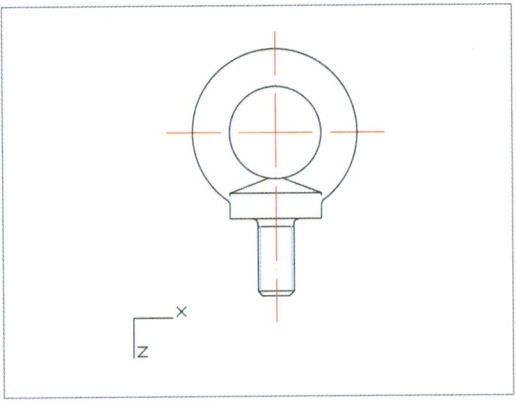

图 2-18 查看设置的 USC

2.1.10 重命名用户坐标系

用户创建坐标系后，可以对坐标系进行重命名操作，这样可以更好的管理坐标系，下面介绍重命名用户坐标系的操作方法。

步骤 01 打开素材图形（素材\第 2 章\螺母.dwg），如图 2-19 所示。

步骤 02 在"功能区"选项板中单击"可视化"选项卡，在"坐标"面板中单击右侧的箭头按钮 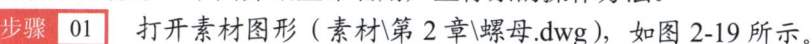，如图 2-20 所示。

步骤 03 弹出 UCS 对话框，切换至"命名 UCS"选项卡，在"未命名"选项上，单击鼠标右键，在弹出的快捷菜单中选择"重命名"选项，如图 2-21 所示。

步骤 04 输入当前 UCS 的名称，如图 2-22 所示，设置完成后，单击"确定"按钮，即可命名 UCS。

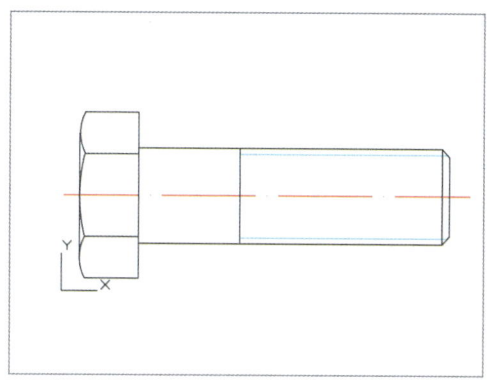

图 2-19　打开素材图形

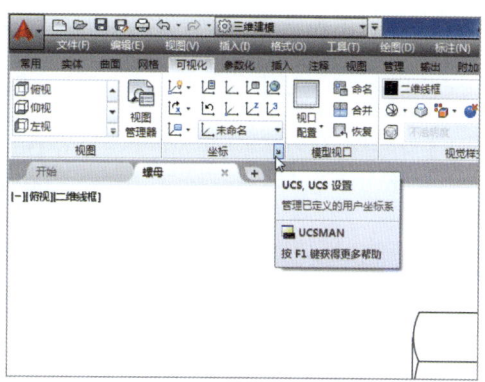

图 2-20　单击右侧的箭头按钮

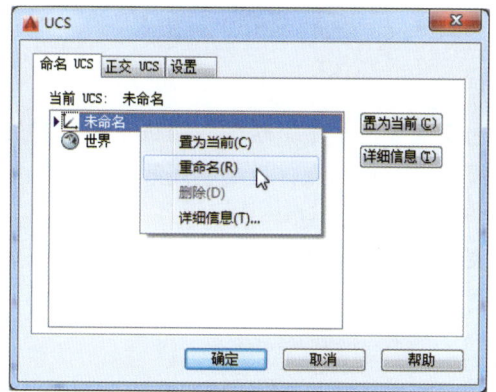

图 2-21　选择"重命名"选项

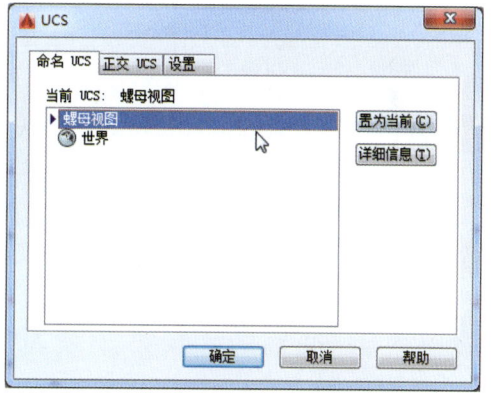

图 2-22　输入当前 UCS 的名称

2.2　使用正交、捕捉与栅格功能

在绘制图形时，用鼠标定位虽然方便快捷，但精度不高，绘制的图形也不够精确，远远不能满足工程制图的要求。为了解决该问题，AutoCAD 2016 提供了一些绘图辅助工具，如正交、捕捉与栅格等，用于帮助用户精确绘图。

2.2.1 开启正交功能

使用 ORTHO 命令，可以打开正交模式，以用正交方式绘图。在正交模式下，可以方便地绘制出与当前 X 轴或 Y 轴平行的线段。

步骤 01 打开素材图形（素材\第 2 章\冲头.dwg），如图 2-23 所示。

步骤 02 正交设置可以帮助用户绘制平行于 X 轴或 Y 轴的直线，启用正交功能后，只能在水平方向或垂直方向上移动十字光标，且只能通过输入点坐标值的方式才能在非水平或垂直方向绘制图形。单击状态栏中的"正交模式"按钮，开启正交功能，如图 2-24 所示。

> ▶ **专家指点**
>
> 正交模式下，用户在绘图区使用十字光标只能绘制水平和竖直直线。在打开正交功能后，绘制直线的第一点是任意的，当移动十字光标准备指定第二点时，十字光标将被限制在第一点的水平或垂直方向上。

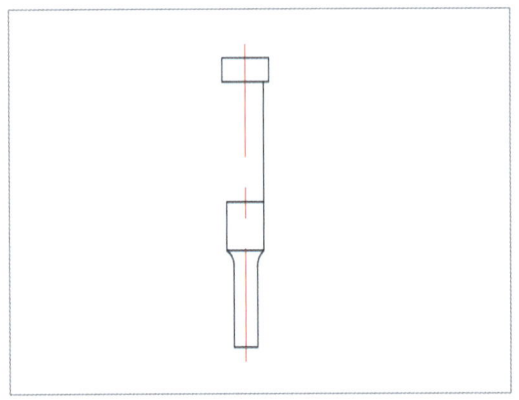

图 2-23　打开素材图形

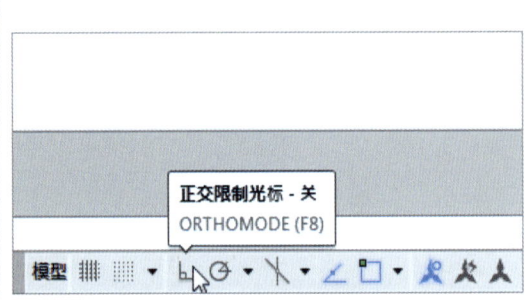

图 2-24　开启正交功能

步骤 03 在"功能区"选项板的"默认"选项卡中，单击"绘图"面板中的"直线"按钮，根据命令行提示，单击图形左下角端点，指定直线第一点，并向上引导光标，如图 2-25 所示。

步骤 04 在图形左上角的端点上单击鼠标左键，确定直线端点，按【Enter】键确认，即可使用正交功能绘制直线，如图 2-26 所示。

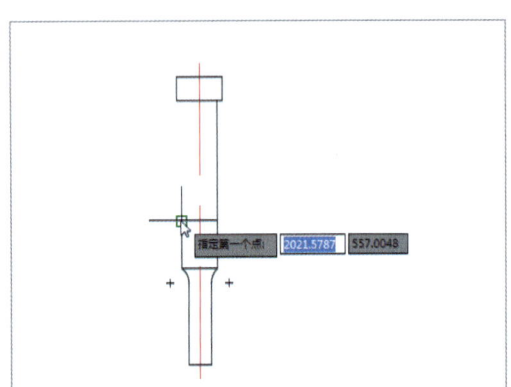

图 2-25　向上引导光标

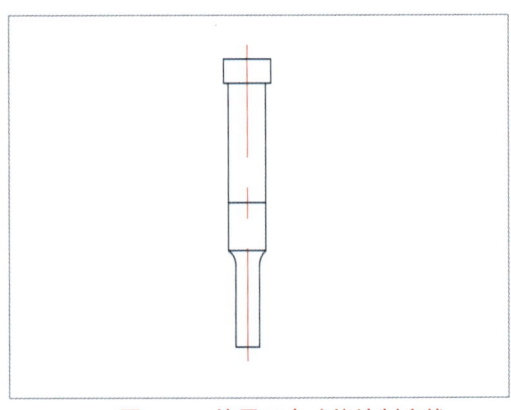

图 2-26　使用正交功能绘制直线

第 2 章　管理机械图形制图环境

> ▶ 专家指点
>
> 除了上述方法可以开启正交外，还有以下 3 种常用的方法。
> （1）在命令行中输入 ORTHO 命令，按【Enter】键确认。
> （2）按【F8】键，可以开启正交功能。
> （3）按【Ctrl + L】组合键，可以开启正交功能。

2.2.2 开启捕捉和栅格功能

在 AutoCAD 2016 中，"栅格"是一些标定位置的小点；"捕捉"是用于设定鼠标指针移动的间距，起坐标纸的作用，可以提供直观的距离和位置参照。下面主要介绍设置捕捉和栅格的方法。

步骤 01　打开素材图形（素材\第 2 章\篮球圈.dwg），如图 2-27 所示。

步骤 02　在命令行中输入 DSETTINGS（草图设置）命令，并按【Enter】键确认，弹出"草图设置"对话框，如图 2-28 所示。

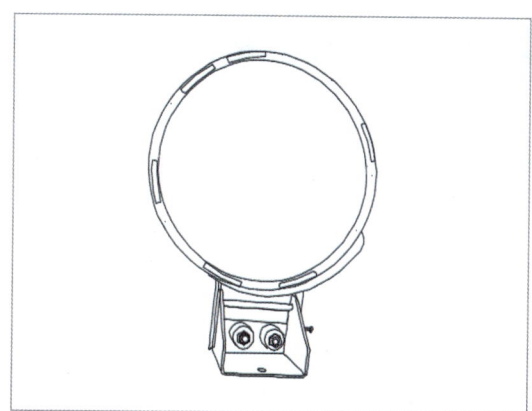

图 2-27　打开素材图形

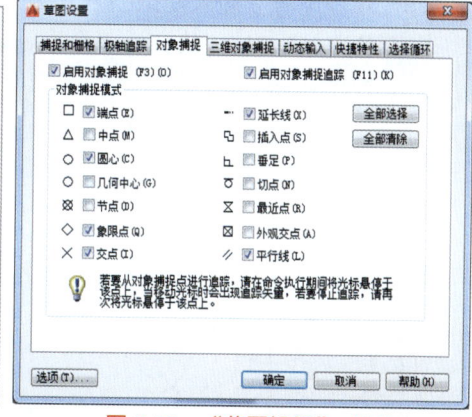

图 2-28　"草图设置"对话框

步骤 03　在弹出的"草图设置"对话框中，切换至"捕捉和栅格"选项卡，依次选中"启用捕捉"和"启用栅格"复选框，如图 2-29 所示。

步骤 04　单击"确定"按钮，即可启用捕捉和栅格功能，效果如图 2-30 所示。

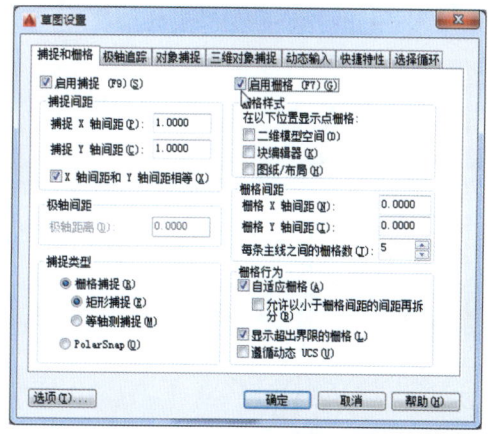

图 2-29　选中相应复选框

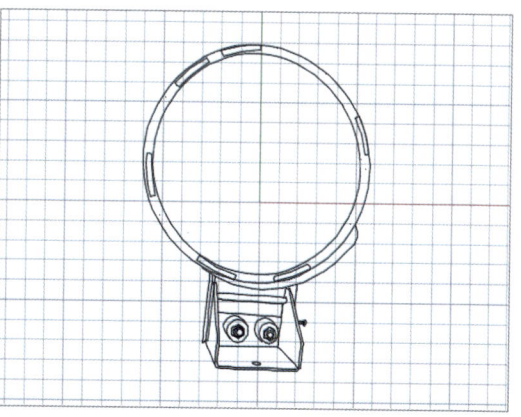

图 2-30　启用捕捉和栅格功能

> **专家指点**
>
> 除了运用上述方法设置捕捉和栅格外，还有以下 5 种方法。
> （1）单击"工具"｜"绘图设置"命令，弹出"草图设置"对话框。
> （2）单击状态栏中的"捕捉模式"按钮，可开启或关闭捕捉功能。
> （3）单击状态栏中的"栅格显示"按钮，可开启或关闭栅格的显示。
> （4）按【F9】键或按【Ctrl + B】组合键，可开启或关闭捕捉模式。
> （5）按【F7】键或按【Ctrl + G】组合键，可开启或关闭栅格的显示。

2.2.3 开启捕捉自功能

使用 FROM 命令，可以在使用相对坐标指定下一个应用点时，输入基点，并将该基点作为临时参照点，从而精确点定位。下面介绍开启捕捉自功能的操作方法。

步骤 01 打开素材图形（素材\第 2 章\环形圆.dwg），如图 2-31 所示。

步骤 02 在命令行中输入 CIRCLE（圆）命令，按【Enter】键确认，在命令行提示下，输入 FROM（捕捉自）命令，按【Enter】键确认，捕捉合适的基点，如图 2-32 所示。

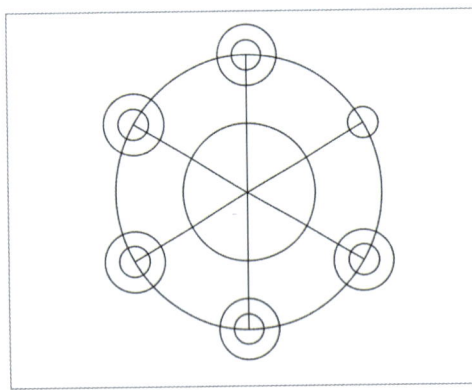

图 2-31　打开素材图形　　　　　图 2-32　捕捉合适的基点

步骤 03 在捕捉的基点上，单击鼠标左键，确定圆心的位置，如图 2-33 所示。

步骤 04 在命令行中输入圆的半径值为 10，按【Enter】键确认，完成图形的绘制，如图 2-34 所示。

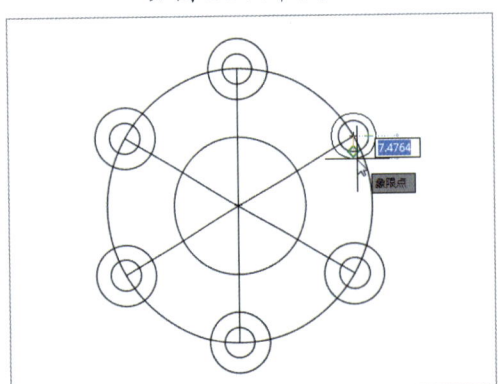 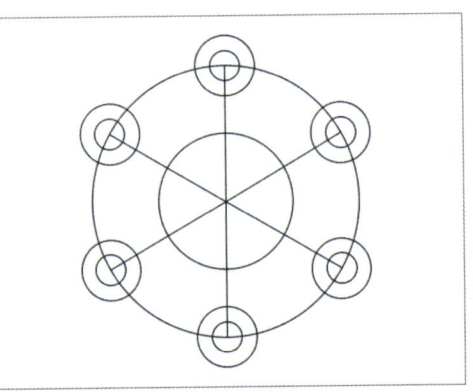

图 2-33　确定圆心位置　　　　　图 2-34　完成图形绘制

第 2 章 管理机械图形制图环境

> ▶ 专家指点
>
> 在"对象捕捉模式"选项组中,如果要捕捉所有特殊点,则直接单击右侧的"全部选择"按钮;如果需要清除所有特殊点,则可以单击右侧的"全部清除"按钮。
>
> 在绘制的图形上,按住【Shift】键的同时单击鼠标右键,弹出快捷菜单,其中也包含了对象捕捉工具栏中的所有功能。

2.2.4 开启极轴追踪功能

极轴追踪功能可以在系统要求指定某一点时,按照预先设置的角度增量,显示一条无限延伸的辅助线(一条虚线),此时即可沿着辅助线追踪到指定点。用户可以在"草图设置"对话框的"极轴追踪"选项卡中,对极轴追踪进行设置。下面介绍在图形窗口中开启极轴追踪功能的操作方法。

在命令行中输入 DSETTINGS(草图设置)命令,如图 2-35 所示,并按【Enter】键确认,弹出"草图设置"对话框。切换至"极轴追踪"选项卡,选中"启用极轴追踪"复选框,在"极轴角设置"选项区的"增量角"下拉列表框中,选择 18 选项,如图 2-36 所示,单击"确定"按钮,即可完成极轴追踪设置。

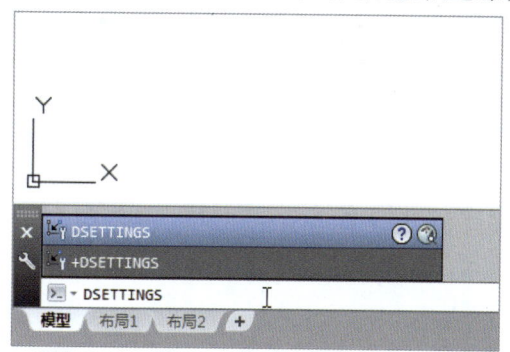
图 2-35 输入相应命令

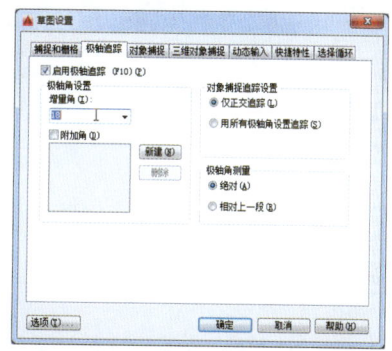
图 2-36 设置"增量角"参数

2.3 设置个性化环境参数

在 AutoCAD 2016 中,单击"菜单浏览器"按钮,在弹出的菜单列表中单击"选项"按钮,在弹出的"选项"对话框中,用户可以对系统和绘图环境进行各种设置,以满足不同用户的需求。本节主要介绍设置个性化环境参数的操作方法。

2.3.1 设置文件路径

在"选项"对话框中单击"文件"选项卡,在该选项卡中可以设置 AutoCAD 支持文件、驱动程序、搜索路径、菜单文件和其他文件的目录等。下面介绍设置文件路径的操作方法。

步骤 01 打开素材图形(素材\第 2 章\吊钩.dwg),如图 2-37 所示。

步骤 02 单击"菜单浏览器"按钮,在弹出的菜单列表中,单击"选项"按钮,如图 2-38 所示。

23

中文版 AutoCAD 2016 机械制图实例教程

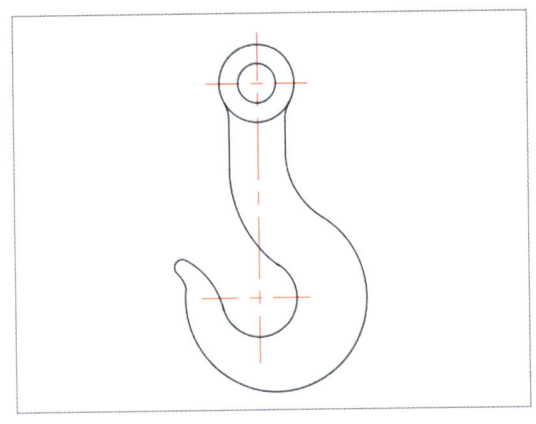

图 2-37　打开素材图形　　　　　图 2-38　单击"选项"按钮

步骤 03　弹出"选项"对话框，切换至"文件"选项卡，如图 2-39 所示。

步骤 04　单击"支持文件搜索路径"选项前的"＋"号，在展开的列表中选择相应选项，如图 2-40 所示，操作完成后，单击"确定"按钮，即可设置文件路径。

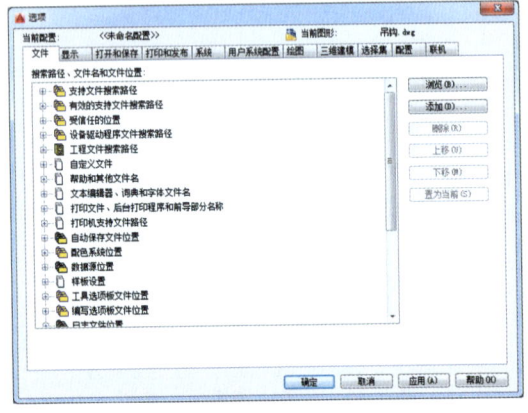

图 2-39　单击"文件"选项卡　　　　　图 2-40　选择相应选项

> ▶ 专家指点
>
> 用户可以在没有执行任何命令也没有选择任何对象的情况下，在绘图窗口中单击鼠标右键，在弹出的快捷菜单中选择"选项"命令。单击"草图设置"对话框中的"选项"按钮也可进入"选项"对话框。另外，在命令行中输入 OPTIONS（选项）命令，按下【Enter】键确认，也可弹出"选项"对话框。

2.3.2　设置窗口元素

在"选项"对话框中，切换至"显示"选项卡，该选项卡用于设置 AutoCAD 2016 的显示情况。下面介绍设置窗口元素的操作方法。

步骤 01　打开素材图形（素材\第 2 章\绘制螺母.dwg），如图 2-41 所示。

步骤 02　单击"菜单浏览器"按钮，在弹出的菜单列表中单击"选项"按钮，弹出"选项"对话框，切换至"显示"选项卡，单击"配色方案"右侧的下拉按钮，在弹出的列表框中选择"暗"选项，如图 2-42 所示。

第 2 章　管理机械图形制图环境

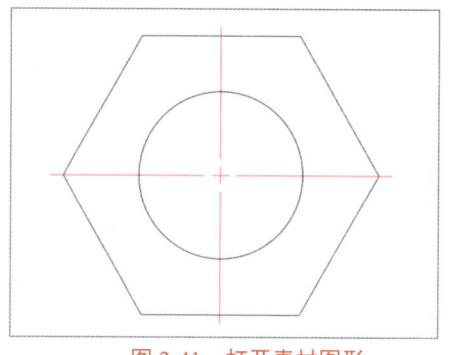

图 2-41　打开素材图形

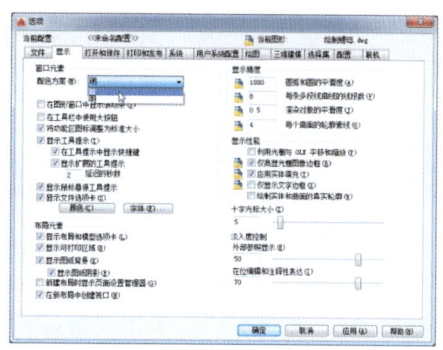

图 2-42　选择"暗"选项

步骤 03　设置完成后,单击"确定"按钮,更改窗口的颜色显示状态,如图 2-43 所示。

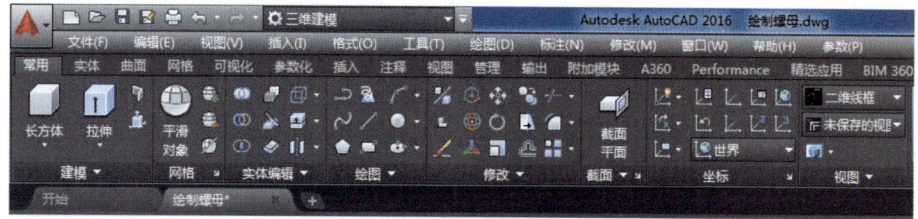

图 2-43　更改窗口的颜色显示状态

▶ 专家指点

在"选项"对话框中的"显示"选项卡中,用户可以进行绘图环境显示设置、布局显示设置以及控制十字光标的尺寸等设置。

2.3.3　设置文件保存时间

在"选项"对话框中,切换至"打开和保存"选项卡,用户可以设置在 AutoCAD 2016 中保存文件的相关选项。下面介绍设置文件保存时间的操作方法。

步骤 01　单击"菜单浏览器"按钮,在弹出的菜单列表中,单击"选项"按钮,如图 2-44 所示。

步骤 02　弹出"选项"对话框,切换至"打开和保存"选项卡,选中"自动保存"复选框,在其下方设置"自动保存"的间隔分钟数,如图 2-45 所示,设置完成后,单击"确定"按钮,即可完成文件保存时间的设置。

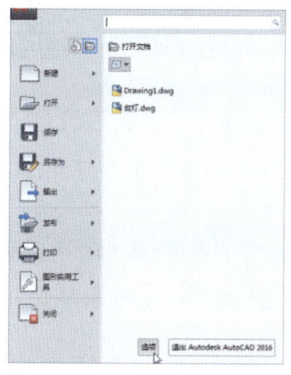

图 2-44　单击"选项"按钮

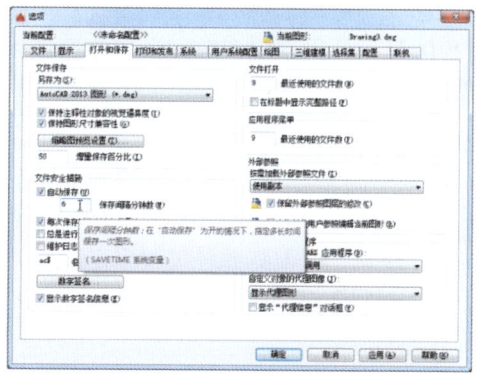

图 2-45　设置自动保存的间隔分钟数

25

> ▶ 专家指点
>
> 在"选项"对话框的"打开和保存"选项卡中,用户可根据需要设置保存文件的格式,对要保存的文件采取安全措施,以及最近运用的文件数目、是否需要加载外部参照文件等,使软件的系统设置更符合用户的操作需求。

2.3.4 设置打印与发布

在"选项"对话框中,单击"打印和发布"选项卡,该选项卡用于设置 AutoCAD 打印和发布的相关选项。下面介绍设置打印与发布的操作方法。

步骤 01 单击"菜单浏览器"按钮,在弹出的菜单列表中单击"选项"按钮,弹出"选项"对话框,切换至"打印和发布"选项卡,单击对话框下方的"打印样式表设置"按钮,如图 2-46 所示。

步骤 02 弹出"打印样式表设置"对话框,选中"使用颜色相关打印样式"单选按钮,如图 2-47 所示,单击"确定"按钮,返回"选项"对话框,单击"确定"按钮,即可完成打印样式表的设置。

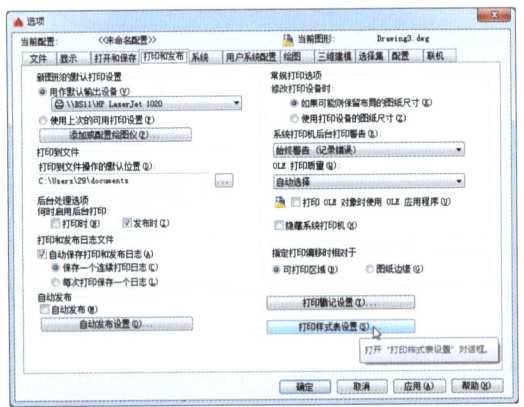

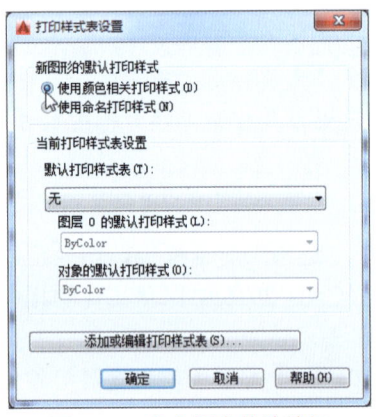

图 2-46 单击"打印样式表设置"按钮　　图 2-47 选中相应单选按钮

2.3.5 设置图形性能

在"选项"对话框中,单击"系统"选项卡,在其中可以进行当前三维图形的显示效果、模型选项卡和布局选项卡中的显示列表如何更新等设置。下面介绍设置图形性能的方法。

步骤 01 单击"菜单浏览器"按钮,在弹出的菜单列表中单击"选项"按钮,弹出"选项"对话框,切换至"系统"选项卡,在"硬件加速"选项区中单击"图形性能"按钮,如图 2-48 所示。

步骤 02 弹出"图形性能"对话框,在"效果设置"选项区中关闭"硬件加速"选项,如图 2-49 所示,设置完成后,依次单击"确定"按钮,完成图形性能的设置。

第 2 章　管理机械图形制图环境

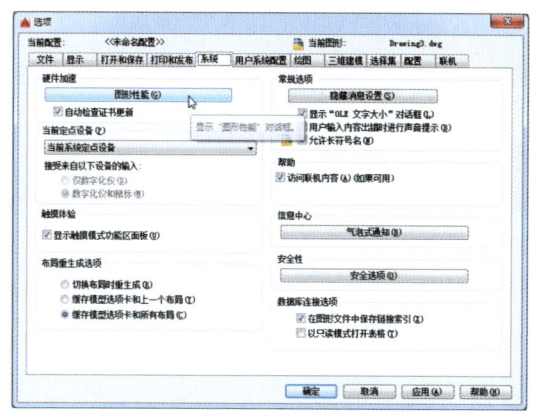
图 2-48　单击"图形性能"按钮

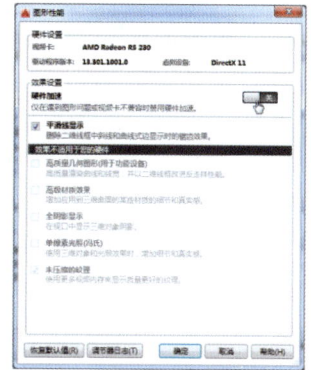
图 2-49　关闭"硬件加速"选项

2.3.6　设置用户系统配置

在"选项"对话框中，单击"用户系统配置"选项卡，在其中可以设置 AutoCAD 中优化性能的选项。下面介绍设置用户系统配置的操作方法。

调出"选项"对话框，切换至"用户系统配置"选项卡，在其中可以设置系统配置参数，如图 2-50 所示，设置完成后，单击"确定"按钮，完成用户系统配置的设置。

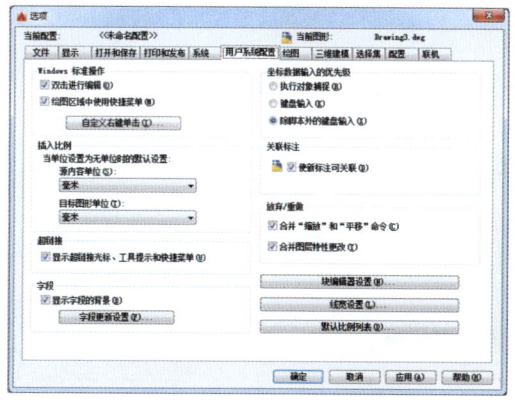
图 2-50　"用户系统配置"选项卡

2.3.7　设置绘图

在"选项"对话框的"绘图"选项卡中，可以设置 AutoCAD 2016 中的一些基本编辑选项，在其中用户可以进行是否打开自动捕捉标记、改变自动捕捉标记大小，设置对象捕捉选项等设置。下面介绍设置绘图环境的操作方法。

单击"菜单浏览器"按钮，在弹出的菜单列表中，单击"选项"按钮，弹出"选项"对话框，切换至"绘图"选项卡，可以设置 AutoCAD 绘图环境的相关参数，如图 2-51 所示，设置完成后，单击"确定"按钮，完成绘图的设置。

2.3.8　设置三维建模

在"选项"对话框的"三维建模"选项卡中，可以对三维绘图模式下的三维十字光标、UCS 图标、动态输入、三维对象和三维导航等选项进行设置。下面介绍设置三维建模环境的操作方法。

单击"菜单浏览器"按钮,在弹出的菜单列表中,单击"选项"按钮,弹出"选项"对话框,切换至"三维建模"选项卡,设置三维建模的相应选项,如图 2-52 所示,设置完成后,单击"确定"按钮,完成三维建模的设置。

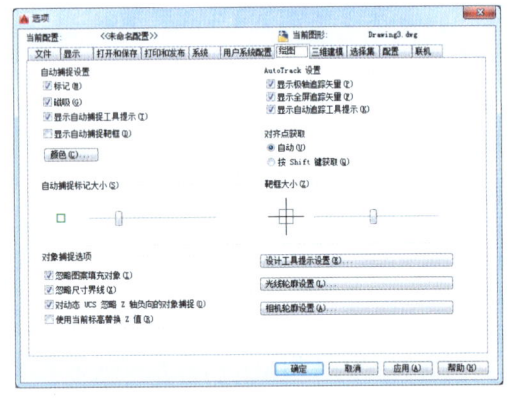 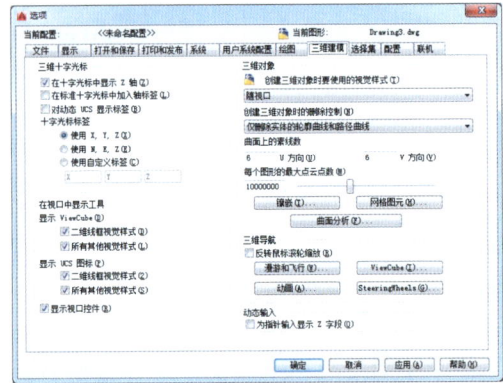

图 2-51　设置 AutoCAD 绘图环境的相关参数　　　图 2-52　设置三维建模的相应选项

2.3.9　设置拾取框大小

在 AutoCAD 2016 中,用户还可以根据需要设置拾取框的大小,下面介绍具体设置方法。

步骤 01　单击"菜单浏览器"按钮,在弹出的菜单列表中单击"打开"|"图形"命令,如图 2-53 所示。

步骤 02　执行操作后,打开一幅素材图形(素材\第 2 章\密封垫圈.dwg),如图 2-54 所示。

 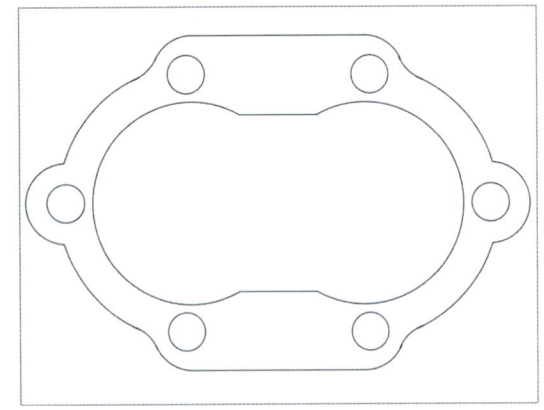

图 2-53　单击"打开"|"图形"命令　　　　图 2-54　打开素材图形

步骤 03　单击"菜单浏览器"按钮,在弹出的菜单列表中单击"选项"按钮,弹出"选项"对话框,切换至"选择集"选项卡,在"拾取框大小"选项区中单击滑块并向右拖曳到最大值,如图 2-55 所示。

步骤 04　设置完成后,单击"确定"按钮,即可设置拾取框的大小,如图 2-56 所示。

第 2 章　管理机械图形制图环境

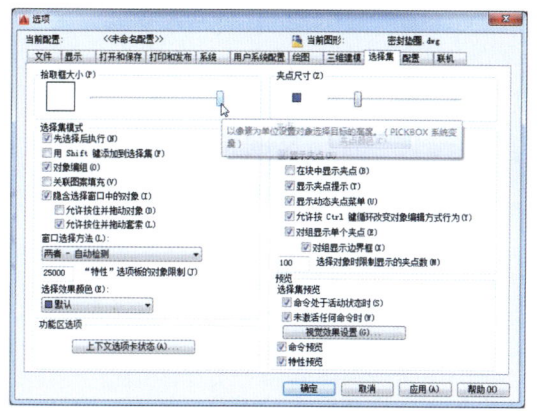

图 2-55　向右拖曳到最大值

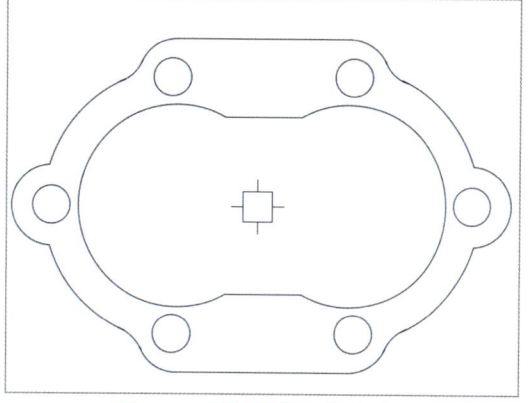

图 2-56　设置拾取框的大小

本章小节

本章主要学习了在 AutoCAD 2016 中设置坐标和坐标系显示的方法，主要包括世界坐标系、用户坐标系、相对坐标系以及绝对坐标系等；介绍了使用正交、捕捉和栅格功能的方法，通过这些辅助功能可以帮助用户更好的绘制图形。最后介绍了设置个性化环境参数的方法，主要包括文件路径、窗口元素、文件保存时间、打印与发布、图形性能以及系统配置等参数。通过对本章的学习，可以让用户在绘制图形文件的过程中，更加灵活地使用工作界面中的各项功能，提高用户的制图效率。

课后习题

鉴于本章知识的重要性，为了帮助读者更好地掌握所学知识，本节将通过上机习题，帮助读者进行简单的知识回顾和补充。

本习题需要掌握设置正交 UCS 坐标的操作方法，设置前与设置后的坐标对比效果，如图 2-57 所示。

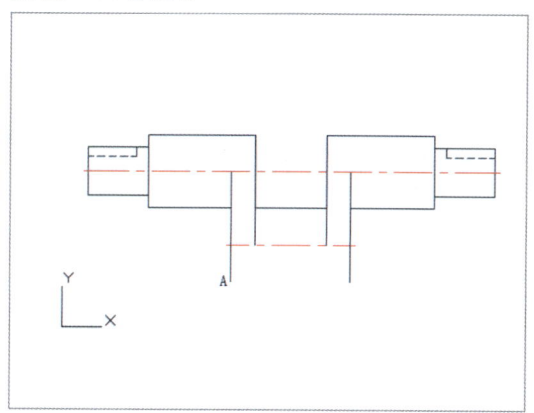
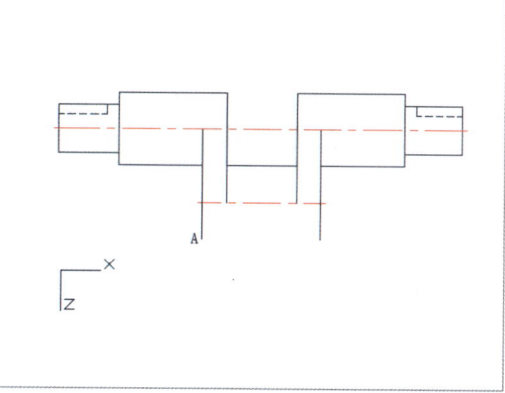

图 2-57　素材文件与效果文件

第 3 章　管理视图与图层对象

【本章导读】

AutoCAD 的图形显示控制功能，在工程设计和绘图领域中应用得十分广泛。用户可以使用多种方法来观察绘图窗口中绘制的图形，以便灵活观察图形的整体效果或局部细节。本章主要介绍管理视图显示的多种方式，以及新建与设置图层的操作。

【本章重点】

- 对图形进行平移和缩放
- 创建与合并平铺视口
- 新建图层并置为当前层
- 设置图层对象的属性

3.1　对图形进行平移和缩放

在 AutoCAD 2016 中，平移功能通常又称为"摇镜"。使用平移视图命令，可以移动视图显示的区域，以便更好地查看其他部分的图形，并不会改变图形中对象的位置和显示比例。通过缩放视图，可以放大或缩小图形的屏幕显示尺寸，而图形的真实尺寸保持不变。本节主要介绍平移和缩放视图等内容。

3.1.1　实时平移

在 AutoCAD 2016 中，实时平移相当于一个镜头对准视图，当移动镜头时，视口中的图形也跟着移动。下面介绍实时平移视图的操作方法。

步骤 01　打开素材图形（素材\第 3 章\压腿架.dwg），如图 3-1 所示。

步骤 02　在"功能区"选项板中切换至"视图"选项卡，单击"导航"面板中的"平移"按钮，如图 3-2 所示。

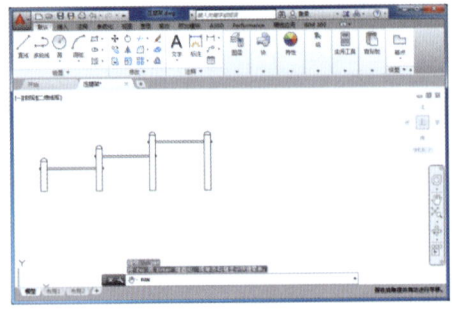

图 3-1　打开素材图形

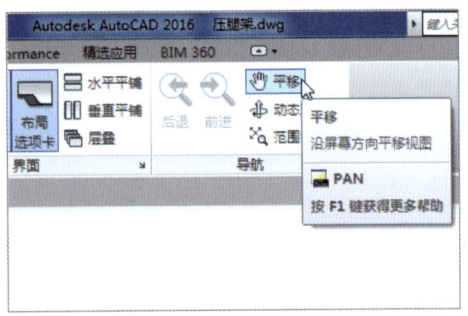

图 3-2　单击"平移"按钮

第 3 章　管理视图与图层对象

步骤 03　当绘图窗口中的十字光标指针呈 时，单击鼠标左键并拖曳至合适的位置，按【Enter】键确认，即可实时平移视图，效果如图 3-3 所示。

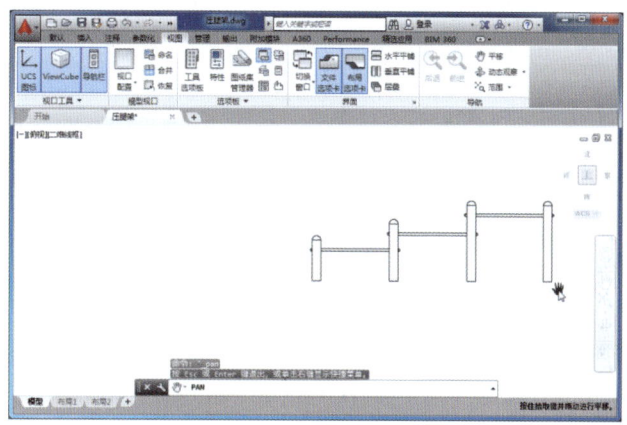

图 3-3　平移视图

3.1.2　定点平移

在 AutoCAD 2016 中，使用定点平移可以将视图按照两点间的距离进行平移。下面介绍定点平移的使用方法。

步骤 01　打开素材图形（素材\第 3 章\播放机.dwg），如图 3-4 所示。
步骤 02　在命令行中输入 -PAN（定点平移）命令，按【Enter】键确认，根据命令行提示进行操作，输入 200，按【Enter】键确认，再次在命令行中输入 300，按【Enter】键确认，即可定点平移视图，效果如图 3-5 所示。

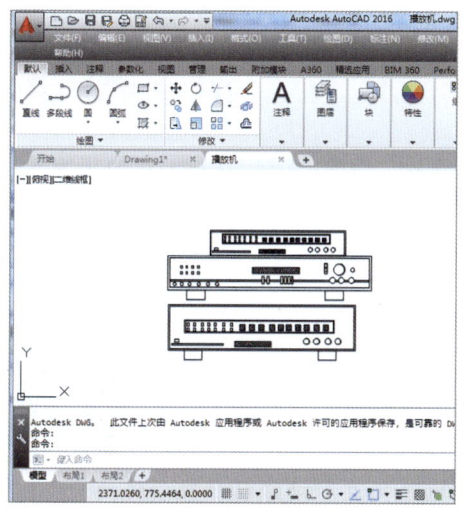

图 3-4　打开素材图形

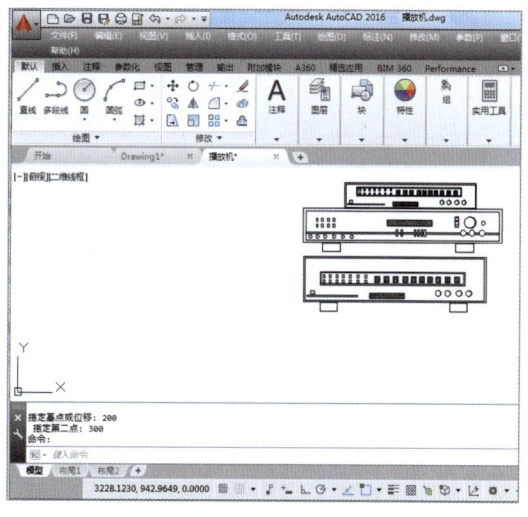

图 3-5　定点平移视图

执行"定点"命令后，命令行中的提示如下所述。
命令：-PAN
指定基点或位移：指定定点平移图形的基点坐标或者位移距离。
指定第二点：指定第二点，以确定位移距离和方向。

> ▶ 专家指点
>
> 定点平移图形可以重新定位图形的观察点，以便看清图形的其他部分，用户可根据需要向任意方向移动图形。

3.1.3 放大视图

在 AutoCAD 2016 中，可以通过"放大"命令更改图形比例，不改变对象的绝对大小。下面介绍放大视图的操作方法。

步骤 01 打开素材图形（素材\第 3 章\轴零件.dwg），单击"功能区"选项板中的"视图"选项卡，在"导航"面板上，单击"范围"右侧的下拉按钮，在弹出的列表框中单击"放大"按钮，如图 3-6 所示。

步骤 02 执行操作后，即可放大视图，如图 3-7 所示。

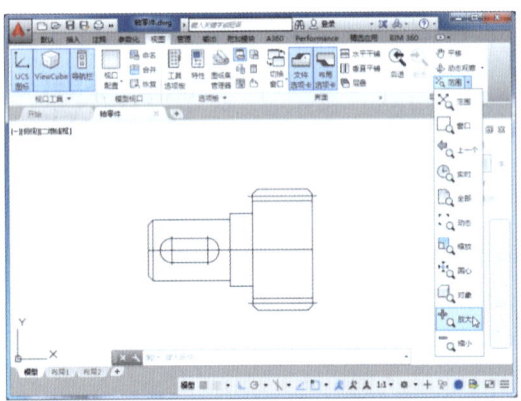

图 3-6 单击"放大"按钮

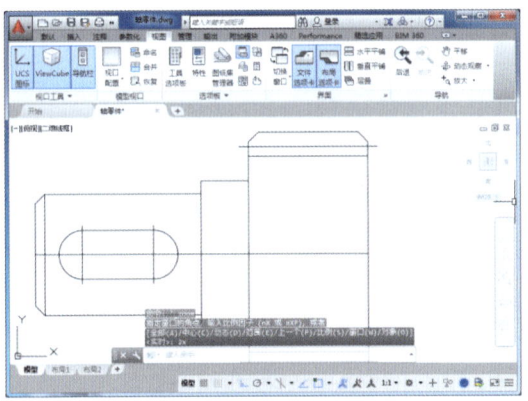

图 3-7 放大视图

> ▶ 专家指点
>
> 用户还可以通过以下两种方法放大视图。
> （1）在绘图区右侧单击导航面板中"范围缩放"中间的下拉按钮，在弹出的列表框中选择"放大"选项。
> （2）单击菜单栏中的"视图"｜"缩放"｜"放大"命令。

3.1.4 缩小视图

在 AutoCAD 2016 中，可以根据需要将视图缩小到合适大小，下面介绍缩小视图的方法。

步骤 01 打开素材图形（素材\第 3 章\拔叉轮.dwg），在"功能区"选项板的"视图"选项卡中，单击"导航"面板中"范围"右侧的下拉按钮，在弹出的列表框中，单击"缩小"按钮，如图 3-8 所示。

步骤 02 执行操作后，即可缩小视图，效果如图 3-9 所示。

第 3 章　管理视图与图层对象

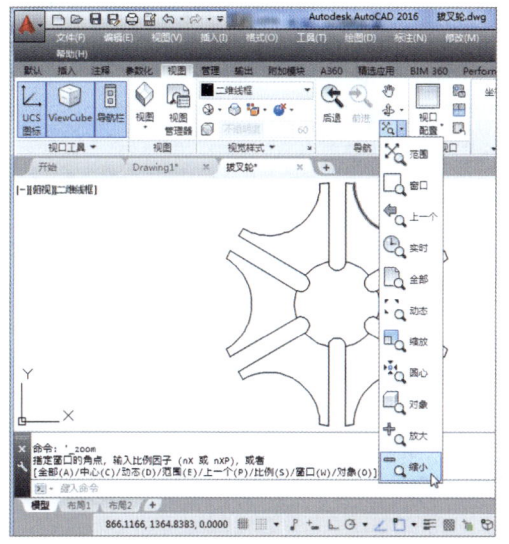

图 3-8　单击"缩小"按钮

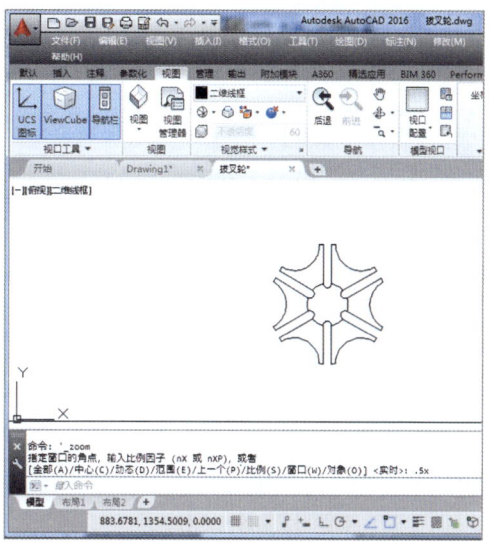

图 3-9　缩小视图

> ▶ 专家指点
>
> 用户还可以通过以下两种方法缩小视图。
> （1）在绘图区右侧单击导航面板中"范围缩放"中间的下拉按钮，在弹出的列表框中选择"缩小"选项。
> （2）单击菜单栏中的"视图"｜"缩放"｜"缩小"命令。

3.1.5　实时缩放

在 AutoCAD 2016 中，用户可以使用实时缩放功能，对图形进行缩放操作。下面介绍使用实时缩放的方法。

步骤 01　打开素材图形（素材\第 3 章\圆头平键.dwg），如图 3-10 所示。

步骤 02　单击"功能区"选项板中的"视图"选项卡，在"导航"面板上单击"范围"右侧的下拉按钮，在弹出的列表框中单击"实时"按钮 ，如图 3-11 所示。

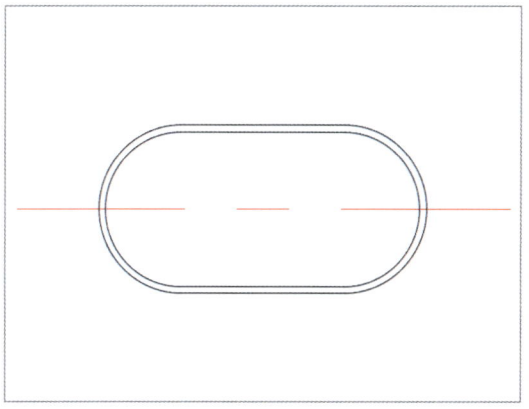

图 3-10　打开素材图形

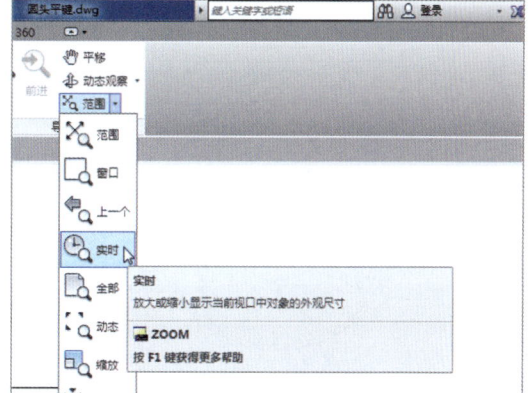

图 3-11　单击"实时"按钮

步骤 03　当鼠标指针呈放大镜形状 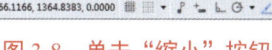 时，在绘图区中单击鼠标左键并向上拖曳，即可

放大图形,如图 3-12 所示。

步骤 04　单击鼠标左键并向下拖曳,即可缩小图形,如图 3-13 所示。

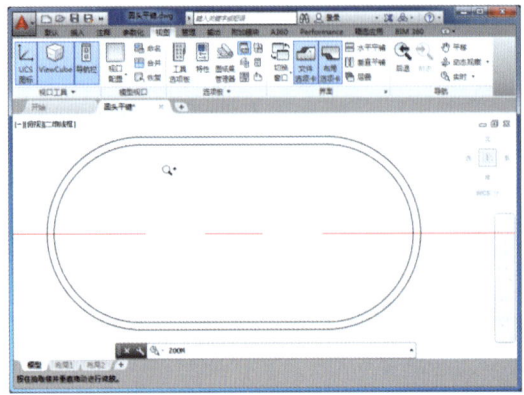
图 3-12　放大图形

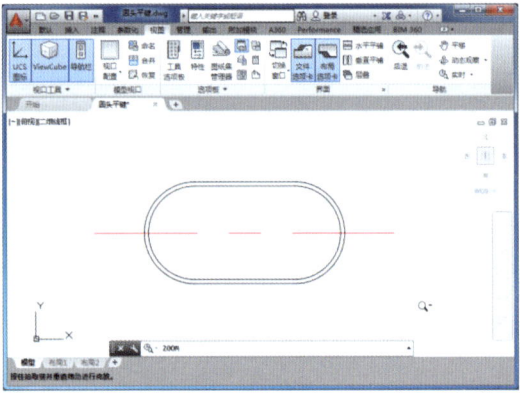
图 3-13　缩小图形

▶ 专家指点

当用户实时缩放图形时,需要注意以下两点因素。

(1)在绘图窗口中单击鼠标左键并垂直移动到窗口顶部则放大 100%,反之,在绘图窗口中单击鼠标左键并垂直向下移动到窗口底部则缩小 100%。

(2)达到放大极限时,光标上的加号将消失,表示无法继续放大。达到缩小极限时,光标上的减号将消失,表示无法继续缩小。

3.1.6　圆心缩放

圆心缩放是指可以使图形以某一中心位置按照指定的缩放比例因子进行缩放。下面介绍使用圆心缩放的方法。

步骤 01　打开素材图形(素材\第 3 章\定位圈.dwg),如图 3-14 所示。

步骤 02　在"功能区"选项板中,切换至"视图"选项卡,在"导航"面板中单击"实时"按钮,在弹出的列表框中单击"圆心"按钮,如图 3-15 所示。

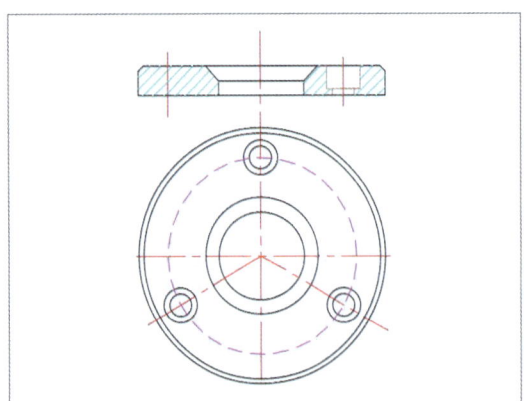
图 3-14　打开素材图形

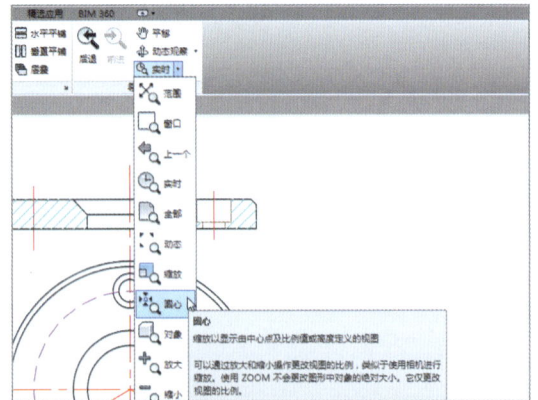
图 3-15　单击"居中"按钮

步骤 03　根据命令行提示进行操作,指定圆心为中心点,单击鼠标左键,在命令行中

第 3 章　管理视图与图层对象

输入 100 为缩放比例，按【Enter】键确认，即可缩放视图，效果如图 3-16 所示。

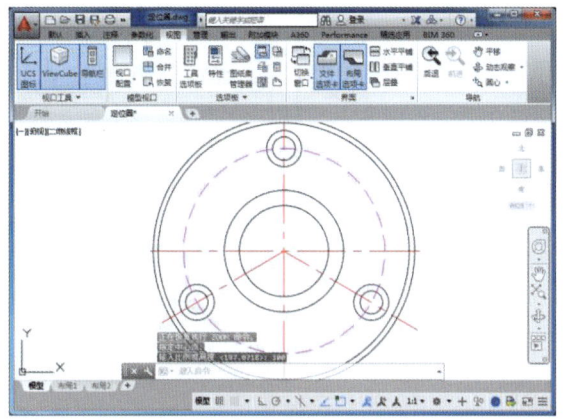

图 3-16　缩放视图

> ▶ 专家指点
>
> 单击快速访问工具栏右侧的下拉按钮，弹出列表框，选择"显示菜单栏"选项，显示菜单栏，然后单击"视图"|"缩放"|"圆心"命令，也可以按中心点缩放显示图形效果，达到同样的效果。

3.1.7　动态缩放

在 AutoCAD 2016 中，当进入动态缩放模式时，在绘图区中将会显示一个带有×标记的矩形方框。下面介绍动态缩放图形的操作方法。

步骤 01 打开素材图形（素材\第 3 章\电动机.dwg），如图 3-17 所示。

步骤 02 单击"功能区"选项板中的"视图"选项卡，在"导航"面板上单击"圆心"右侧的下拉按钮，在弹出的列表框中单击"动态"按钮，如图 3-18 所示。

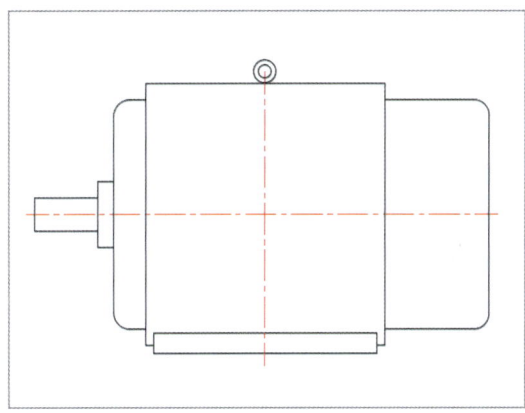

图 3-17　打开素材图形　　　　　　图 3-18　单击"动态"按钮

步骤 03 鼠标指针呈带有×标记的矩形形状，如图 3-19 所示。

步骤 04 将矩形框移至合适位置，按【Enter】键确认，即可运用动态缩放显示图形，效果如图 3-20 所示。

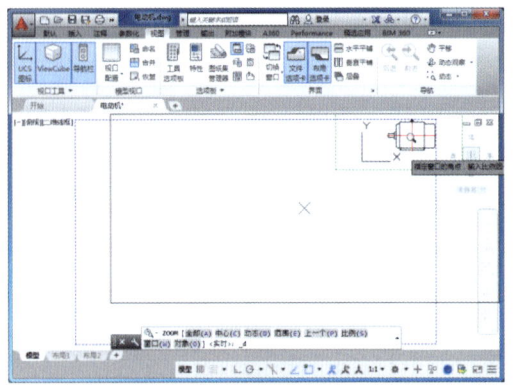
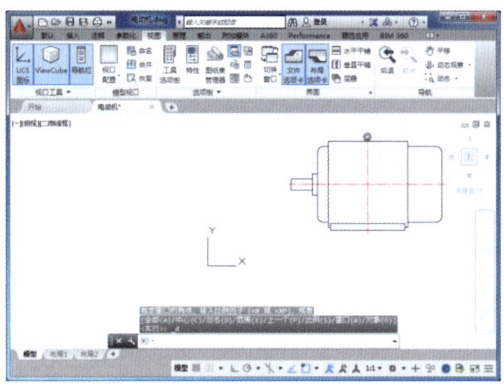

图 3-19　鼠标呈带有×标记的形状　　　　图 3-20　运用动态缩放显示图形

3.1.8　比例缩放

在 AutoCAD 2016 中，用户可以按照指定的缩放比例缩放视图。下面介绍比例缩放图形的操作方法。

步骤 01　打开素材图形（素材\第 3 章\机械零件.dwg），如图 3-21 所示。

步骤 02　单击"功能区"选项板中的"视图"选项卡，在"导航"面板上单击"动态"右侧的下拉按钮，在弹出的列表框中单击"缩放"按钮，如图 3-22 所示。

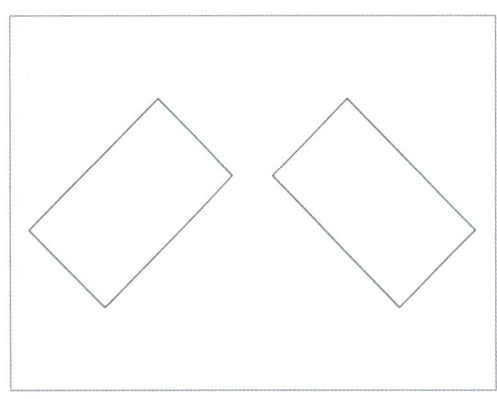

图 3-21　打开素材图形　　　　图 3-22　单击"缩放"按钮

步骤 03　根据命令行提示进行操作，输入 0.5，如图 3-23 所示。

步骤 04　按【Enter】键确认，即可按比例缩放图形，效果如图 3-24 所示。

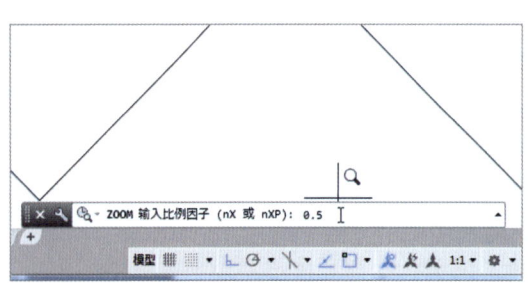
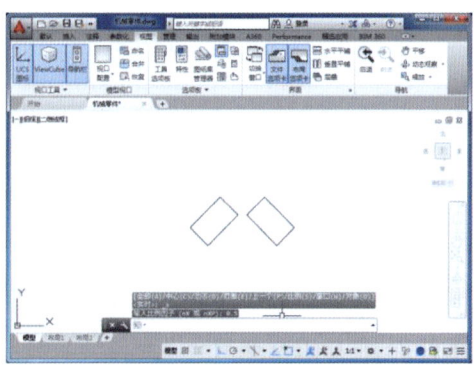

图 3-23　输入 0.5　　　　图 3-24　按比例缩放图形

> ▶ 专家指点
>
> 用户还可以通过以下方法打开比例缩放视图。
> （1）在绘图区右侧单击导航面板中"范围缩放"中间的下拉按钮，在弹出的列表框中选择"缩放比例"选项。
> （2）单击菜单栏中的"视图"｜"缩放"｜"比例"命令。

3.1.9 窗口缩放

在 AutoCAD 2016 中，使用窗口缩放可以放大某一指定区域。在使用窗口缩放视图命令时，尽量使所绘制矩形框的对角点与屏幕成一定比例，并非一定是正方形。下面介绍窗口缩放图形的操作方法。

步骤 01 打开素材图形（素材\第 3 章\扇形零件.dwg），如图 3-25 所示。

步骤 02 单击"功能区"选项板中的"视图"选项卡，在"导航"面板上单击"缩放"右侧的下拉按钮，在弹出的列表框中单击"窗口"按钮，如图 3-26 所示。

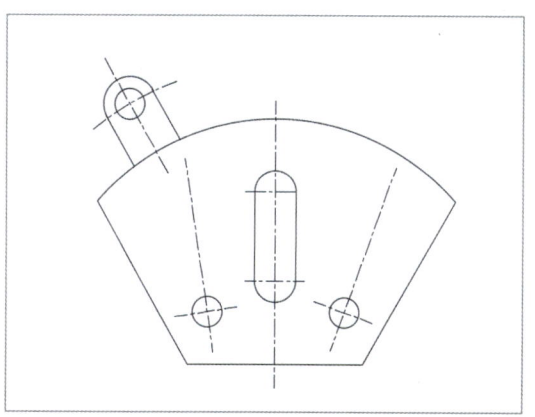

图 3-25 打开素材图形

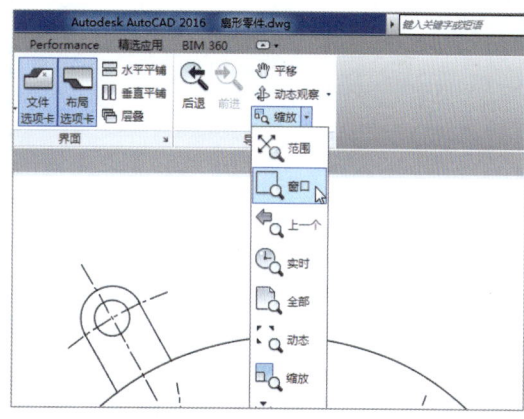

图 3-26 单击"窗口"按钮

步骤 03 根据命令行提示进行操作，在合适的位置单击鼠标左键，确定第一点，并拖曳鼠标，选取要进行窗口缩放的对象区域，如图 3-27 所示。

步骤 04 在合适位置单击左键，即可完成对图形的窗口缩放，如图 3-28 所示。

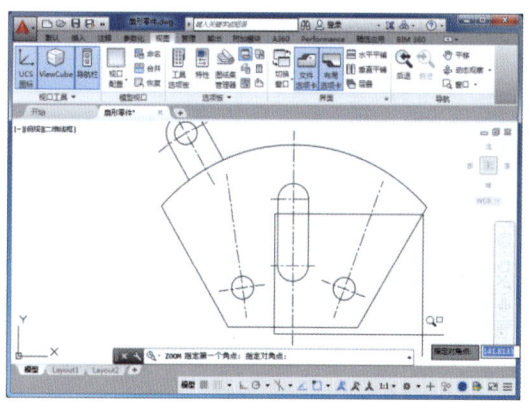

图 3-27 拖曳鼠标选择对象区域

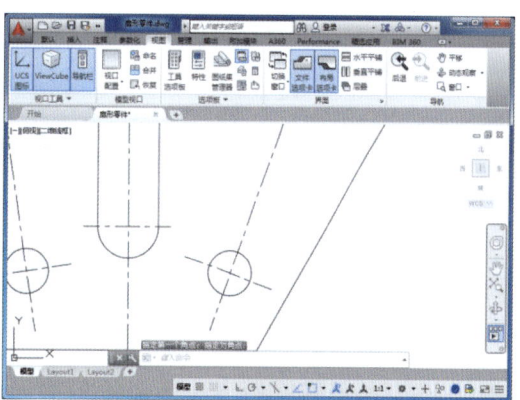

图 3-28 运用窗口缩放显示图形

> ▶ 专家指点
>
> 除了运用上述方法可以调用"窗口"命令外，还可以单击"工具"｜"工具栏"｜"AutoCAD"｜"标准"命令，弹出"标准"工具栏，单击"窗口缩放"按钮即可。

3.1.10 范围缩放

范围缩放图形可以在绘图区中尽可能大地显示图形对象，使用的显示边界只是显示图形，而不是显示图形界限。

步骤 01 打开素材图形（素材\第3章\法兰盘.dwg），如图3-29所示。

步骤 03 单击"功能区"选项板中的"视图"选项卡，在"导航"面板上单击"窗口"右侧的下拉按钮，在弹出的列表框中单击"范围"按钮，如图3-30所示。

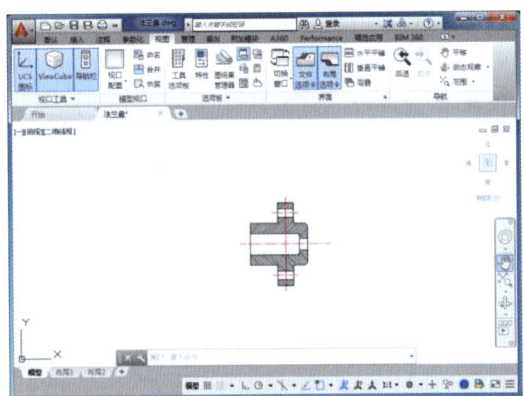

图3-29 打开素材图形

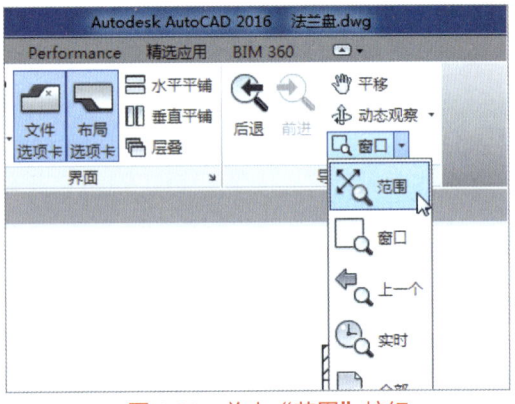

图3-30 单击"范围"按钮

步骤 04 执行操作后，即可显示范围缩放后的图形，如图3-31所示。

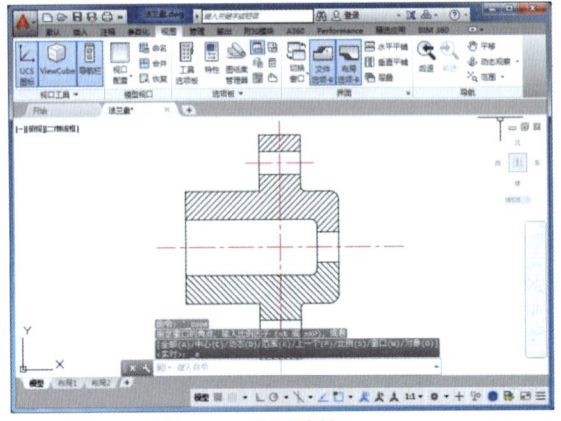

图3-31 范围缩放

> ▶ 专家指点
>
> 用户还可以通过以下4种方法范围缩放视图。
> （1）在绘图区右侧单击导航面板中的"范围缩放"按钮。
> （2）单击菜单栏中的"视图"｜"缩放"｜"范围"命令。
> （3）输入ZOOM命令。
> （4）在"视图"选项卡的"导航"面板上单击"范围"按钮。

3.1.11 对象缩放

使用对象缩放图形时,可以尽可能大地显示一个或多个选定的对象并使其位于绘图区的中心。下面介绍使用对象缩放图形的操作方法。

步骤 01 打开素材图形(素材\第 3 章\机件.dwg),如图 3-32 所示。

步骤 02 单击"功能区"选项板中的"视图"选项卡,在"导航"面板上单击"范围"右侧的下拉按钮,在弹出的列表框中单击"对象"按钮,如图 3-33 所示。

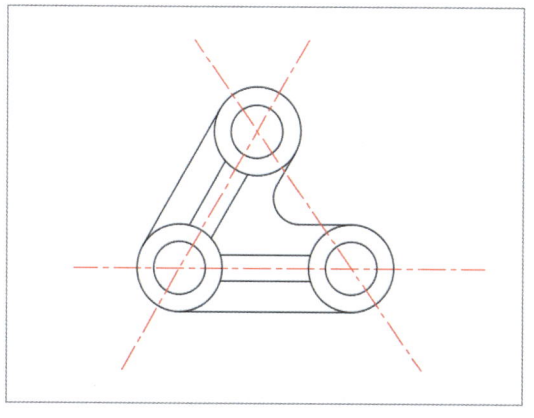

图 3-32　打开素材图形

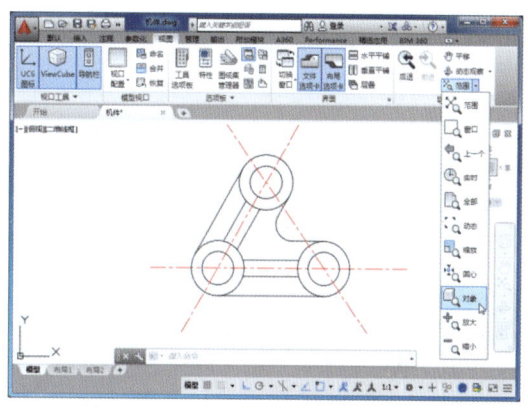

图 3-33　单击"对象"按钮

步骤 03 根据命令行提示进行操作,选择右下方的圆形为缩放对象,如图 3-34 所示。

步骤 04 按【Enter】键确认,即可完成对象缩放图形操作,如图 3-35 所示。

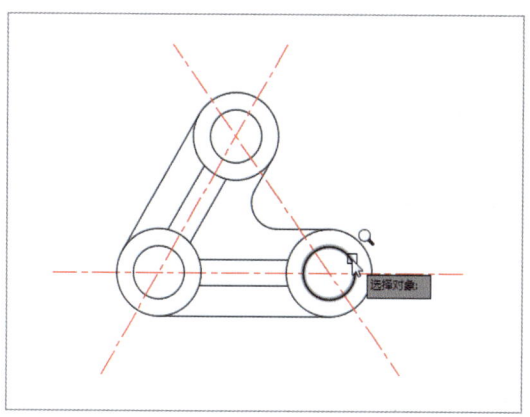

图 3-34　选择缩放对象

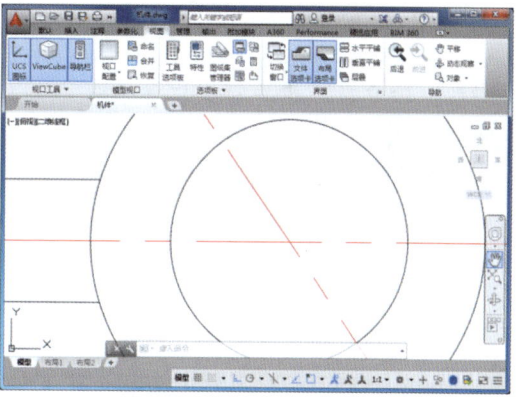

图 3-35　对象缩放图形

3.2　创建与合并平铺视口

在 AutoCAD 2016 中,为了便于编辑图形,常常需要对图形的局部进行放大,以显示其细节。当需要观察图形的整体效果时,仅使用单一的绘图视口已无法满足需要,此时可使用 AutoCAD 2016 的平铺视口功能,将绘图窗口划分为若干视口。

3.2.1 创建平铺视口

平铺视口是指把绘图窗口分为多个矩形区域，从而创建多个不同的绘图区域，其中每一个区域都可用来查看图形的不同部分。在 AutoCAD 2016 中，可以同时打开多个视口，屏幕上还可以保留"功能区"选项板和命令提示窗口。下面介绍创建平铺视口的操作方法。

步骤 01 打开素材图形（素材\第 3 章\外壳.dwg），如图 3-36 所示。

步骤 02 在命令行中输入 VPORTS（新建视口）命令，并按【Enter】键确认，弹出"视口"对话框，如图 3-37 所示。

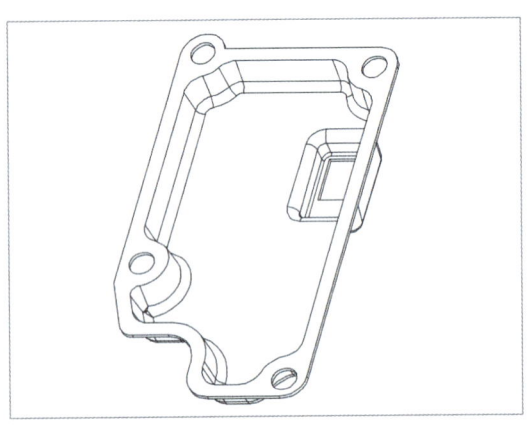

图 3-36 打开素材图形

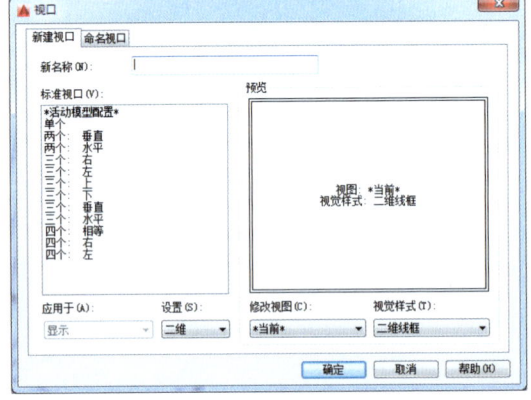

图 3-37 "视口"对话框

> ▶ **专家指点**
>
> 在 AutoCAD 中，一般把绘图区称为视口，而将绘图区中的显示内容称为视图。如果图形比较复杂，用户可以在绘图区中创建或分割多个视口，从而方便观察图形的不同效果。
>
> 在"新建视口"选项卡中，可以显示标准视口配置列表以及创建并设置新的平铺视口。在该选项卡中各主要选项含义如下所述。
>
> ➢ **"新名称"文本框**：在该文本框中，可以设置新创建的平铺视口名称。
> ➢ **"标准视口"列表框**：用于显示用户可用的标准视口。
> ➢ **"预览"显示区**：预览所选的视口配置。
> ➢ **"应用于"下拉列表框**：用于设置将所选的视口配置是用于整个显示屏还是当前视口。其中，"显示"选项用于设置将所选的视口配置应用于模型空间中的整个显示区域，为默认选项；"当前视口"选项用于设置将所选的视口配置为当前视口。
> ➢ **"设置"下拉列表框**：如果用户选择"二维"选项，则使用窗口中的当前视图来初始化视口配置；如果选择"三维"选项，则使用正交视图来配置视口。

步骤 03 切换至"新建视口"选项卡，在"新名称"文本框中输入"新建视口"，在"标准视口"列表框中选择"四个：相等"选项，如图 3-38 所示。

步骤 04 单击"确定"按钮，完成新建平铺视口的操作，效果如图 3-39 所示。

第 3 章　管理视图与图层对象

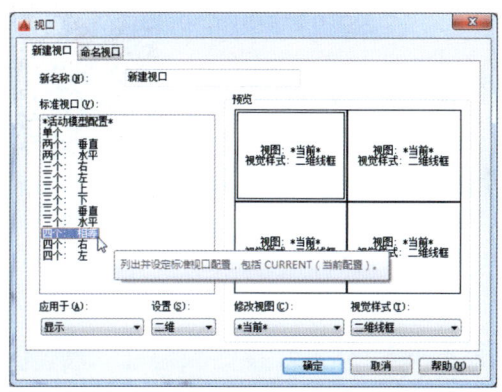
图 3-38　选择"四个：相等"选项

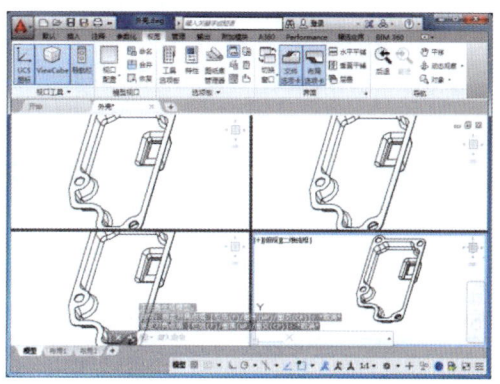
图 3-39　新建平铺视口

3.2.2　合并平铺视口

用户在观察图形对象时，如果一个视口不再需要，可以从绘图区中将该视口减去，该视口将合并到与之相邻的视口中。下面介绍合并平铺视口的操作方法。

步骤 01　打开素材图形（素材\第 3 章\连接件.dwg），如图 3-40 所示。

步骤 02　在"功能区"选项板中切换至"视图"选项卡，单击"模型视口"面板中的"合并"按钮，如图 3-41 所示。

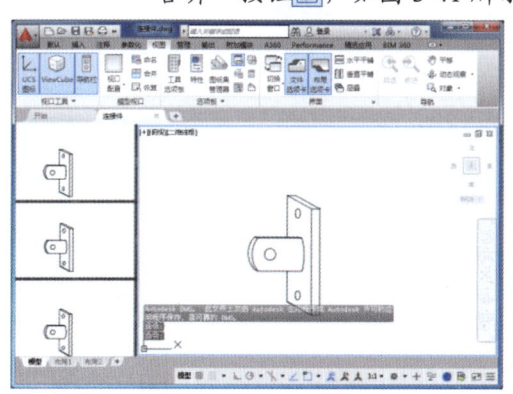
图 3-40　打开素材图形

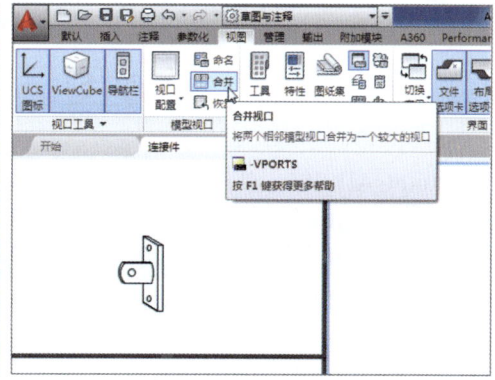
图 3-41　单击"合并"按钮

步骤 03　根据命令行提示，选择左边的第 1 个视口为主视口，再单击左边第二个视口，即可合并视口，效果如图 3-42 所示。

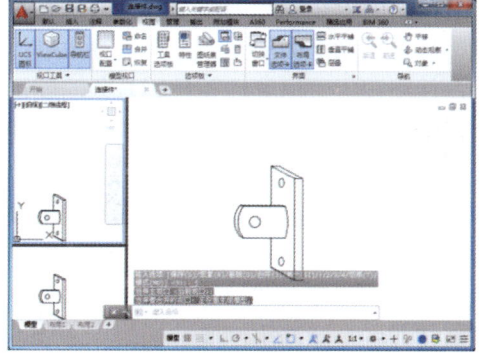
图 3-42　合并视口

3.2.3 分割平铺视口

在 AutoCAD 2016 中，用户还可以根据需要分割平铺视口，下面介绍具体操作方法。

步骤 01 打开素材图形（素材\第 3 章\多用扳手.dwg），单击"功能区"选项板中的"视图"选项卡，在"模型视口"面板上单击"视口配置"的下拉按钮，在弹出的列表框中选择"四个：右"选项，如图 3-43 所示。

步骤 02 执行操作后，即可分割平铺视口，如图 3-44 所示。

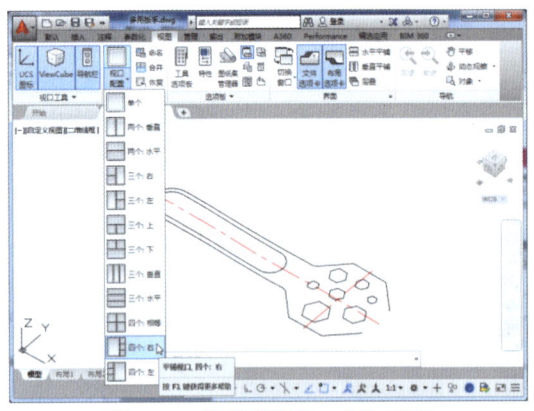
图 3-43　选择"四个：右"选项

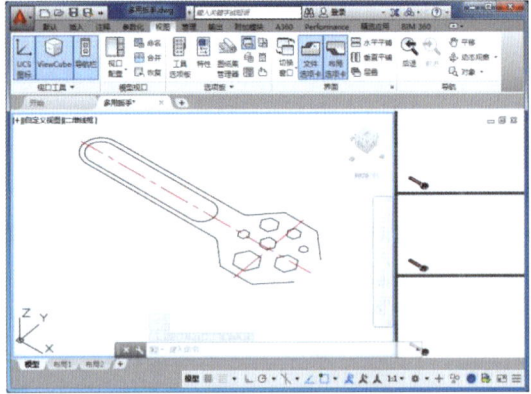
图 3-44　分割平铺视口

3.3　新建图层并置为当前层

在 AutoCAD 2016 中，图形中通常包括多个图层，它们就像一张张透明的图纸一样重叠在一起。在机械制图中，图形中主要包括基准线、轮廓线、虚线、剖面线、尺寸标注以及文字说明等元素。如果使用图层来管理这些元素，不仅能使图形的各种信息清晰、有序，便于观察，而且也会给图形的编辑、修改和输出带来很大的方便。本节主要介绍新建图层并置为当前层的操作方法。

3.3.1 新建图层

图层是计算机辅助制图快速发展的产物，在许多平面绘图软件及网页软件中都有运用。图层是用户组织和管理图形强有力的工具，每个图层就像一张透明的玻璃纸，而每张纸上面的图形可以进行叠加。

在 AutoCAD 2016 中，使用图层可以管理和控制复杂的图形。在绘图时，可以把不同种类和用途的图形分别置于不同的图层中，从而实现对相同种类图形的统一管理。

图层是绘图过程中最基本的操作，也是最有用的工具之一，对图形文件中各类实体的分类管理和综合控制具有重要的意义。总的来说，图层具有以下 3 方面的优点。

➢ 节省存储空间。
➢ 控制图形的颜色、线条的宽度及线型等属性。
➢ 统一控制同类图形实体的显示、冻结等特性。

第 3 章　管理视图与图层对象

在 AutoCAD 2016 中，可以创建无限个图层，也可以根据需要，在创建的图层中设置每个图层相应的名称、线型以及颜色等。熟练地使用图层，可以提高图形的清晰度和绘制效率，在复杂的工程制图中显得尤为重要。

在 AutoCAD 中将当前正在使用的图层称为当前图层，用户只能在当前图层中创建新图形。当前图层的名称、线型、颜色以及状态等信息都显示在"图层"面板中。

下面介绍新建图层的操作方法。

步骤 01　打开素材图形（素材\第 3 章\摄像机后盖.dwg），如图 3-45 所示。

步骤 02　在"功能区"选项板中切换至"视图"选项卡，单击"选项板"面板中的"图层特性"按钮，如图 3-46 所示。

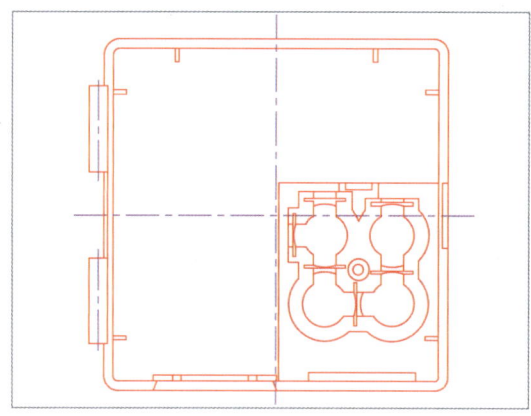
图 3-45　打开素材

图 3-46　单击"图层特性"按钮

步骤 03　在弹出的"图层特性管理器"对话框中，单击"新建图层"按钮，如图 3-47 所示。

步骤 04　在对话框右侧的选项区中，将新建一个默认名为"图层 1"的图层，完成创建新图层的操作，如图 3-48 所示。

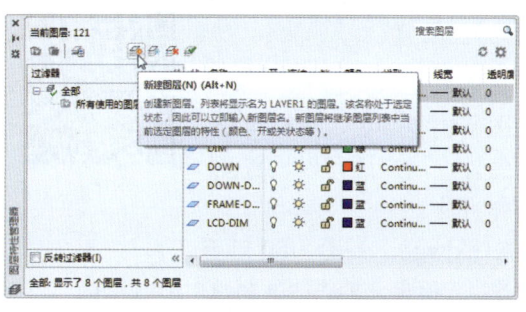
图 3-47　单击"新建图层"按钮

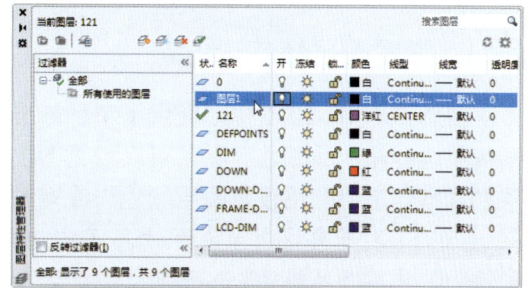
图 3-48　完成创建新图层的操作

▶ 专家指点

AutoCAD 自动创建的名称为"0"的特殊图层，在默认情况下，图层将被指定使用 7 号颜色（为白色或黑色，由背景颜色决定，如本书设置绘图区的背景色为白色，则图层颜色为黑色）、Continuous 线型、"默认"线宽及 Normal 打印样式，用户不能删除或重命名该图层。

3.3.2 置为当前层

在 AutoCAD 2016 的某个图层上，绘制具有该图层特性的对象，应将该图层设置为当前图层。下面介绍设置为当前层的操作方法。

在"功能区"选项板的"默认"选项卡中，单击"图层"面板中的"图层特性"按钮，弹出"图层特性管理器"面板，在"名称"列表框中选择"图层 1"图层，单击"置为当前"按钮，即可将其置为当前层，如图 3-49 所示。

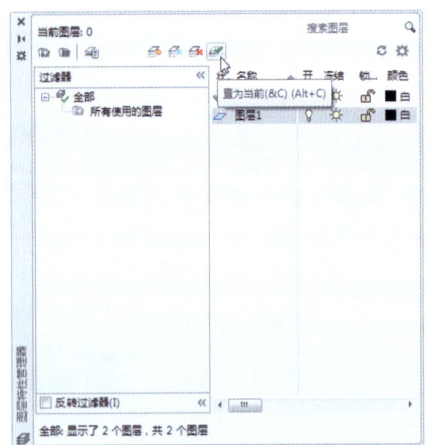 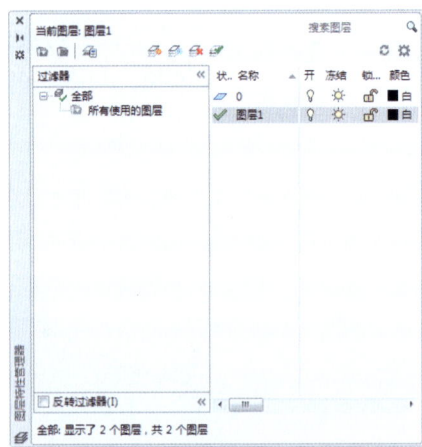

图 3-49 置为当前层

3.4 设置图层对象的属性

图层是 AutoCAD 2016 提供的一个管理图形对象的工具，用户可以通过图层来对图形对象、文字和标注等元素进行归类处理。下面介绍设置图层对象属性的操作方法，主要包括图层颜色、线宽、线型以及线型比例等属性。

3.4.1 设置图层颜色与线宽

在 AutoCAD 2016 中，提供了 7 种标准的图层线型颜色，用户可根据需要选择相应的颜色。除了可以设置图层颜色外，用户还可以设置图层的线宽。下面介绍设置图层颜色与线宽的操作方法。

步骤 01　打开素材图形（素材\第 3 章\前模镶件.dwg），如图 3-50 所示。

步骤 02　在"功能区"选项板中切换至"视图"选项卡，单击"选项板"面板中的"图层特性"按钮，弹出"图形特性管理器"对话框，如图 3-51 所示。

步骤 03　在"CL"图层上，单击对应的"颜色"选项，弹出"选择颜色"对话框，在其中选择黑色，如图 3-52 所示。

步骤 04　单击"确定"按钮，完成设置图层颜色的操作，并返回"图层特性管理器"对话框，如图 3-53 所示。

步骤 05　在"CL"图层上，单击对应的"线宽"选项，弹出"线宽"对话框，在其中选择 0.25mm 的线宽，如图 3-54 所示。

步骤 06 单击"确定"按钮,完成设置图层线宽的操作,并返回"图层特性管理器"对话框,如图 3-55 所示。

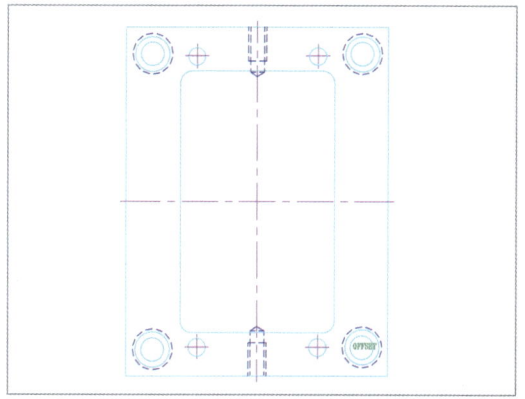

图 3-50 打开素材图形

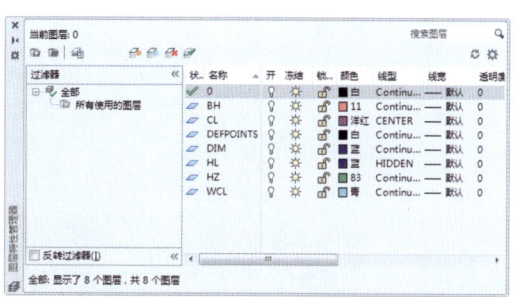

图 3-51 "图形特性管理器"对话框

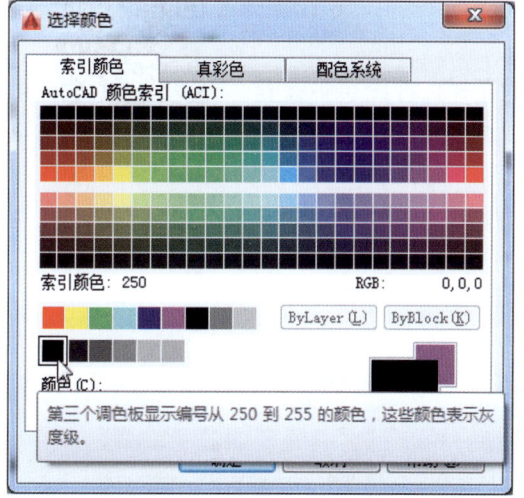

图 3-52 "选择颜色"对话框

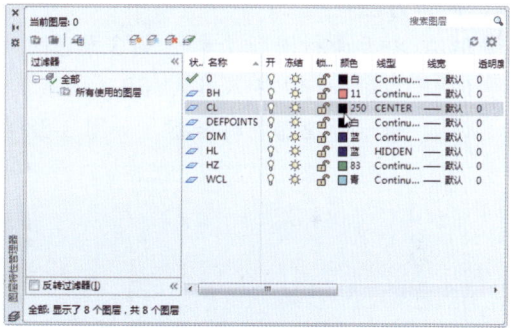

图 3-53 "图层特性管理器"对话框

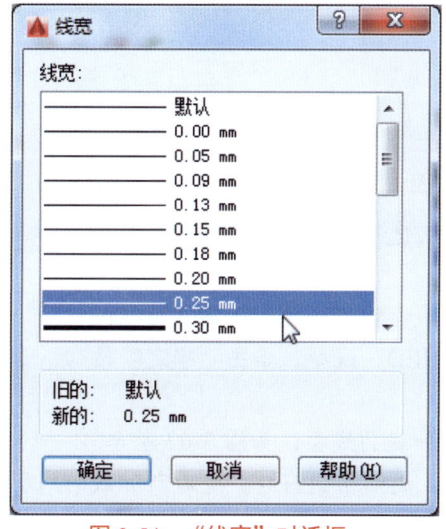

图 3-54 "线宽"对话框

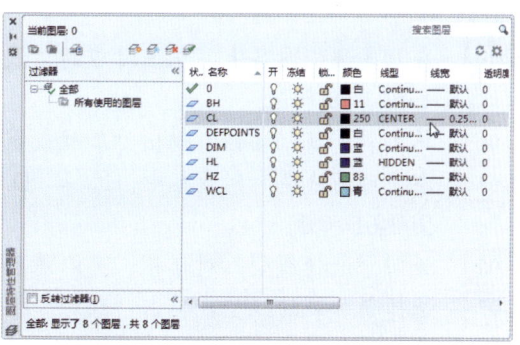

图 3-55 "图层特性管理器"对话框

步骤 07　关闭"图层特性管理器"对话框,查看更改图层颜色和线宽后的图形效果,如图 3-56 所示。

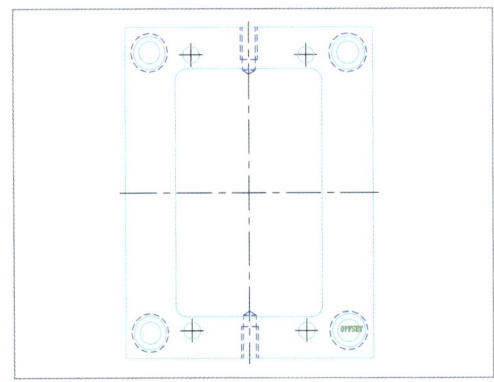

图 3-56　查看更改图层后的图形效果

3.4.2　设置图层线型

线型是由沿图线显示的线、点和间隔组成的图样。在图层中设置线型,可以更直观地区分图像,使图形易于查看。下面介绍设置图层线型的操作方法。

步骤 01　打开素材图形(素材\第 3 章\型心.dwg),如图 3-57 所示。

步骤 02　在命令行中输入 LAYER(图层)命令,并按【Enter】键确认,弹出"图层特性管理器"对话框,如图 3-58 所示。

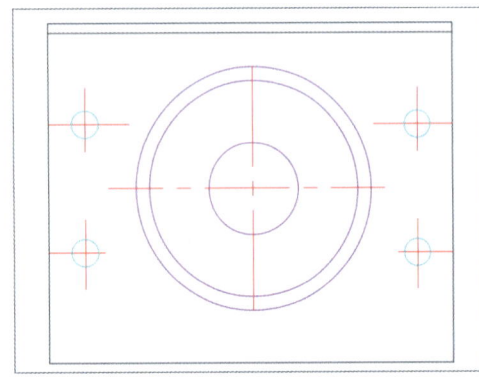

图 3-57　打开素材图形　　　　　图 3-58　"图层特性管理器"对话框

步骤 03　在"虚线"图层上,单击对应的"线型"选项,弹出"选择线型"对话框,如图 3-59 所示。

步骤 04　单击"加载"按钮,弹出"加载或重载线型"对话框,如图 3-60 所示。

步骤 05　在"可用线型"列表框中,选择"DASHED"线型,单击"确定"按钮,如图 3-61 所示。

步骤 06　返回"选择线型"对话框,可以看到新加载的线型,如图 3-62 所示。

步骤 07　选择新加载的线型,单击"确定"按钮,返回绘图窗口,查看新加载的线型样式,效果如图 3-63 所示。

第 3 章　管理视图与图层对象

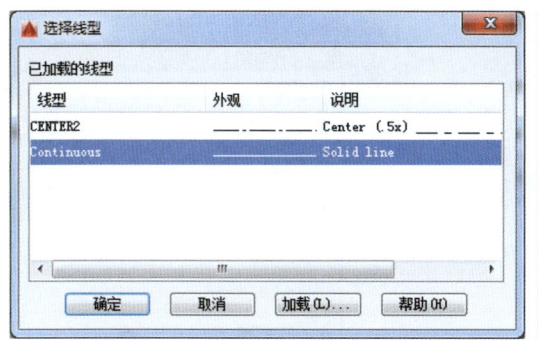

图 3-59　"选择线型"对话框　　　图 3-60　"加载或重载线型"对话框

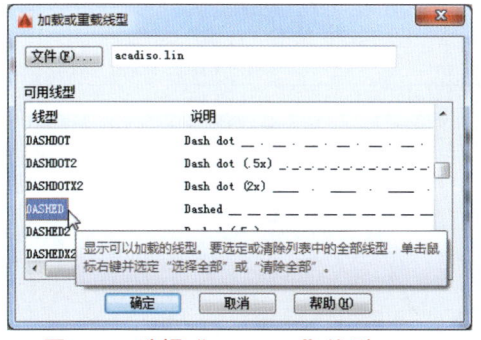 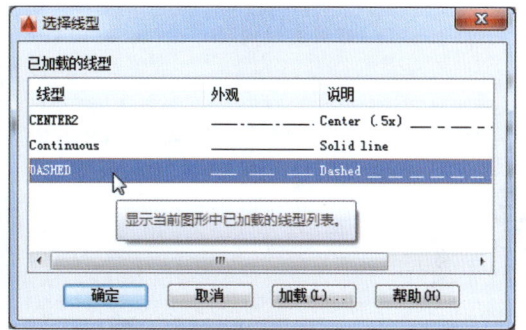

图 3-61　选择"DASHED"线型　　　图 3-62　新加载线型

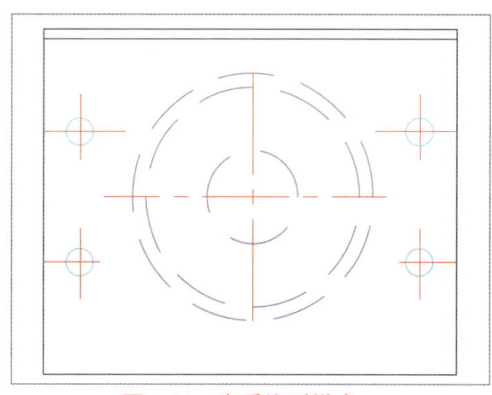

图 3-63　查看线型样式

3.4.3　设置线型比例

在 AutoCAD 2016 中，可以设置图形中的线型比例，从而改变非连续线型的外观。下面介绍设置图层线型比例的操作方法。

步骤 01　打开素材图形（素材\第 3 章\传动轴.dwg），如图 3-64 所示。
步骤 02　显示菜单栏，单击"格式"|"线型"命令，如图 3-65 所示。
步骤 03　弹出"线型管理器"对话框，显示细节，在对话框下方设置"全局比例因子"为 3，如图 3-66 所示。
步骤 04　设置完成后，单击"确定"按钮，即可设置线型比例，如图 3-67 所示。

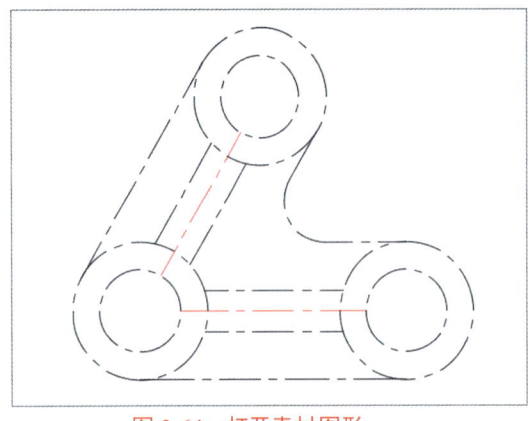
图 3-64　打开素材图形

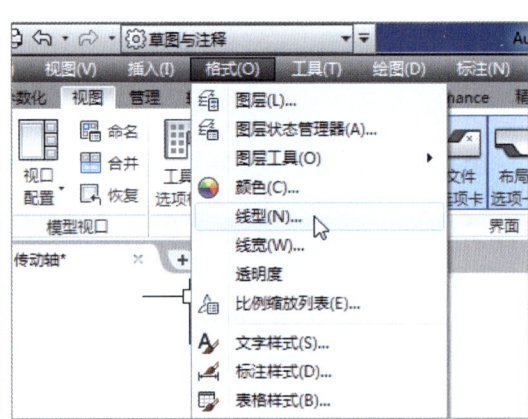
图 3-65　单击"线型"命令

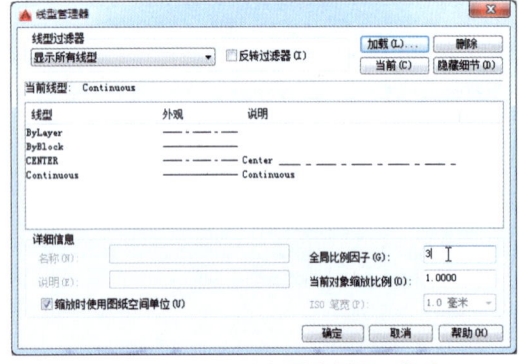
图 3-66　设置"全局比例因子"为 3

图 3-67　设置线型比例

3.4.4　隐藏和显示图层

在 AutoCAD 2016 中，用户可根据需要对图层进行隐藏和显示操作，下面介绍隐藏和显示图层的具体操作方法。

步骤 01　打开素材图形（素材\第 3 章\车轮.dwg），如图 3-68 所示。

步骤 02　单击"功能区"选项板中的"默认"选项卡，在"图层"面板上单击"图层特性"按钮，弹出"图层特性管理器"面板，单击"辅助线"图层上的"开"图标，如图 3-69 所示。

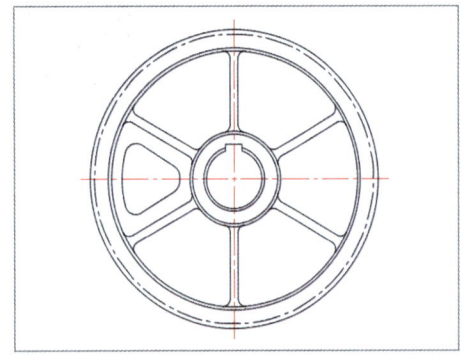
图 3-68　打开素材图形

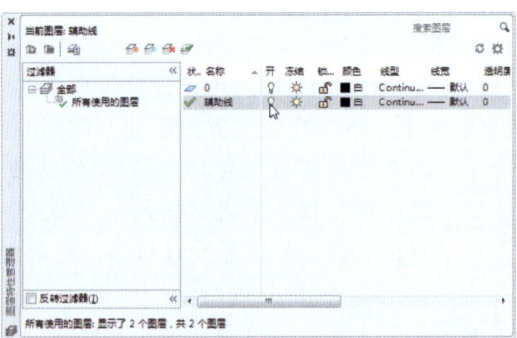
图 3-69　单击"开"图标

第 3 章　管理视图与图层对象

步骤 03　执行操作后，弹出提示信息框，选择"关闭当前图层"选项，如图 3-70 所示。
步骤 04　执行操作后，即可隐藏该图层，效果如图 3-71 所示。
步骤 05　在"图层特性管理器"面板的"辅助线"图层上，单击"开"图标 ，即可显示该图层。

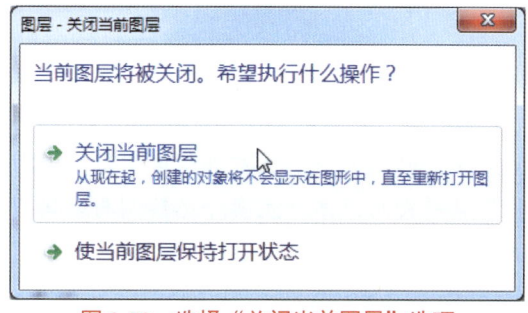

图 3-70　选择"关闭当前图层"选项

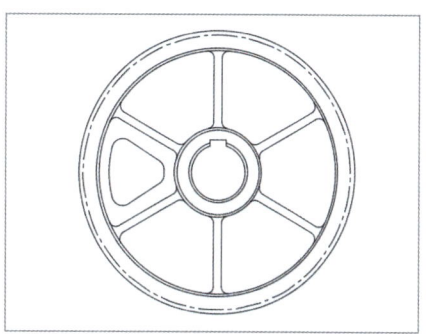

图 3-71　隐藏该图层后的效果

本章小节

本章主要学习了对图层进行平移和缩放的各种方法，主要包括实时平移、定点平移、放大视图、缩小视图、圆心缩放、动态缩放、比例缩放以及对象缩放的各种方法，还介绍了创建与合并平铺视口的方法。最后，介绍了新建图层、置为当前图层、设置图层颜色和线宽以及隐藏和显示图层的方法。希望读者熟练掌握本章内容，以便对图层文件进行更好的管理与操作，为机械制图提高工作效率。

课后习题

鉴于本章知识的重要性，为了帮助读者更好地掌握所学知识，本节将通过上机习题，帮助读者进行简单的知识回顾和补充。

本习题需要掌握设置图层线型样式的操作方法，设置前与设置后的线型对比效果，如图 3-72 所示。

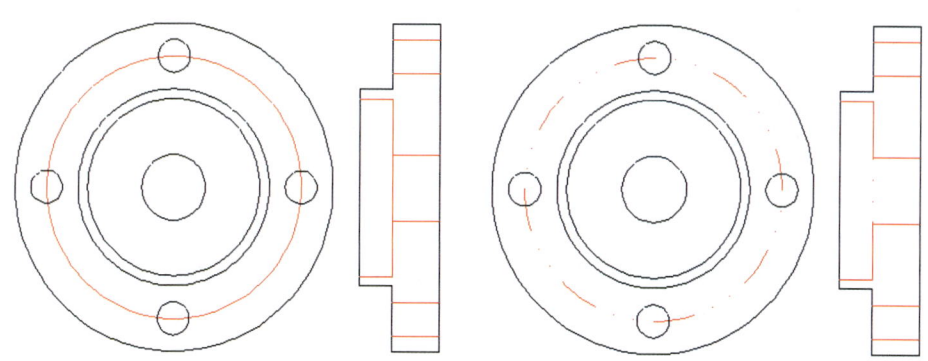

图 3-72　素材文件与效果文件

第 4 章 绘制与编辑机械图形

【本章导读】

绘图是 AutoCAD 的主要功能，也是最基本的功能。二维平面图形的形状都很简单，创建起来也很容易，创建二维平面图形是 AutoCAD 的绘图基础。只有熟练地掌握二维平面图形的绘制方法和技巧，才能更好地绘制出复杂的图形。本章主要介绍绘制与编辑机械图形的操作方法。

【本章重点】

- 绘制二维机械图形对象
- 编辑二维机械图形对象

4.1 绘制二维机械图形对象

在 AutoCAD 2016 中，任何复杂的图形都可以分解为简单的点、线、面等基本图形，使用"绘图"菜单中的命令、"功能区"中的工具按钮或在命令行中输入相应的命令，均可方便地绘制出二维图形。

4.1.1 绘制单点和多点

在 AutoCAD 2016 中，作为节点或参照几何图形的点对象，对于对象捕捉和相对偏移是非常有用的。用户不仅可以一次绘制一个点，还可以一次绘制多个点。绘制多点就是指输入绘制命令后可以一次指定多个点，而不需要再输入命令，直到按【Esc】键退出，即可结束多点的输入状态。下面介绍绘制单点和多点的操作方法。

步骤 01 打开素材图形（素材\第 1 章\机件.dwg），如图 4-1 所示。

步骤 02 在命令行中输入 DDPTYPE（点样式）命令，并按【Enter】键确认，弹出"点样式"对话框，选择第 2 行第 4 个点样式，在"点大小"数值框中输入数值 8，如图 4-2 所示，单击"确定"按钮。

> ▶ **专家指点**
>
> 在 AutoCAD 2016 中，用户还可以通过以下两种方法调用"点样式"命令。
> - 命令：在命令行中输入 DDPTYPE（点样式）命令，按【Enter】键确认。
> - 菜单栏：显示菜单栏，单击"格式"|"点样式"命令。

步骤 03 在命令行中输入 POINT（单点）命令，并按【Enter】键确认，根据命令行中的提示，在绘图区中图形中心线的交点上，单击鼠标左键，即可在图形的中

第 4 章　绘制与编辑机械图形

心线点上绘制单点，效果如图 4-3 所示。

步骤 04　在"功能区"选项板的"默认"选项卡中，单击"绘图"面板中的下拉按钮，在展开的面板上单击"多点"按钮，如图 4-4 所示。

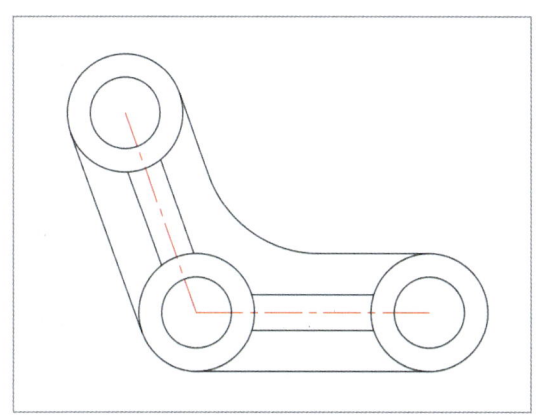

图 4-1　打开素材图形

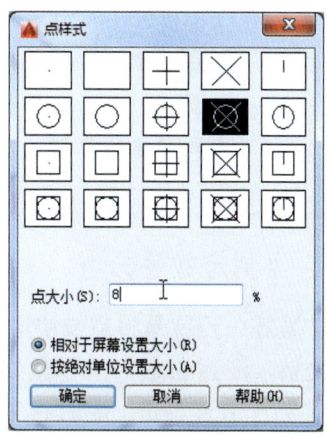

图 4-2　输入数值 8

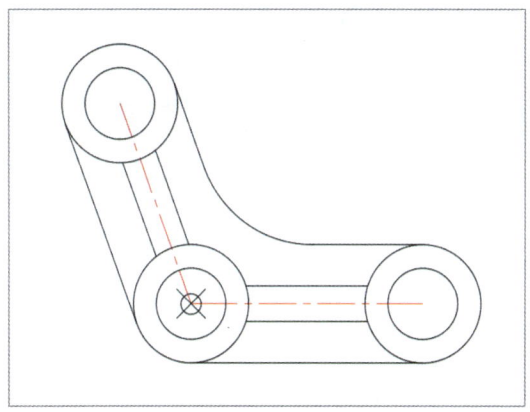

图 4-3　绘制单点

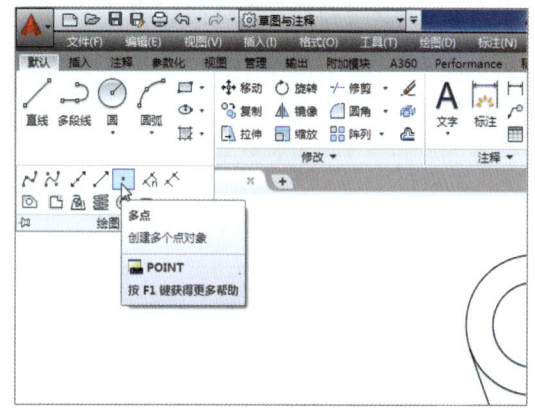

图 4-4　单击"多点"按钮

步骤 05　根据命令行中的提示，在图形的两个圆心点上依次单击鼠标左键，完成绘制多点的操作，效果如图 4-5 所示。

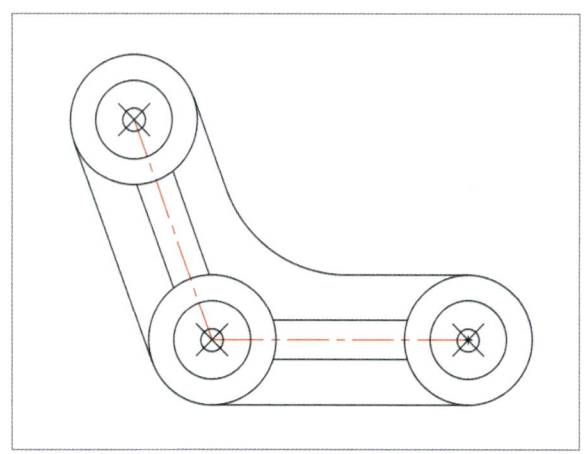

图 4-5　绘制多点的效果

51

> ▶ 专家指点
>
> 在"点样式"对话框中,各主要选项的含义如下所述。
>
> ➢ **"点大小"数值框:** 用于设置点的显示大小,可以相对于屏幕尺寸来设置点的大小,也可以设置点的绝对大小。
>
> ➢ **"相对于屏幕设置大小"单选按钮:** 用于按屏幕尺寸百分比设置点的显示大小,当改变显示比例时,点的显示大小并不改变。
>
> ➢ **"按绝对单位设置大小"单选按钮:** 使用实际单位设置点的大小。当改变显示比例时,AutoCAD 所绘制的点显示大小随之改变。

4.1.2 绘制定数等分点

定数等分点就是将点或块沿图形对象的长度间隔排列。在绘制定数等分点之前,注意在命令行中输入的是等分数,而不是点的个数,如果要将所选对象分成 N 等份,有时将生成 N−1 个点。下面介绍创建定数等分点的方法。

步骤 01 打开素材图形(素材\第 4 章\圆.dwg),如图 4-6 所示。

步骤 02 在"功能区"选项板中的"默认"选项卡中,单击"绘图"面板中间的下拉按钮,在展开的面板上单击"定数等分"按钮,如图 4-7 所示。

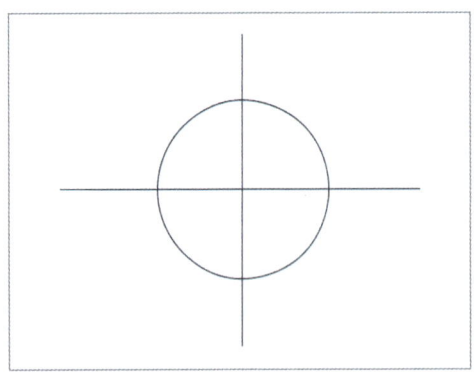

图 4-6 打开素材图形

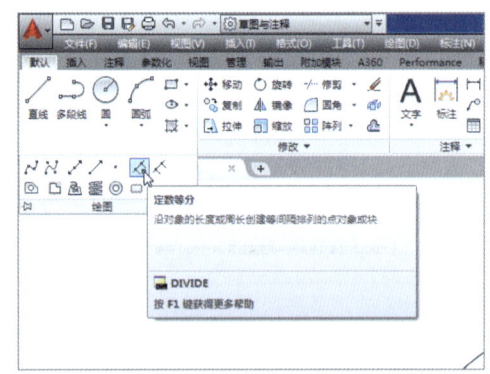

图 4-7 单击"定数等分"按钮

步骤 03 在绘图区中拾取水平直线为定数等分对象,如图 4-8 所示。

步骤 04 在命令行中输入 6,按【Enter】键确认,执行操作后,即可绘制定数等分点,如图 4-9 所示。

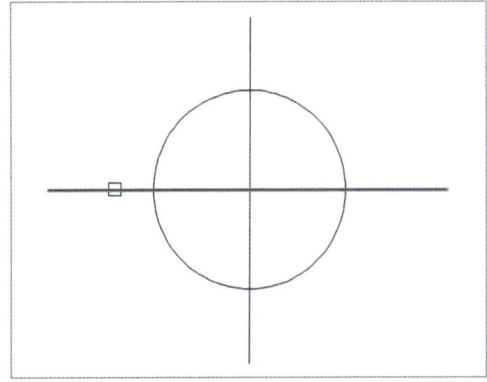

图 4-8 拾取水平直线为定数等分对象

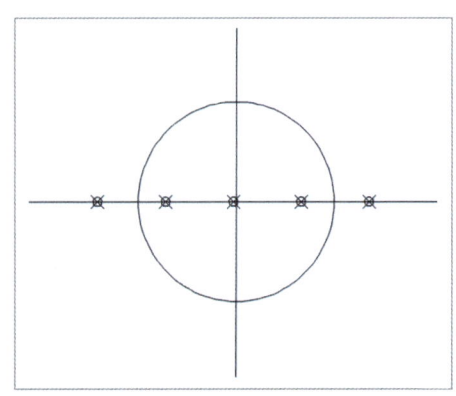

图 4-9 绘制定数等分点

第 4 章　绘制与编辑机械图形

> ▶ 专家指点
>
> 用户还可以通过以下 3 种方法调用"定数等分点"命令。
> （1）在命令行中输入 DIVIDE（定数等分）命令，并按【Enter】键确认。
> （2）在命令行中输入 DIV（定数等分）命令，并按【Enter】键确认。
> （3）显示菜单栏，单击"绘图"|"点"|"定数等分"命令。

4.1.3　绘制直线

直线是各种绘图中最常用、最简单的一类图形对象，只要指定了起点和终点即可绘制一条直线。在 AutoCAD 2016 中，可以用二维坐标（x, y）或三维坐标（x, y, z）绘制直线，也可以混合使用二维坐标和三维坐标指定端点来绘制直线。下面介绍绘制直线的操作方法。

步骤 01 打开素材图形（素材\第 4 章\轴.dwg），如图 4-10 所示。

步骤 02 在"功能区"选项板的"默认"选项卡中，单击"绘图"面板中的"直线"按钮 ，如图 4-11 所示。

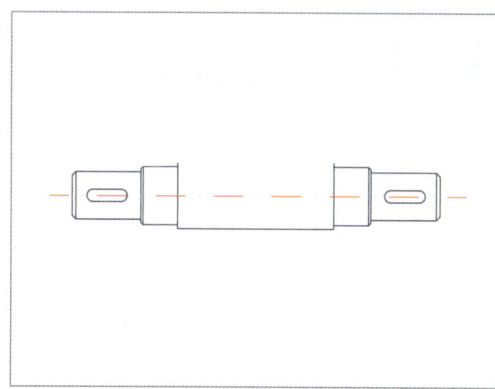

图 4-10　打开素材图形

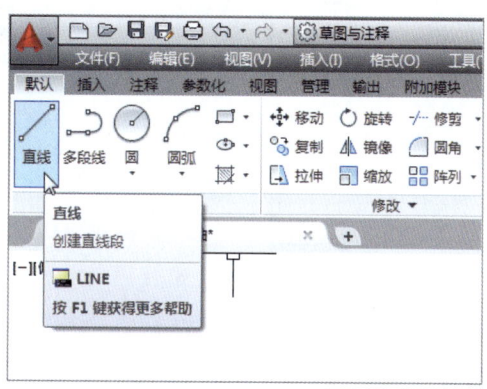

图 4-11　单击"直线"按钮

步骤 03 根据命令行中的提示，捕捉左上方的端点作为直线的第一点，向右引导光标，如图 4-12 所示。

步骤 04 捕捉图形右上方的端点，作为直线的第二点，按【Enter】键确认，即可绘制直线，效果如图 4-13 所示。

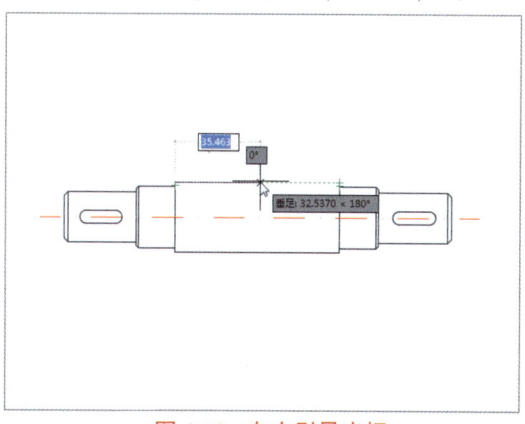

图 4-12　向右引导光标

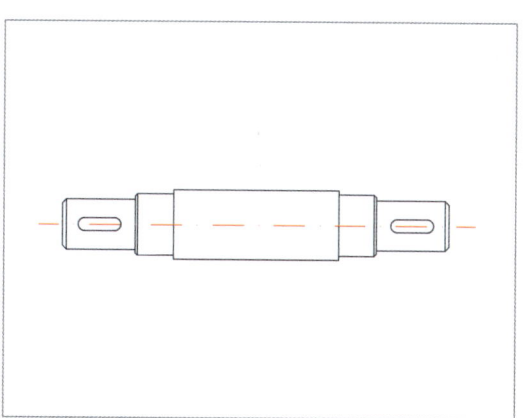

图 4-13　绘制直线

> ▶ 专家指点
>
> 直线是绘图中最常用的实体对象，在一条由多条线段连接而成的简单直线中，每条线段都是一个单独的直线对象。用户还可以通过以下 3 种方法调用"直线"命令。
> （1）在命令行中输入 LINE（直线）命令，并按【Enter】键确认。
> （2）在命令行中输入 L（直线）命令，并按【Enter】键确认。
> （3）显示菜单栏，单击"绘图"|"直线"命令。

4.1.4 绘制射线

射线是一条只有起点没有终点的直线，即射线是一种一端固定而另一端无限延伸的直线，射线一般也作为辅助线应用。下面介绍绘制射线的操作方法。

步骤 01 打开素材图形（素材\第 4 章\内六角螺丝.dwg），如图 4-14 所示。

步骤 02 在"默认"选项卡中，单击"绘图"面板中的"射线"按钮 ⁄ ，如图 4-15 所示。

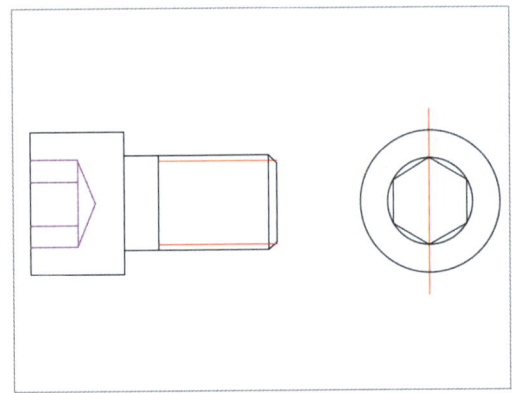

图 4-14　打开素材图形

图 4-15　单击"射线"按钮

步骤 03 在命令行提示下，在最左侧直线的端点上单击鼠标左键，向右引导光标，在图形右侧合适位置上单击鼠标左键，按【Enter】键确认，即可绘制出射线，效果如图 4-16 所示。

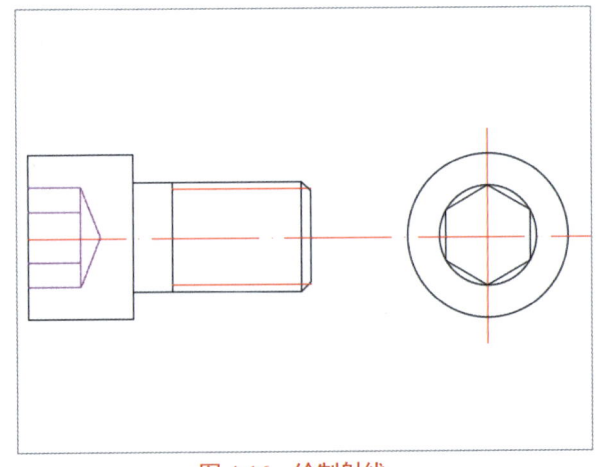

图 4-16　绘制射线

> ▶ 专家指点
>
> 用户还可以通过以下两种方法调用"射线"命令。
> （1）在命令行中输入 RAY（射线）命令，并按【Enter】键确认。
> （2）显示菜单栏，单击"绘图"|"射线"命令。

4.1.5 绘制构造线

构造线是一条没有起点和终点的无限延伸的直线，它通常会被用作辅助绘图线。构造线具有普通 AutoCAD 图形对象的各项属性，如图层、颜色、线型等，还可以通过修改变成射线和直线。下面介绍绘制构造线的操作方法。

步骤 01 打开素材图形（素材\第 4 章\法兰盘.dwg），如图 4-17 所示。

步骤 02 单击"功能区"选项板中的"默认"选项卡，在"绘图"面板中单击中间的下拉按钮，在展开的面板上单击"构造线"按钮，如图 4-18 所示。

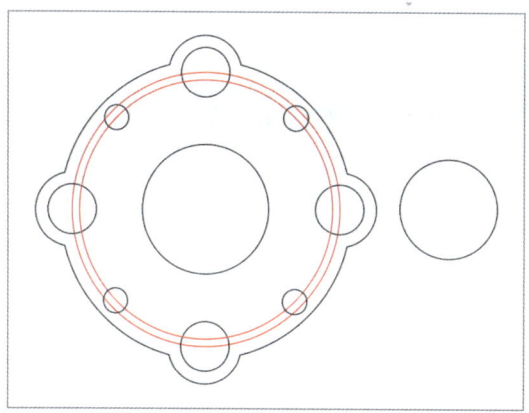

图 4-17 打开素材图形

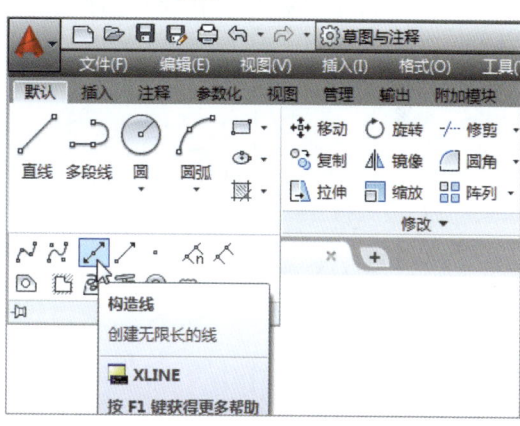

图 4-18 单击"构造线"按钮

步骤 03 根据命令行提示进行操作，在命令行中输入 H，按【Enter】键确认，捕捉图形圆心点，如图 4-19 所示。

步骤 04 单击鼠标左键，按【Enter】键确认，即可绘制构造线，效果如图 4-20 所示，绘制完成后，按【Esc】键，即可退出绘制状态。

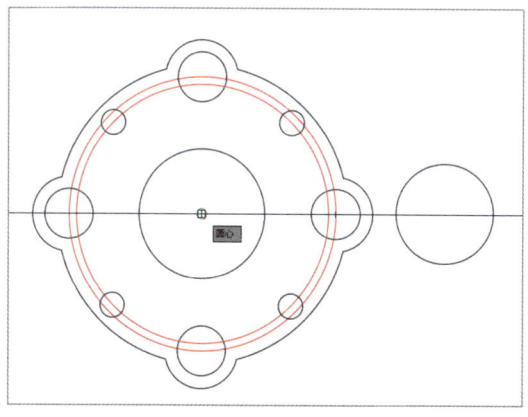

图 4-19 捕捉圆心点

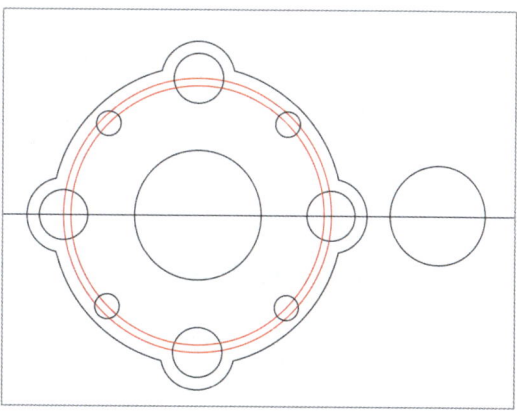

图 4-20 绘制构造线

> ▶ 专家指点
>
> 用户还可以通过以下 3 种方法调用"构造线"命令。
> （1）在命令行中输入 XLINE 命令，并按【Enter】键确认。
> （2）在命令行中输入 XL 命令，并按【Enter】键确认。
> （3）显示菜单栏，单击"绘图"|"构造线"命令。

4.1.6 绘制圆

圆是简单的二维图形，圆的绘制在 AutoCAD 中使用非常频繁，可以用来表示柱、轴、孔等特征。在绘图过程中，圆是使用最多的基本图形元素之一。下面介绍绘制圆的方法。

步骤 01 打开素材图形（素材\第 4 章\间歇轮.dwg），如图 4-21 所示。

步骤 02 在"功能区"选项板的"默认"选项卡中，单击"绘图"面板中"圆"下方的下拉按钮，在弹出的列表框中单击"圆心，半径"按钮，如图 4-22 所示。

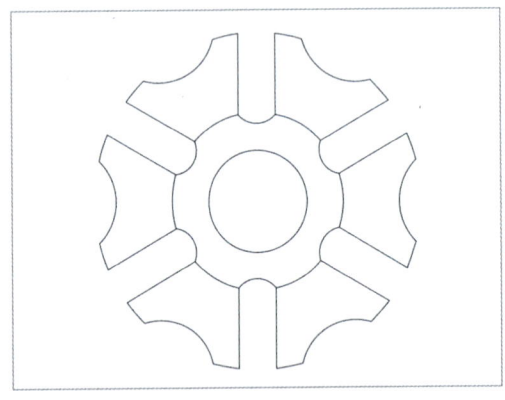

图 4-21 打开素材图形

图 4-22 单击"圆心，半径"按钮

> ▶ 专家指点
>
> 单击"绘图"面板中"圆"按钮下方的下拉按钮，在弹出的下拉列表中，提供了 6 种绘制圆的方法，各按钮的含义如下所述。
> ➢ "圆心，半径"按钮：通过确定圆心和半径的方式来画圆。
> ➢ "圆心，直径"按钮：通过确定圆心和直径的方式来画圆。
> ➢ "两点"按钮：通过确定直径两个端点的方式来画圆。
> ➢ "三点"按钮：通过确定圆周上的任意三个点的方式来画圆。
> ➢ "相切，相切，半径"按钮：通过确定已知的两个图形对象相切的切点和半径的方式来画圆。
> ➢ "相切，相切，相切"按钮：通过确定已知的三个图形对象相切的切点的方式来画圆。

步骤 03 根据命令行提示进行操作，在图形圆心点上单击鼠标左键，确定圆心点，如图 4-23 所示。

第 4 章　绘制与编辑机械图形

步骤 04　输入半径值 32，并按【Enter】键确认，即可绘制一个半径为 32 的圆，效果如图 4-24 所示。

> ▶ 专家指点
>
> 用户还可以通过以下 3 种方法调用"圆"命令。
> （1）在命令行中输入 CIRCLE 命令，并按【Enter】键确认。
> （2）在命令行中输入 C 命令，并按【Enter】键确认。
> （3）显示菜单栏，单击"绘图"|"圆"|"圆心，半径"命令。

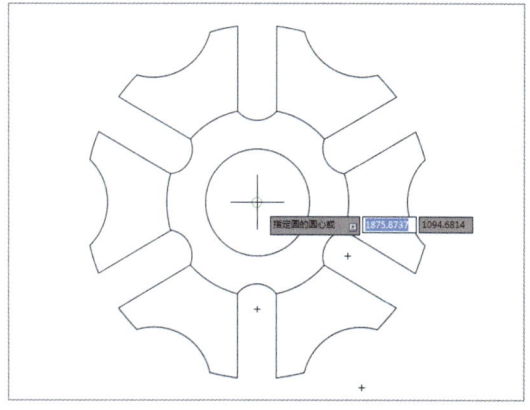

图 4-23　确定圆心点

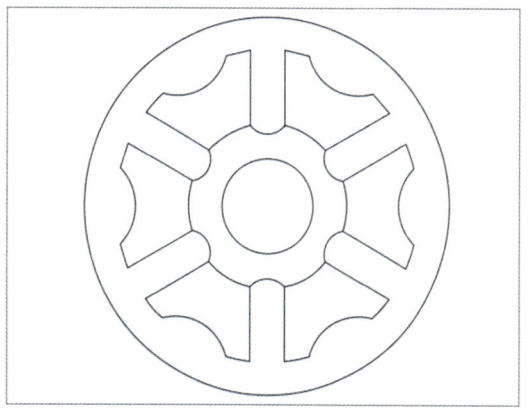

图 4-24　绘制一个半径为 8 的圆

4.1.7　绘制圆弧

圆弧是圆的一部分，它也是一种简单图形。绘制圆弧与绘制圆相比，相对要困难一些，除了圆心和半径外，圆弧还需要指定起始角和终止角。下面介绍绘制圆弧的操作方法。

步骤 01　打开素材图形（素材\第 4 章\扇形叶片.dwg），如图 4-25 所示。

步骤 02　在"功能区"选项板的"默认"选项卡中，单击"绘图"面板中"圆弧"下方的下拉按钮，在弹出的下拉列表中单击"起点、端点、半径"按钮，如图 4-26 所示。

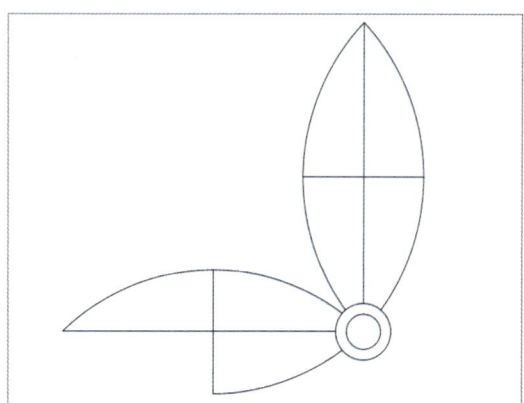

图 4-25　打开素材图形

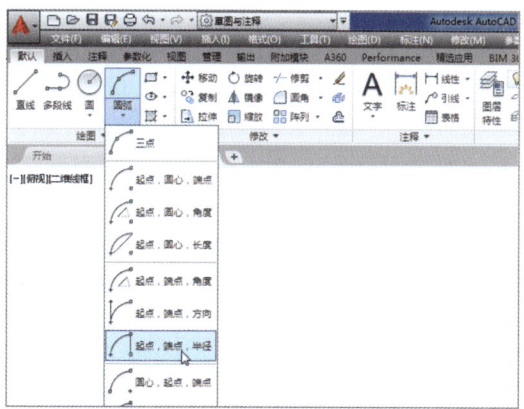

图 4-26　单击"起点、端点、半径"按钮

> ▶ 专家指点
>
> 用户还可以通过以下两种方法调用"圆弧"命令。
> （1）在命令行中输入 ARC 命令，并按【Enter】键确认。
> （2）显示菜单栏，单击"绘图"|"圆弧"|"起点、端点、半径"命令。

步骤 03　根据命令行提示，在绘图区中间的端点上，依次单击鼠标左键，指点圆弧起点和端点，如图 4-27 所示。

步骤 04　输入"半径"为 72.5 并确认，完成圆弧的绘制，效果如图 4-28 所示。

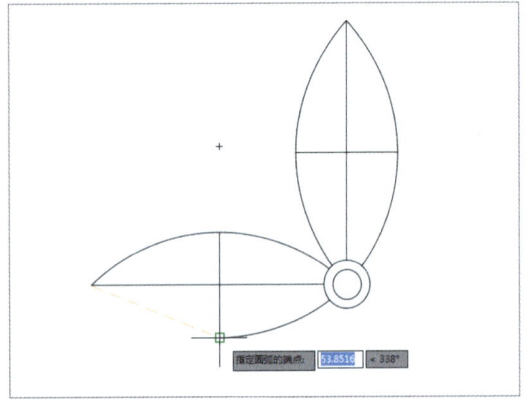

图 4-27　指定圆弧起点和端点

图 4-28　完成圆弧绘制

4.1.8　绘制圆环

圆环实质上是一种多段线，可以有任意的内径和外径。如果内径和外径相等，则圆环就是一个普通的圆；如果内径为 0，则圆环是一个实心圆。下面介绍绘制圆环的操作方法。

步骤 01　打开素材图形（素材\第 4 章\模脚.dwg），如图 4-29 所示。

步骤 02　在"功能区"选项板的"默认"选项卡中，单击"绘图"面板中的下拉按钮，在展开的面板上单击"圆环"按钮，如图 4-30 所示。

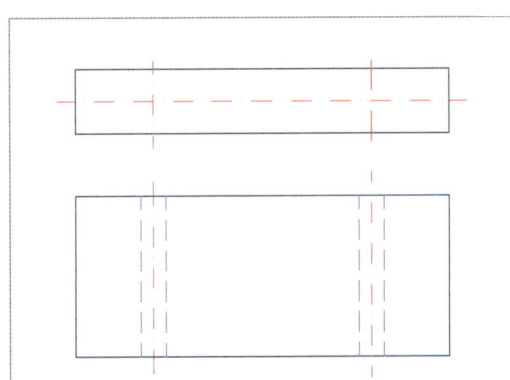

图 4-29　打开素材图形

图 4-30　单击"圆环"按钮

步骤 03 根据命令行提示，输入圆环的内径为 0，按【Enter】键确认；输入圆环的外径为 16，按【Enter】键确认；在绘图区两条相交的中心线上，指定圆环的中心点绘制圆环，单击鼠标左键，并按【Enter】键确认，完成绘制圆环的操作，效果如图 4-31 所示。

步骤 04 用与上同样的方法，绘制另外一个圆环，效果如图 4-32 所示。

> ▶ **专家指点**
>
> 执行"圆环"命令后，命令行中的提示如下所述。
> ➢ **指定圆环的内径**：指定圆环的内径值。
> ➢ **指定圆环的外径**：指定圆环的外径值。
> ➢ **指定圆环的中心点或 <退出>**：指定圆环的中心点。

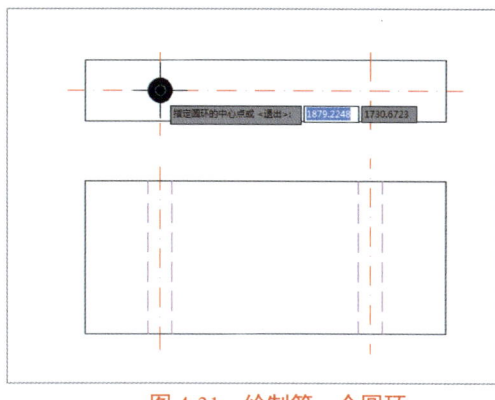 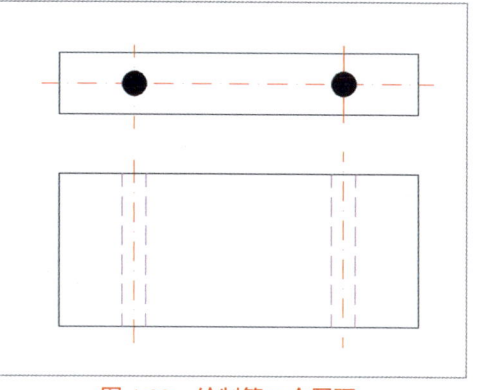

图 4-31　绘制第一个圆环　　　　　图 4-32　绘制第二个圆环

4.1.9　绘制正多边形

正多边形是绘图中常用的一种简单图形，可以使用其外接圆与内切圆来进行绘制，并规定可以绘制边数为 3～1024 的正多边形，默认情况下，正多边形的边数为 4。下面介绍绘制正多边形的操作方法。

步骤 01 打开素材图形（素材\第 4 章\开槽螺母.dwg），如图 4-33 所示。

步骤 02 在"功能区"选项板中的"默认"选项卡中，单击"绘图"面板中"矩形"右侧的下拉按钮，在弹出的下拉列表中单击"多边形"按钮，如图 4-34 所示。

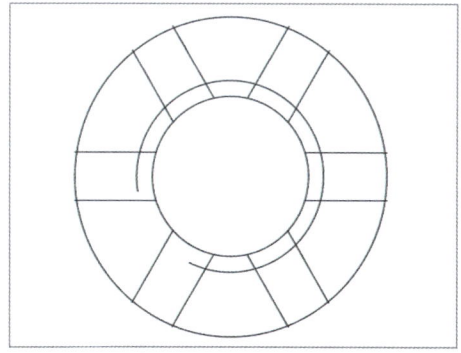 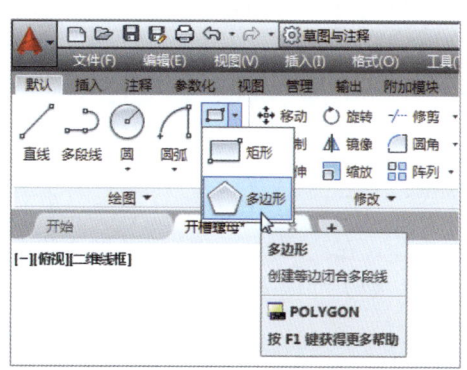

图 4-33　打开素材图形　　　　　图 4-34　单击"多边形"按钮

> ▶ 专家指点
>
> 用户还可以通过以下 3 种方法调用"正多边形"命令。
> (1)在命令行中输入 POLYGON 命令,并按【Enter】键确认。
> (2)在命令行中输入 POL 命令,并按【Enter】键确认。
> (3)显示菜单栏,单击"绘图"|"正多边形"命令。

步骤 03 根据命令行提示,输入边数为 6,按【Enter】键确认,捕捉圆心点为正多边形的中心点,如图 4-35 所示。

步骤 04 单击鼠标左键,输入 C(外切于圆),按【Enter】键确认,输入圆的半径为 10 并确认,即可绘制正多边形,效果如图 4-36 所示。

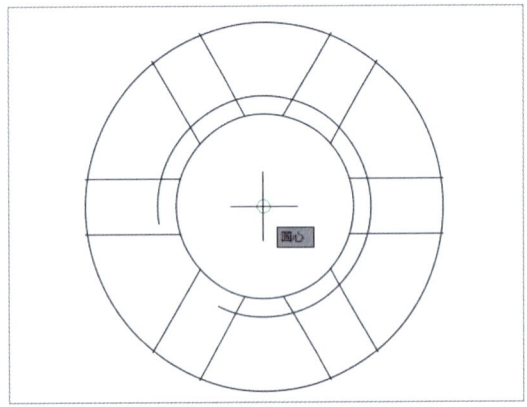
图 4-35 捕捉圆心点

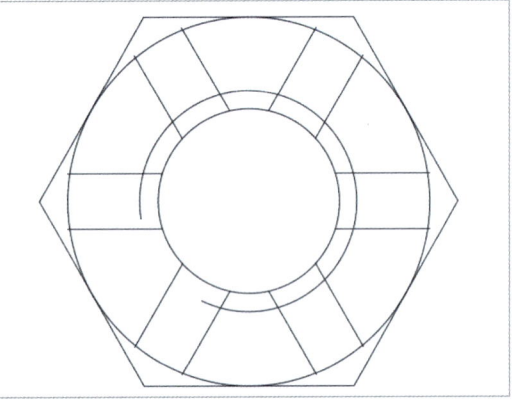
图 4-36 绘制正多边形

4.2 编辑二维机械图形对象

在 AutoCAD 2016 中,还提供了丰富的图形编辑命令,如复制、镜像、阵列、偏移、移动、缩放、拉伸以及修剪等,使用这些命令可以修改已有图形或通过已有图形创建新的复杂图形。本节主要介绍编辑二维机械对象的操作方法。

4.2.1 选择图形

在编辑图形之前,首先需要选择编辑的对象。AutoCAD 用虚线亮显所选的对象,这些对象就构成了选择集。选择集可以包含单个对象,也可以包含复杂的对象编组。

在 AutoCAD 中,选择对象的方法很多。例如,可以通过单击对象逐个拾取,也可利用矩形窗口或交叉窗口选择;可以选择最近创建的对象、前面的选择集或图形中的所有对象,也可以向选择集中添加对象或从中删除对象。

在命令行中输入 SELECT(选择对象)命令,并按【Enter】键确认,根据命令行提示进行操作,在绘图区中相应的图形对象上,单击鼠标左键,即可点选图形,使其呈虚线状显示,效果如图 4-37 所示。

第 4 章　绘制与编辑机械图形

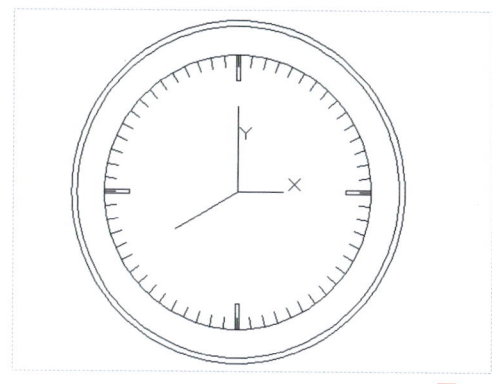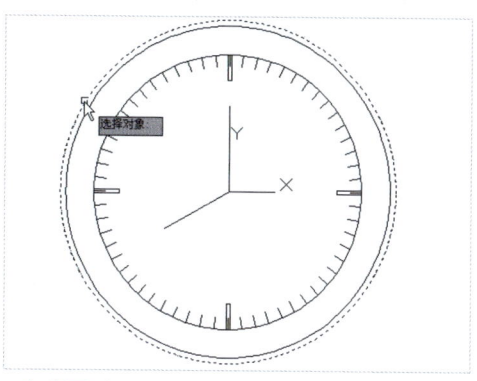

图 4-37　点选图形

执行"选择对象"命令后,命令行中的提示如下所述。

命令:SELECT

选择对象:?

需要点或窗口 (W) / 上一个 (L) / 窗交 (C) / 框 (BOX) / 全部 (ALL) / 栏选 (F) / 圈围 (WP) / 圈交 (CP) / 编组 (G) / 添加 (A) / 删除 (R) / 多个 (M) / 前一个 (P) / 放弃 (U) / 自动 (AU) / 单个 (SI) / 子对象 (SU) / 对象 (O)

根据命令行提示信息,输入相应字母即可指定对象选择模式,其中各选项含义如下所示。

- **选择对象**:默认情况下,可以直接选择对象,此时光标变为一个小方框(即拾取框),利用方框可逐个拾取所需对象。该方法每次只能选取一个对象,不便选取大量对象。
- **窗口(W)**:可以通过从左到右指定两个角点创建矩形窗口来选择对象。
- **上一个(L)**:选择最近一次创建的可见对象。对象必须在当前空间(模型空间或图纸空间)中,并且一定不要将对象的图层设定为冻结或关闭状态。
- **窗交(C)**:可以通过从右到左指定两个角点创建窗交来选择对象,与用窗口选择对象的方法类似,但全部位于窗口之内或与窗口边界相交的对象都将被选中。
- **框选(BOX)**:选择矩形(由两点确定)内部或与之相交的所有对象。如果矩形的点是从右至左指定的,则框选与窗交等效。否则,框选与窗选等效。
- **全部(ALL)**:选择模型空间或当前布局中除冻结图层或锁定图层上的对象之外的所有图形对象。
- **栏选(F)**:选择与选择栏相交的所有对象。栏选方法与圈交方法相似,只是栏选不闭合,并且栏选可以自交。
- **圈围(WP)**:选择多边形(通过待选对象周围的点定义)中的所有对象。该多边形可以为任意形状,但不能与自身相交或相切。将绘制多边形的最后一条线段,所以该多边形在任何时候都是闭合的。
- **圈交(CP)**:选择多边形(通过在待选对象周围指定点来定义)内部或与之相交的所有对象。
- **编组(G)**:选择指定组中的全部对象。
- **添加(A)**:切换到添加模式,可以使用任何对象选择方法将选定对象添加到选择集。自动和添加为默认模式。

- **删除（R）**：切换到删除模式，可以使用任何对象选择方法从当前选择集中删除对象。删除模式的替换模式是在选择单个对象时按下【Shift】键，或是使用"自动"选项。
- **多个（M）**：在对象选择过程中单独选择对象，而不亮显它们。这样会加速高度复杂对象的对象选择。
- **自动（AU）**：切换到自动选择，指向一个对象即可选择该对象。指向对象内部或外部的空白区，将形成框选方法定义的选择框的第一个角点。
- **单个（SI）**：切换到单选模式，选择指定第一个或第一组对象而不继续提示选择。
- **子对象（SU）**：用户可以逐个选择原始形状，这些形状是复合实体的一部分或三维实体上的顶点、边和面。
- **对象（O）**：结束选择子对象的功能。使用户可以使用对象选择方法。

下面介绍快速选择图形对象的操作方法。

步骤 01　打开素材图形（第4章\摇轮.dwg），如图4-38所示。

步骤 02　在"功能区"选项板的"默认"选项卡中，单击"实用工具"面板中的"快速选择"按钮，如图4-39所示。

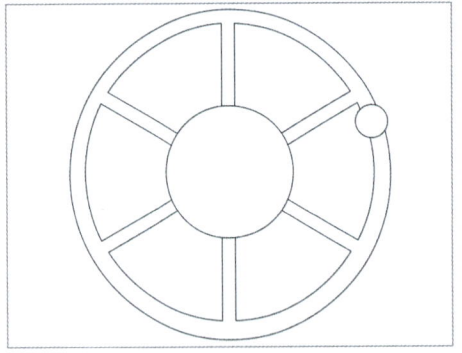

图4-38　打开素材图形

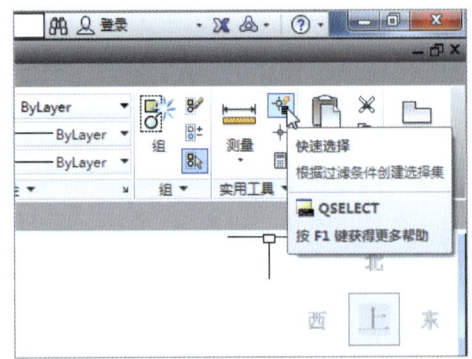

图4-39　单击"快速选择"按钮

步骤 03　弹出"快速选择"对话框，在"特性"列表中选择"图层"选项，再单击"值"下拉按钮，在弹出的下拉列表中选择"轮廓"选项，如图4-40所示。

步骤 04　单击"确定"按钮，即可选择所有"轮廓"图层中的图形对象，效果如图4-41所示。

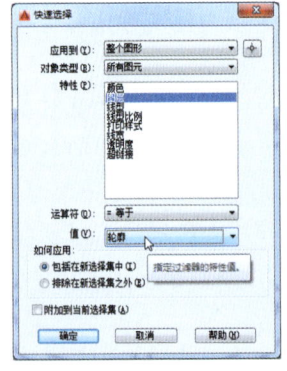

图4-40　选择"轮廓"选项

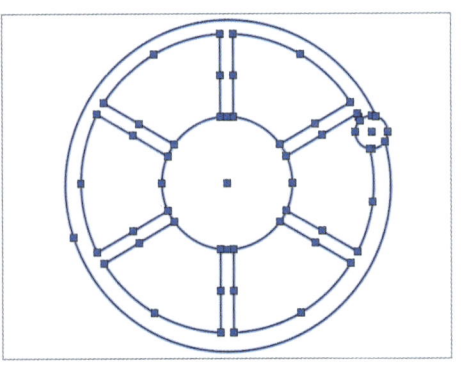

图4-41　选择所有图层对象

在"快速选择"对话框中,各主要选项含义如下所述。

- **"应用到"下拉列表框**:选择过滤条件的应用范围,可应用于整个图形,也可以应用到当前选择集,但当前选择集是必须存在的。
- **"选择对象"按钮**:单击该按钮将切换到绘图区域中,可以根据当前所指定的过滤条件来选择对象,选择完毕后,按【Enter】键结束选择,并返回到"快速选择"对话框中,同时"应用到"下拉列表中的选项切换为"当前选择"。
- **"对象类型"下拉列表框**:指定需要过滤的对象类型。
- **"特性"列表框**:指定作为过滤条件的对象特性。
- **"运算符"下拉列表框**:控制过滤范围。
- **"值"下拉列表框**:设置过滤器的特性值。
- **"包括在新选择集中"单选钮**:由所有符合过滤条件的图形对象创建新的选择集。
- **"排除在新选择集之外"单选钮**:创建包含不符合过滤条件对象的新选择集。
- **"附加到当前选择集"复选框**:仅在需要连续进行筛选时才选中该复选框,选中该复选框后,筛选出的对象将添加到当前的选择集中;否则,筛选出的对象将成为当前选择集。

▶ **专家指点**

在"快速选择"对话框中,只有选中"如何应用"选项区中的"包括在新选择集中"单选按钮,此时"选择对象"按钮才可以使用。

4.2.2 复制图形

在 AutoCAD 2016 中,使用复制命令可以一次复制出一个或多个相同的对象,使复制更加方便、快捷。下面介绍复制对象的操作方法。

步骤 01　打开素材图形(素材\第 4 章\机械图形.dwg),如图 4-42 所示。
步骤 02　在"功能区"选项板的"默认"选项卡中,单击"修改"面板中的"复制"按钮 ,如图 4-43 所示。

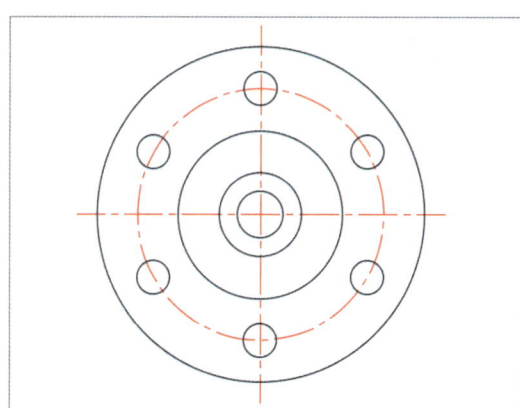

图 4-42　打开素材图形

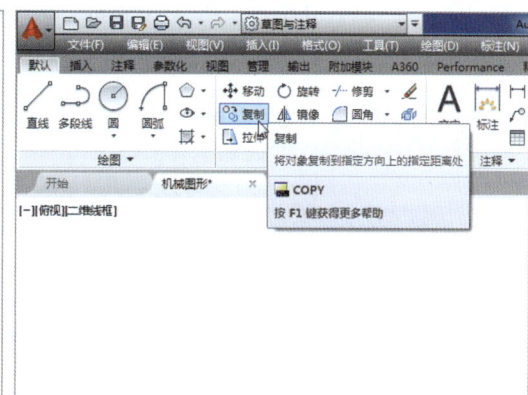

图 4-43　单击"复制"按钮

> ▶ 专家指点
>
> 通过以下 3 种方法也可以调用"复制"命令。
> (1) 在命令行中输入 COPY(复制)命令,并按【Enter】键确认。
> (2) 在命令行中输入 CO(复制)命令,并按【Enter】键确认。
> (3) 显示菜单栏,单击"修改"|"复制"命令。

步骤 03　根据命令行的提示,在绘图区选择所有图形为复制对象,按【Enter】键确认,在图形圆心点上单击鼠标左键,指定基点,向右引导光标至合适位置,如图 4-44 所示。

步骤 04　单击鼠标左键,按【Enter】键确认,完成复制图形的操作,效果如图 4-45 所示。

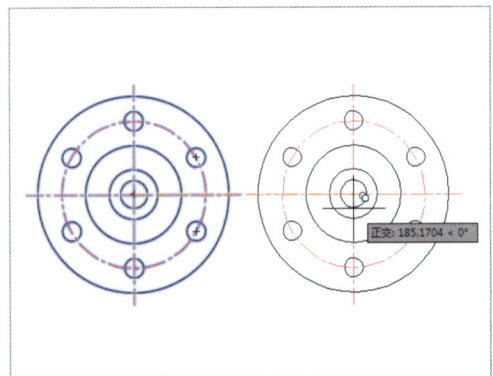
图 4-44　向右引导光标

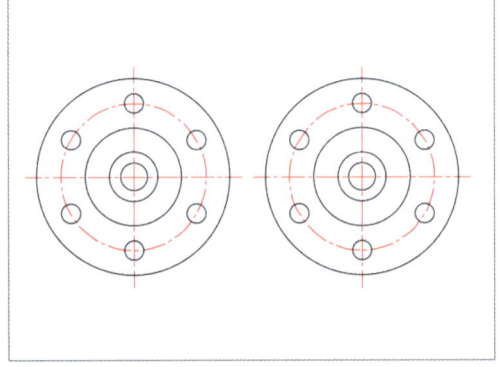
图 4-45　复制图形对象效果

4.2.3　镜像图形

"镜像"命令可以生成与所选对象相对称的图形,在镜像图形时需要指出对称轴线,轴线是任意方向的,所选对象将根据该轴线进行对称,并且可选择删除或保留源对象。下面介绍镜像图形文件的操作方法。

步骤 01　打开素材图形(素材\第 4 章\定位套.dwg),如图 4-46 所示。

步骤 02　单击"功能区"选项板中的"默认"选项卡,在"修改"面板上单击"镜像"按钮 ⚊,根据命令行提示进行操作,选择所有图形,如图 4-47 所示。

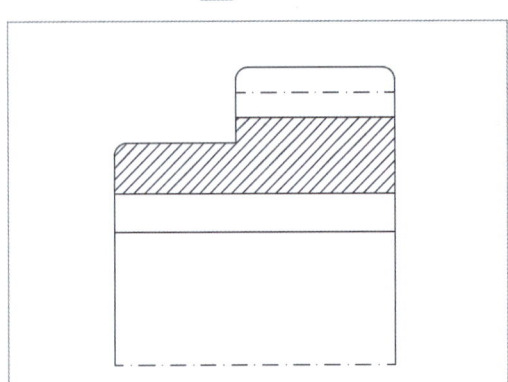
图 4-46　打开素材图形

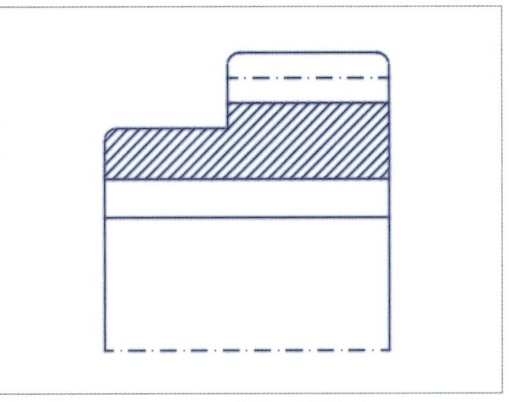
图 4-47　选择所有图形

第4章 绘制与编辑机械图形

> ▶ 专家指点
>
> 通过以下3种方法也可以调用"镜像"命令。
> (1)在命令行中输入 MIRROR（镜像）命令，并按【Enter】键确认。
> (2)在命令行中输入 MI（镜像）命令，并按【Enter】键确认。
> (3)显示菜单栏，单击"修改"|"镜像"命令。

步骤 03　捕捉图形左侧的端点为镜像线起点，单击鼠标左键，向右引导光标至合适位置，如图 4-48 所示。

步骤 04　单击鼠标左键，并按【Enter】键确认，即可镜像图形对象，效果如图 4-49 所示。

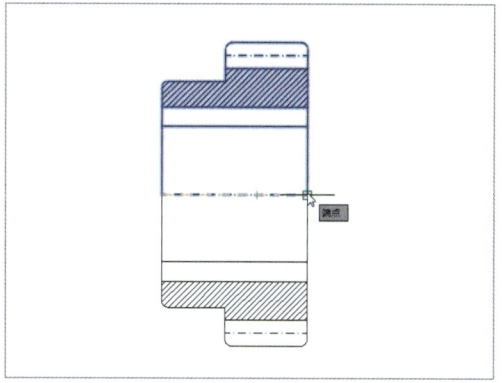

图 4-48　单击鼠标左键

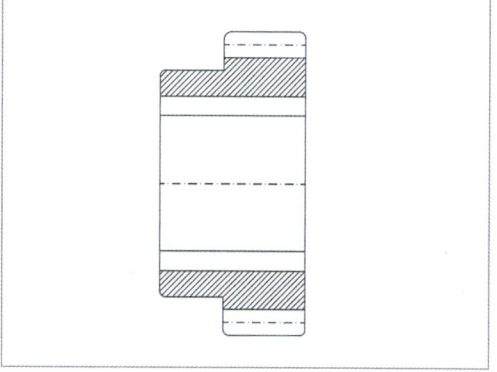

图 4-49　镜像图形对象

4.2.4　阵列图形

使用"阵列"命令，可以一次将选择的对象复制多个并按一定的规律进行排列。下面介绍阵列对象的操作方法。

步骤 01　打开素材图形（素材\第 4 章\大链轮.dwg），如图 4-50 所示。

步骤 02　在"功能区"选项板的"默认"选项卡中，单击"修改"面板中的"阵列"按钮右侧的下拉按钮，在弹出的下拉列表中单击"环形阵列"按钮，如图 4-51 所示。

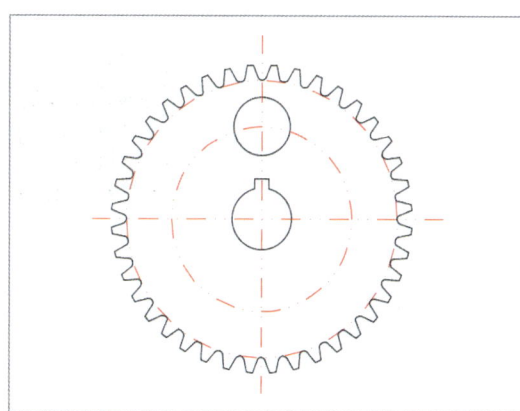

图 4-50　打开素材图形

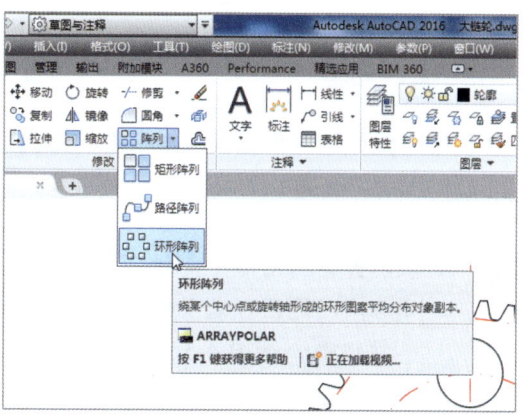

图 4-51　单击"环形阵列"按钮

65

▶ **专家指点**

AutoCAD 提供的"阵列"功能，便于用户快速准确地复制出呈规则分布的图形，阵列图形是以指定的点为阵列中心，在周围或指定的方向上复制指定数量的图形对象。阵列分为矩形阵列、路径阵列和环形阵列。对于矩形阵列，可以控制行和列的数目及它们之间的距离；对于环形阵列，可以控制对象副本的数目并决定是否旋转副本；对于路径阵列，可以使图形对象均匀地沿路径或部分路径分布，其路径可以是直线、多段线、三维多段线、样条曲线、螺旋、圆弧、圆或椭圆等。

步骤 03　根据命令行提示，在绘图区选择小圆为阵列的对象，按【Enter】键确认，如图 4-52 所示。

步骤 04　根据命令行的提示，指定大圆圆心为阵列中心点，在弹出的"阵列创建"选项卡中输入项目数为 6，按【Enter】键确认，单击"关闭阵列"按钮，完成环形阵列复制图形对象的操作，效果如图 4-53 所示。

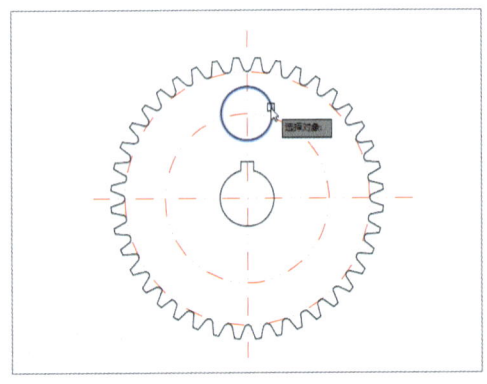
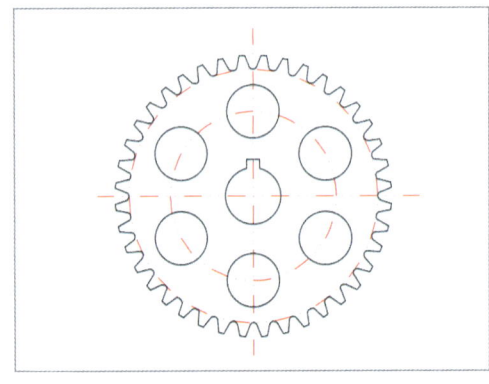

图 4-52　选择小圆阵列　　　　　图 4-53　完成环形阵列

▶ **专家指点**

通过以下 3 种方法也可以调用"阵列"命令。
（1）在命令行中输入 ARRAY（阵列）命令，并按【Enter】键确认。
（2）在命令行中输入 AR（阵列）命令，并按【Enter】键确认。
（3）显示菜单栏，单击"修改"|"阵列"命令。

4.2.5　偏移图形

使用"偏移"命令可以根据指定的距离或通过点，创建一个与所选对象平行的图形。被偏移的对象可以是直线、圆、圆弧和样条曲线等对象。下面介绍偏移对象的操作方法。

步骤 01　打开素材图形（素材\第 4 章\前盖.dwg），如图 4-54 所示。

步骤 02　在"功能区"选项板的"默认"选项卡中，单击"修改"面板中的"偏移"按钮 ，如图 4-55 所示。

第 4 章　绘制与编辑机械图形

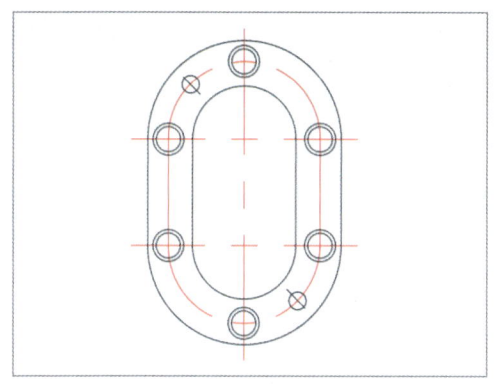

图 4-54　打开素材图形

图 4-55　单击"偏移"按钮

步骤 03　根据命令行的提示，输入偏移距离数值为 1.2，按【Enter】键确认，在绘图区选择内轮廓多段线为偏移对象，如图 4-56 所示。

步骤 04　向多段线内侧引导光标，单击鼠标左键，按【Enter】键确认，完成偏移图形的操作，效果如图 4-57 所示。

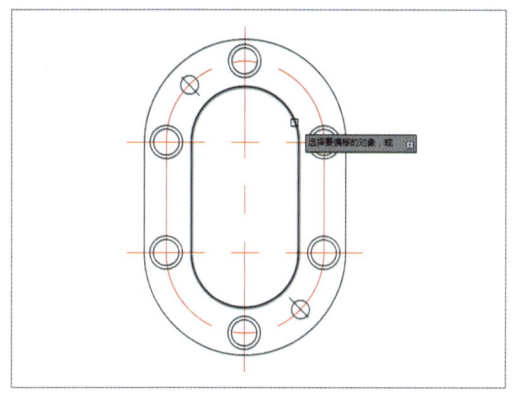

图 4-56　选择偏移对象

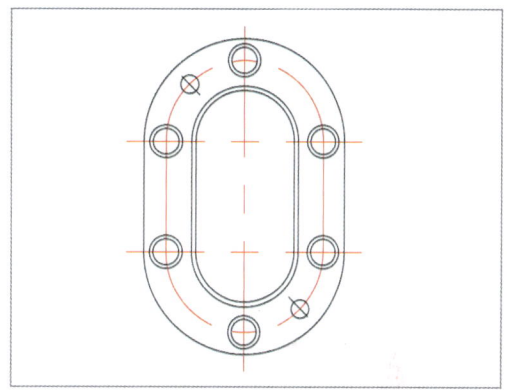

图 4-57　完成偏移图形操作

▶ 专家指点

通过以下 3 种方法也可以调用"偏移"命令。
（1）在命令行中输入 OFFSET（偏移）命令，并按【Enter】键确认。
（2）在命令行中输入 O（偏移）命令，并按【Enter】键确认。
（3）显示菜单栏，单击"修改"|"偏移"命令。

4.2.6　缩放图形

在 AutoCAD 2016 中，使用"缩放"命令可以将指定对象按照指定的比例相对于基点放大或者缩小。下面介绍缩放图形的操作方法。

步骤 01　打开素材图形（素材\第 4 章\锤子.dwg），如图 4-58 所示。

步骤 02　在"功能区"选项板的"默认"选项卡中，单击"修改"面板中的"缩放"按钮，如图 4-59 所示。

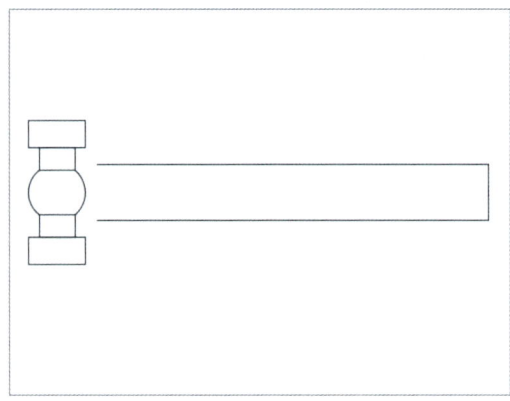 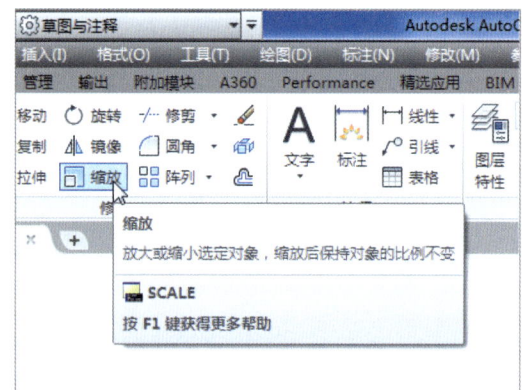

图 4-58　打开素材图形　　　　　　　　图 4-59　单击"缩放"按钮

步骤 03　根据命令行的提示，选择绘图区的圆心为缩放对象，如图 4-60 所示。

步骤 04　按【Enter】键确认，在锤子与锤柄的交点上单击鼠标左键，指定缩放基点，输入比例因子为 1.7，按【Enter】键确认，完成缩放图形的操作，效果如图 4-61 所示。

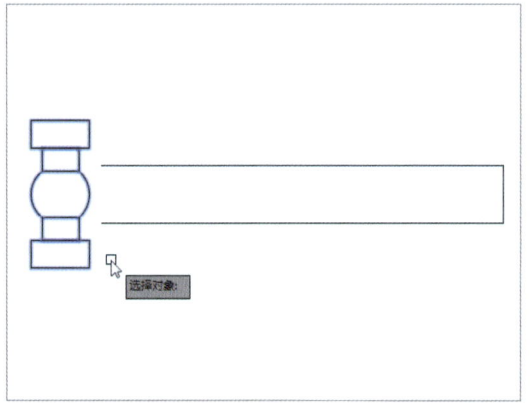 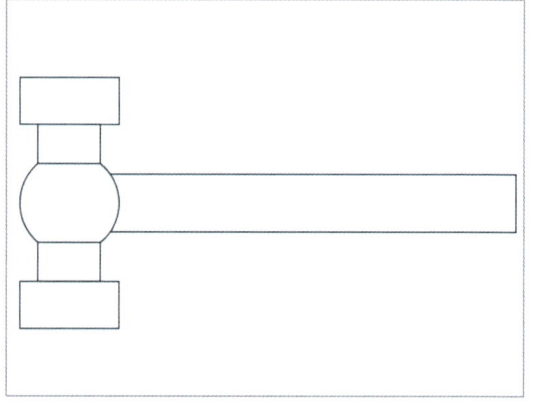

图 4-60　选择锤子为缩放对象　　　　　　图 4-61　使用"缩放"命令放大对象

> ▶ **专家指点**
>
> 执行"缩放"命令后，命令行中各选项的含义如下所述。
> ➢ **复制（C）**：选择该选项，原始图形将不被删除。
> ➢ **参照（R）**：选择该选项，对象将按参照的方式进行缩放，需要依次输入参照的长度值和新的长度值，AutoCAD 将根据参照长度值与新长度值自动计算比例因子进行缩放。

4.2.7　拉伸图形

使用"拉伸"命令可以对选择的图形按规定的方向和角度拉伸或缩短，以改变图形的形状。下面介绍拉伸图形对象的操作方法。

步骤 01　打开素材图形（素材\第 4 章\U 盘.dwg），如图 4-62 所示。

步骤 02　单击"功能区"选项板中的"默认"选项卡，在"修改"面板上单击"拉伸"按钮，如图 4-63 所示。

第 4 章 绘制与编辑机械图形

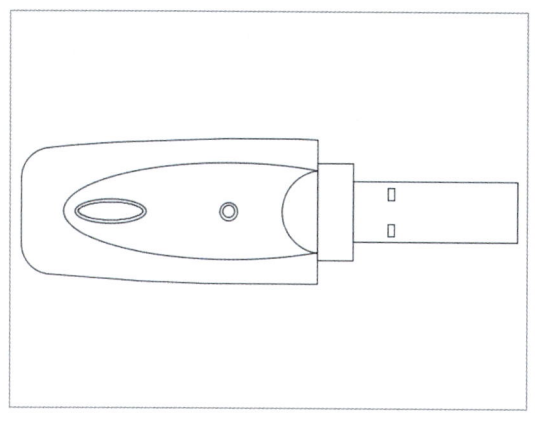

图 4-62 打开素材图形

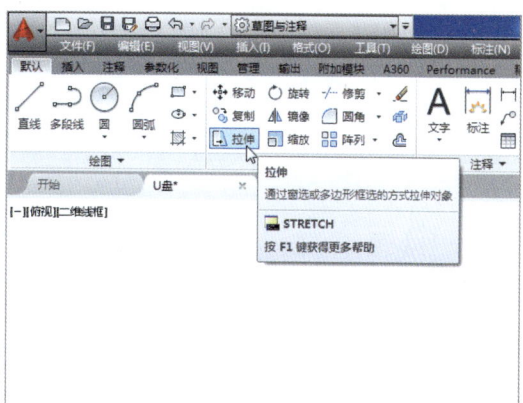

图 4-63 单击"拉伸"按钮

步骤 03 根据命令行提示进行操作,选择要拉伸的对象,如图 4-64 所示,并按【Enter】键确认。

步骤 04 在绘图区的任意位置上单击鼠标左键,确定基点,向左引导光标,输入 15,按【Enter】键确认,即可拉伸图形对象,效果如图 4-65 所示。

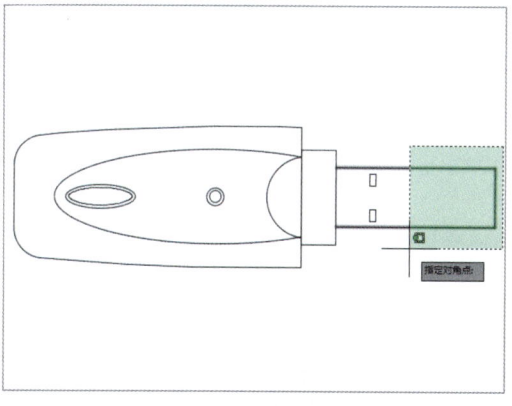

图 4-64 选择要拉伸的对象

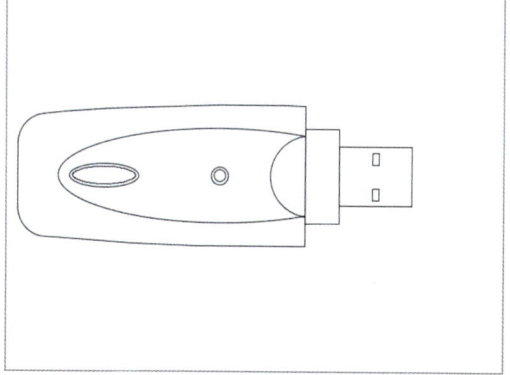

图 4-65 拉伸图形对象

> ▶ **专家指点**
>
> 通过以下 3 种方法也可以调用"拉伸"命令。
> (1)在命令行中输入 STRETCH(拉伸)命令,并按【Enter】键确认。
> (2)在命令行中输入 S(拉伸)命令,并按【Enter】键确认。
> (3)显示菜单栏,单击"修改"|"拉伸"命令。

4.2.8 修剪图形

"修剪"命令主要用于修剪直线、圆、圆弧以及多段线等图形对象穿过修剪边的部分。下面介绍修剪图形对象的操作方法。

步骤 01 打开素材图形(素材\第 4 章\内矩形花键.dwg),如图 4-66 所示。

步骤 02 在"功能区"选项板的"默认"选项卡中,单击"修改"面板中的"修剪"按钮 ,如图 4-67 所示。

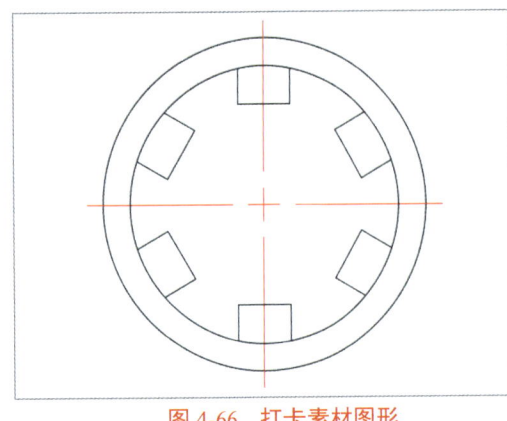
图 4-66　打卡素材图形

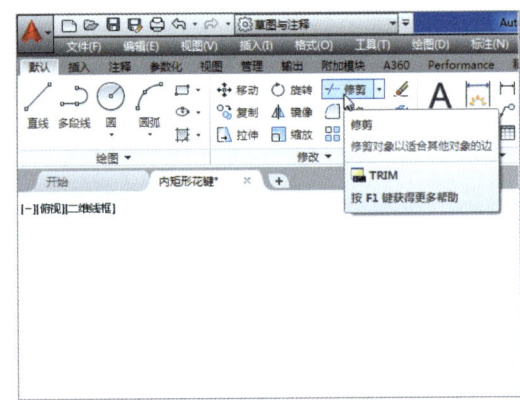
图 4-67　单击"修剪"按钮

步骤 03 根据命令行的提示，在绘图区上方选择两条较短的竖直直线，按【Enter】键确认，在两条直线的中间处，选择较小的圆，单击鼠标左键，修剪小圆图形，如图 4-68 所示。

步骤 04 使用与上同样的方法，修剪图形中较小圆的其他部分，完成修剪图形的操作，效果如图 4-69 所示。

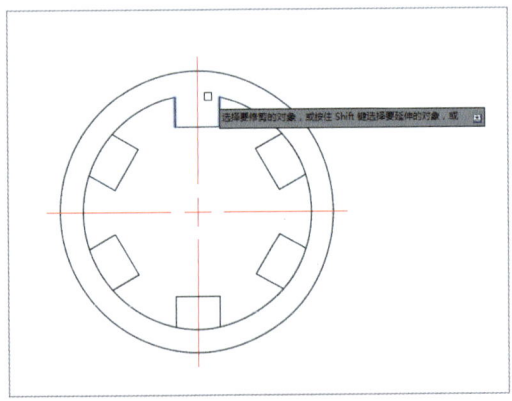
图 4-68　修剪小圆图形

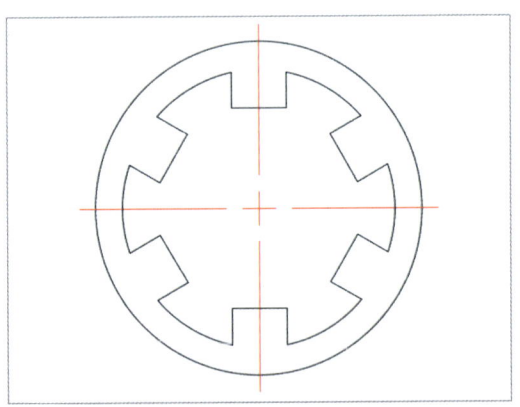
图 4-69　完成修剪图形操作

> ▶ **专家指点**
>
> 通过以下 3 种方法也可以调用"修剪"命令。
> （1）在命令行中输入 TRIM（修剪）命令，并按【Enter】键确认。
> （2）在命令行中输入 TR（修剪）命令，并按【Enter】键确认。
> （3）显示菜单栏，单击"修改"|"修剪"命令。

4.2.9　延伸图形

"延伸"命令用于将直线、圆弧或多线段等的端点延伸到指定的边界，这些边界可以是直线、圆弧和多线段。下面介绍延伸图形对象的操作方法。

步骤 01 打开素材图形（素材\第 4 章\单头扳手.dwg），如图 4-70 所示。

步骤 02 在"功能区"选项板的"默认"选项卡中，单击"修改"面板中"修剪"按钮  右侧的下拉按钮，在弹出的下拉列表中单击"延伸"按钮 ⊸⁄ ，如图 4-71 所示。

第 4 章　绘制与编辑机械图形

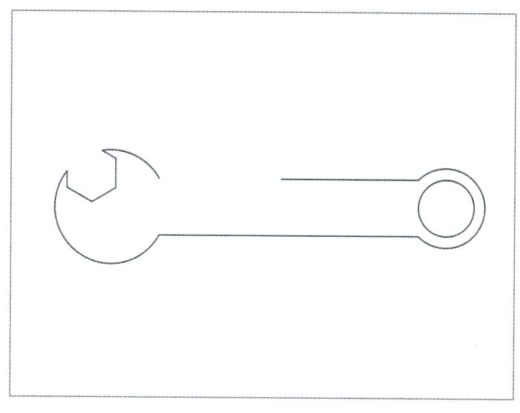

图 4-70　打卡素材图形

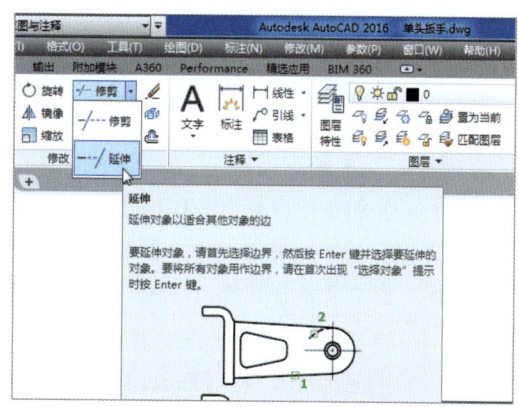

图 4-71　单击"延伸"按钮

步骤 03　根据命令行的提示，在绘图区选择左侧图形中最左边的圆弧为延伸边界，按【Enter】键确认，如图 4-72 所示。

步骤 04　在左侧图形需要延伸的直线上单击鼠标左键，再按【Enter】键确认，完成延伸图形对象的操作，效果如图 4-73 所示。

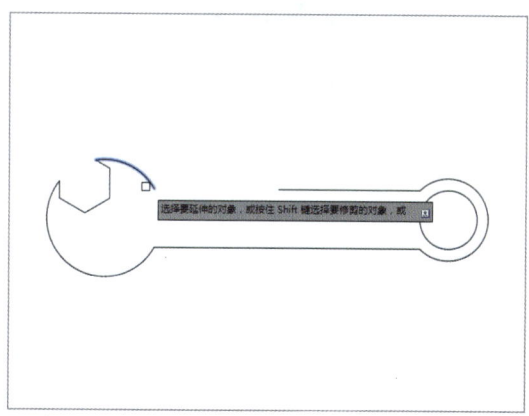

图 4-72　选择最左边直线

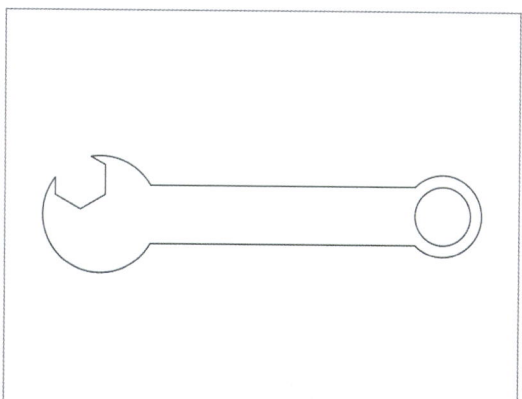

图 4-73　完成延伸图形

▶ 专家指点

通过以下 3 种方法也可以调用"延伸"命令。
（1）在命令行中输入 EXTEND（延伸）命令，并按【Enter】键确认。
（2）在命令行中输入 EX（延伸）命令，并按【Enter】键确认。
（3）显示菜单栏，单击"修改"|"延伸"命令。

4.2.10　圆角图形

在 AutoCAD 2016 中，"圆角"命令用于在两个对象或多段线之间形成圆角，圆角处理的图形对象可以相交，也可以不相交，还可以平行，圆角处理的图形对象可以是圆弧、圆、椭圆、直线、多段线、射线、样条曲线和构造线等。下面介绍对图形倒圆角的操作方法。

步骤 01　打开素材图形（素材\第 4 章\垫片.dwg），如图 4-74 所示。

步骤 02 单击"功能区"选项板中的"默认"选项卡,在"修改"面板上单击"倒角"按钮右侧的下拉按钮,在弹出的列表框中单击"圆角"按钮,如图 4-75 所示。

> ▶ 专家指点
>
> 通过以下 3 种方法也可以调用"圆角"命令。
> (1)在命令行中输入 FILLET(圆角)命令,并按【Enter】键确认。
> (2)在命令行中输入 F(圆角)命令,并按【Enter】键确认。
> (3)显示菜单栏,单击"修改"|"圆角"命令。

步骤 03 根据命令行提示进行操作,输入 R(半径),按【Enter】键确认,指定圆角半径为 10,按【Enter】键确认,输入 P(多段线),按【Enter】键确认,选择需要倒圆角的多段线,如图 4-76 所示。

步骤 04 执行操作后,即可对多段线进行倒圆角,效果如图 4-77 所示。

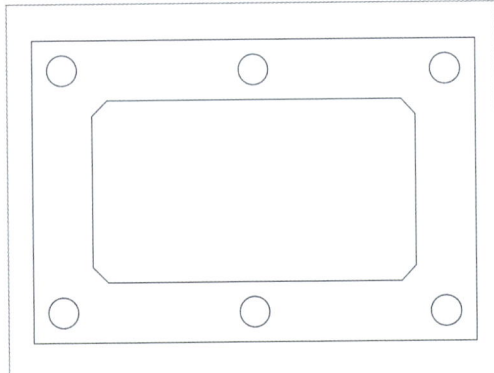

图 4-74 打开素材图形

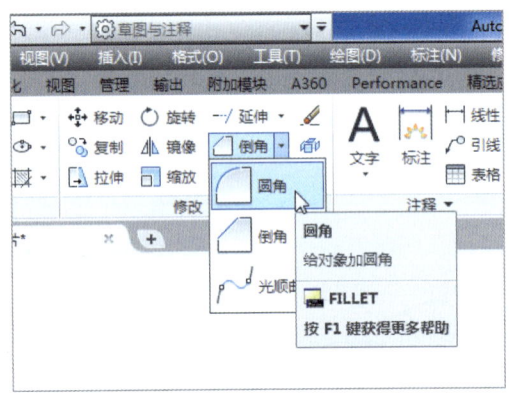

图 4-75 单击"圆角"按钮

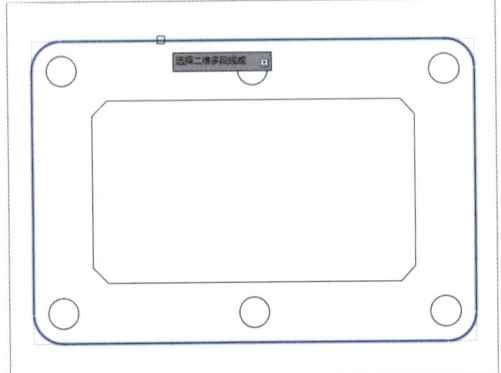

图 4-76 选择需要倒圆角的多段线

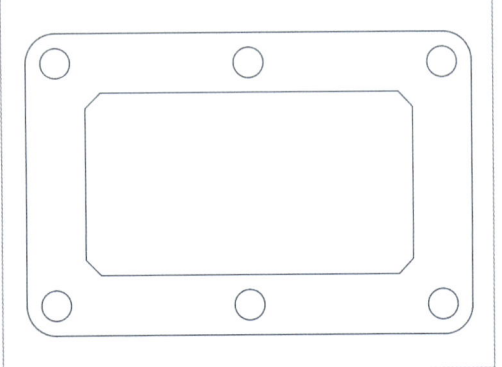

图 4-77 对多段线进行倒圆角操作

4.2.11 倒角图形

在 AutoCAD 2016 中,倒角是指在两段非平行的线状图形间绘制一个斜角,斜角大小由"倒角"命令所指定的倒角距离确定。下面介绍倒角图形的操作方法。

步骤 01 打开素材图形(素材\第 4 章\墩座.dwg),如图 4-78 所示。

步骤 02　单击"功能区"选项板中的"默认"选项卡,在"修改"面板上单击"倒角"按钮,如图4-79所示。

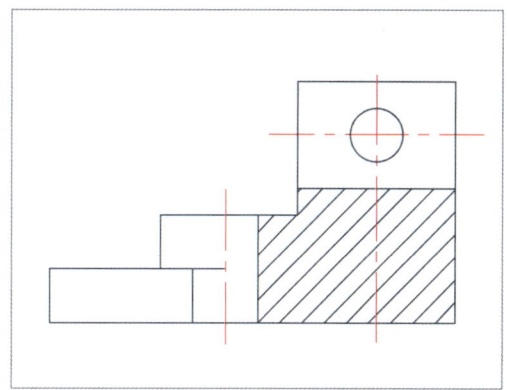

图4-78　打开素材图形

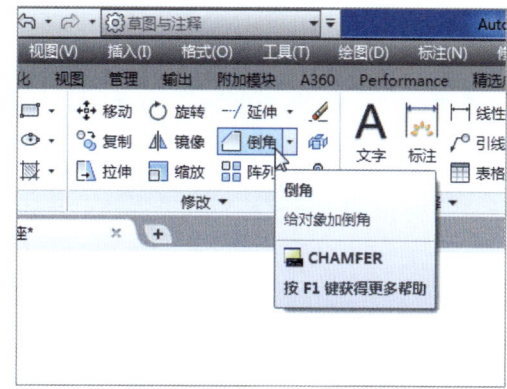

图4-79　单击"倒角"按钮

步骤 03　根据命令行提示进行操作,输入 D(距离),按【Enter】键确认,指定第一个倒角距离和第二个倒角距离均为 4,依次选择上方的水平直线与左侧的竖直直线为倒角对象,即可对图形对象进行倒角,效果如图4-80所示。

步骤 04　用同样的方法,对右上角进行倒角,效果如图4-81所示。

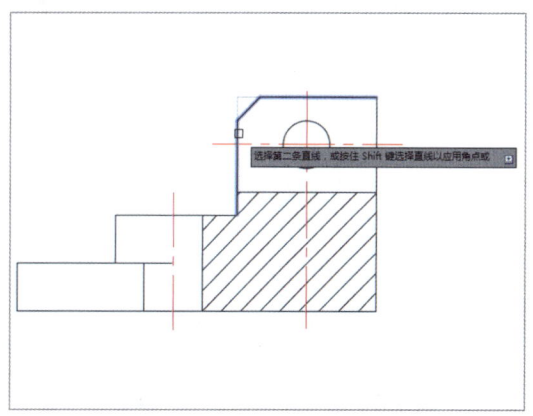

图4-80　对图形对象进行倒角　　　　　图4-81　对右上角进行倒角

▶ 专家指点

通过以下3种方法也可以调用"倒角"命令。
(1)在命令行中输入 CHAMFER(倒角)命令,并按【Enter】键确认。
(2)在命令行中输入 CHA(倒角)命令,并按【Enter】键确认。
(3)显示菜单栏,单击"修改"|"倒角"命令。

4.2.12　对齐图形

在 AutoCAD 2016 中,用户可根据需要对齐图形对象,下面介绍对齐图形对象的　方法。

步骤 01　打开素材图形(素材\第4章\管类零件.dwg),如图4-82所示。

步骤 02　单击"功能区"选项板中的"默认"选项卡,在"修改"面板上单击中间的下拉按钮,在展开的面板上单击"对齐"按钮,如图4-83所示。

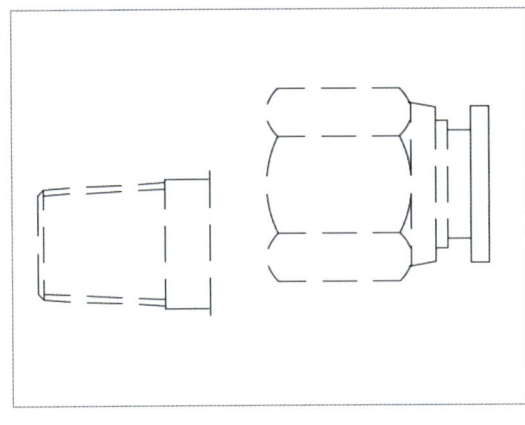
图 4-82　打开素材图形

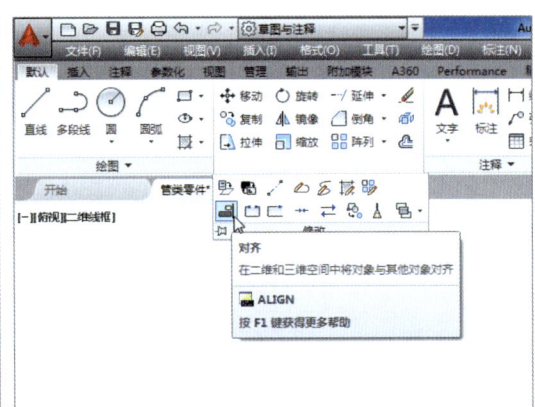
图 4-83　单击"对齐"按钮

步骤 03　根据命令行提示进行操作，选择需要对齐的图形对象，如图 4-84 所示，按【Enter】键确认。

步骤 04　在左侧图形的中点上，单击鼠标左键，如图 4-85 所示，确定第一源点。

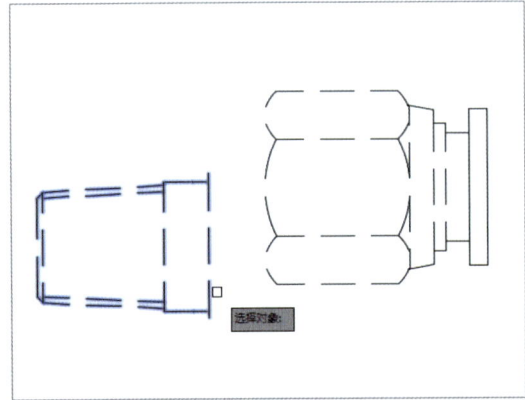
图 4-84　选择需要对齐的图形对象

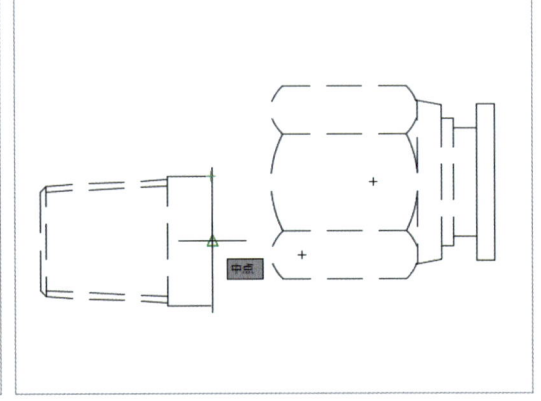
图 4-85　确定第一源点

步骤 05　在右侧图形的中点上，单击鼠标左键，如图 4-86 所示，确定目标点。

步骤 06　执行操作后，按【Enter】键确认，即可对齐图形对象，效果如图 4-87 所示。

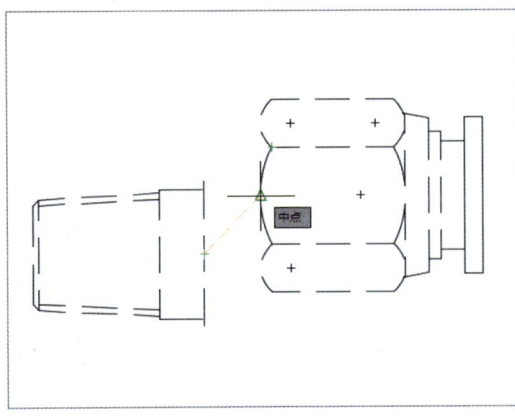
图 4-86　确定目标点

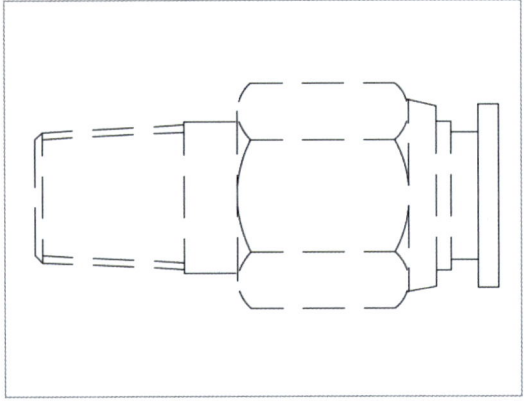
图 4-87　对齐图形对象

> ▶ 专家指点
>
> 通过以下两种方法也可以调用"对齐"命令。
> （1）在命令行中输入 ALIGN（对齐）命令，并按【Enter】键确认。
> （2）显示菜单栏，单击"修改"|"对齐"命令。

本章小节

本章主要介绍了绘制二维机械基本图形的操作方法，主要包括绘制单点、多点、直线、射线、构造线、圆、圆弧、圆环以及正多边形等，还绍了编辑二维机械图形的操作方法，主要包括选择图形、复制图形、镜像图形、阵列图形、偏移图形、缩放图形、拉伸图形、修剪图形以及延伸图形等。通过对本章内容的学习，希望读者熟练掌握基本图形工具的运用，能快速绘制出各种基本图形样式，并熟练掌握图形对象的各种基本编辑操作。

课后习题

鉴于本章知识的重要性，为了帮助读者更好地掌握所学知识，本节将通过上机习题，帮助读者进行简单的知识回顾和补充。

本习题需要掌握镜像图形对象的操作方法，效果如图 4-88 所示。

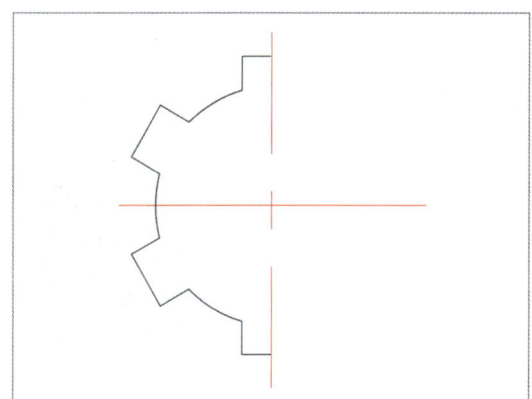 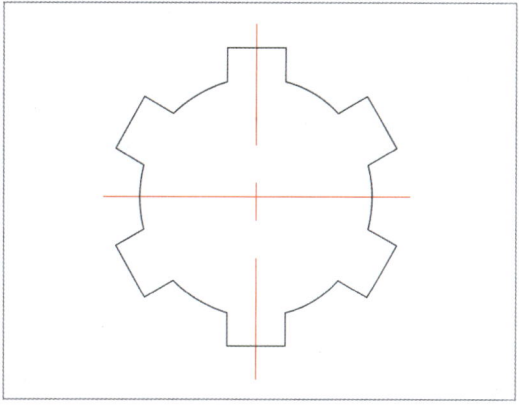

图 4-88　素材文件与效果文件

第 5 章　创建文字与表格对象

【本章导读】

在 AutoCAD 2016 中绘图时，除了要有图形外，还要有必要的图纸说明文字。文字常用于标注一些非图形信息，其中包括标题栏、明细栏和技术要求等。用户还可以使用"表格"命令创建表格，从 Microsoft Excel 中直接复制表格，并将其作为 AutoCAD 表格对象粘贴到图形中，也可以从外部直接导入表格对象。本章主要介绍创建文字与表格对象的各种操作方法。

【本章重点】

- 创建与编辑单行文字
- 创建与编辑多行文字
- 插入与更新文字对象
- 快速创建表格样式

5.1　创建与编辑单行文字

在 AutoCAD 2016 中，单行文字适用于不需要使用多种字体的简短内容中，用户可以为其中的不同文字设置不同的字体和大小。本节主要介绍创建与编辑单行文字的操作方法。

5.1.1　创建单行文字

在进行文字标注前，应该先对文字样式进行设置，从而方便、快捷地对图形对象进行标注，得到统一、标准以及美观的标注文字。

所有 AutoCAD 图形中的文字都有与之对应的文字样式，当进行创建文本对象时，AutoCAD 使用当前设置的文本样式。文本样式是用来控制文字基本形状的相应设置（如样式名、字体和文字高度等）。

步骤 01　新建空白图形文件，在"功能区"选项板的"默认"选项卡中，单击"注释"面板中间下拉按钮，在展开的面板中，单击"文字样式"按钮 A，如图 5-1 所示。

步骤 02　弹出"文字样式"对话框，单击"新建"按钮，如图 5-2 所示。

第 5 章　创建文字与表格对象

图 5-1　单击"文字样式"按钮

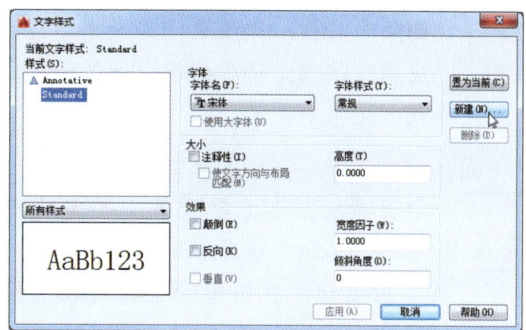

图 5-2　单击"新建"按钮

步骤 03　弹出"新建文字样式"对话框，在"样式名"文本框中输入"标注样式"，如图 5-3 所示，单击"确定"按钮，返回"文字样式"对话框，即可新建文字样式，在"样式"列表框中将显示新建的文字样式，如图 5-4 所示。

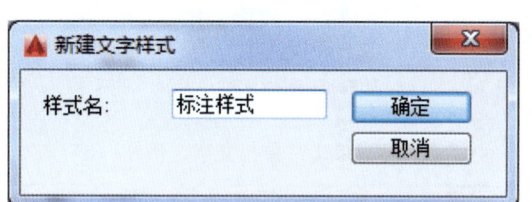

图 5-3　设置"样式名"为"标注样式"　　　　图 5-4　显示新建的文字样式

在"文字样式"对话框中，各主要选项的含义如下所述。

- **"样式"列表框**：列出所有已设定的文字样式名或对已有的样式名进行相关操作。
- **"字体"选项区**：用于设置文本样式使用的字体和字体样式，而且一种字体可以设置不同的效果，从而被多种文字样式所使用。
- **"大小"选项区**：用于确定文本样式使用的字体高度，如果在"高度"数值框中设置字高为 0，系统会在每一次创建文字时提示输入文字高度。
- **"颠倒"复选框**：选中该复选框，表示将文本文字颠倒显示。
- **"反向"复选框**：选中该复选框，表示将文本文字反向显示。
- **"垂直"复选框**：显示垂直对齐的字符。只有在选定字体支持双向时才可用。
- **"宽度因子"文本框**：设置宽度系数，确定文本字符的宽高比。
- **"倾斜角度"数值框**：用于确定文字倾斜角度，角度为 0 时不倾斜，为正数时向右倾斜，为负数时向左倾斜。
- **"置为当前"按钮**：将在"样式"列表框中选定的样式设定为当前样式。
- **"新建"按钮**：单击后打开"新建文字样式"对话框，可以采用默认或在"名称"文本框中输入名称，然后单击"确定"按钮，使新样式名作为当前样式进行设置。

➢ **"删除"按钮：**删除未使用的文字样式。
➢ **"应用"按钮：**将对话框中所做的样式更改应用到当前样式和图形中具有当前样式的文字中。

下面介绍创建单行文字的具体操作方法。

步骤 01 打开素材图形（素材\第 5 章\定距挡块.dwg），如图 5-5 所示。

步骤 02 在"功能区"选项板的"默认"选项卡中，单击"注释"面板中"文字"的下拉按钮，在弹出的下拉列表中单击"单行文字"按钮 A 单行文字，如图 5-6 所示。

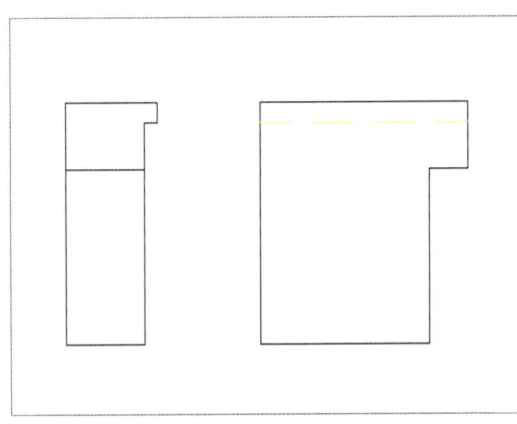
图 5-5 打开素材图形

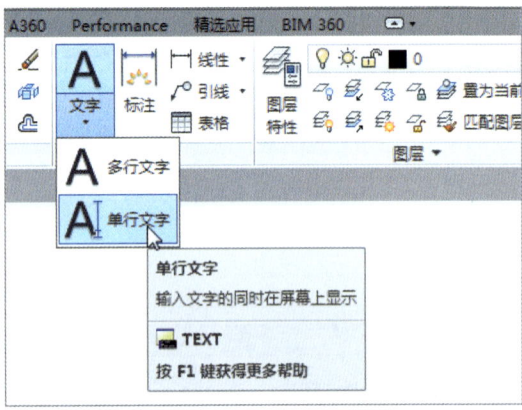
图 5-6 单击"单行文字"按钮

▶ **专家指点**

用户还可以通过以下两种方法调用"单行文字"命令。
（1）在命令行中输入 DTEXT（单行文字）命令，并按【Enter】键确认。
（2）显示菜单栏，单击"绘图"|"文字"|"单行文字"命令。

步骤 03 根据命令行提示，在绘图区图形的下方指定文字的起点，输入旋转角度为 0，并确认，弹出文本框，在其中输入"定距挡块"文字，如图 5-7 所示。

步骤 04 连续按两次【Enter】键确认，完成单行文字的创建，效果如图 5-8 所示。

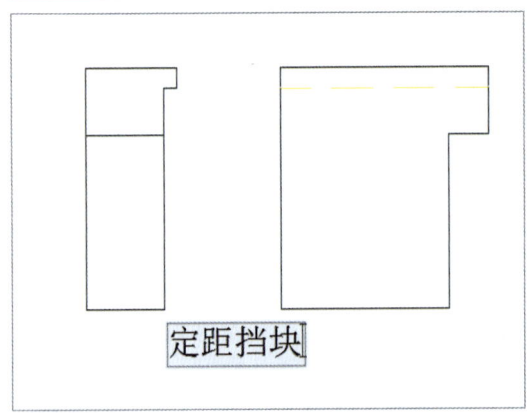
图 5-7 输入"定距挡块"文字

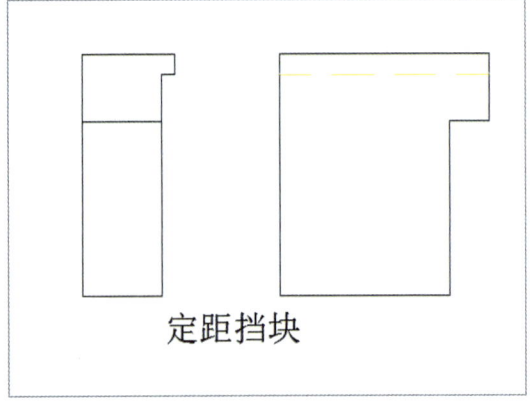
图 5-8 完成单行文字创建

5.1.2 编辑单行文字

在 AutoCAD 2016 中,使用"编辑文字"命令可以对单行文字进行相应的编辑操作。下面介绍编辑单行文字的操作方法。

步骤 01　打开素材图形(素材\第 5 章\弯形凸模.dwg),如图 5-9 所示。

步骤 02　在命令行中输入 DDEDIT(编辑文字)命令,并按【Enter】键确认,根据命令行的提示,选择绘图区图形右侧的文字为修改对象,如图 5-10 所示。

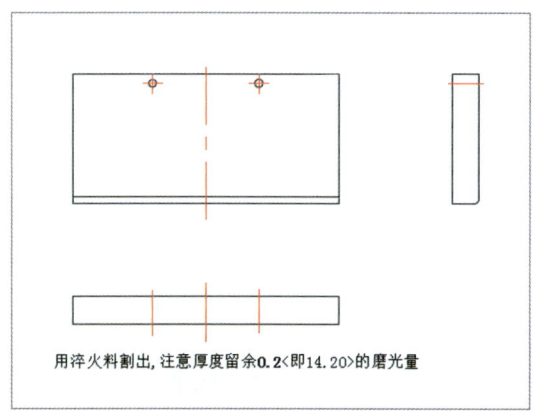

图 5-9　打开素材图形

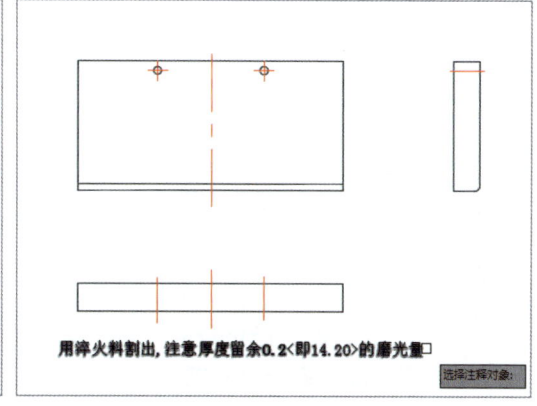

图 5-10　选择需修改的文字

步骤 03　弹出文本框和"文字编辑器"选项卡,删除原文字中的文字,再输入新文字 "技术要求",如图 5-11 所示。

步骤 04　在绘图区任意位置单击鼠标左键,完成文字内容的编辑,效果如图 5-12 所示。

▶ 专家指点

执行"编辑"命令后,命令行中的提示如下所述。

命令:DDEDIT

选择注释对象或 [放弃(U)]:选择编辑的文字对象。

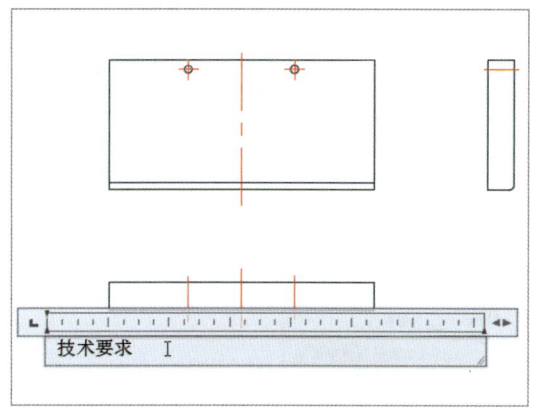

图 5-11　重新输入文字内容

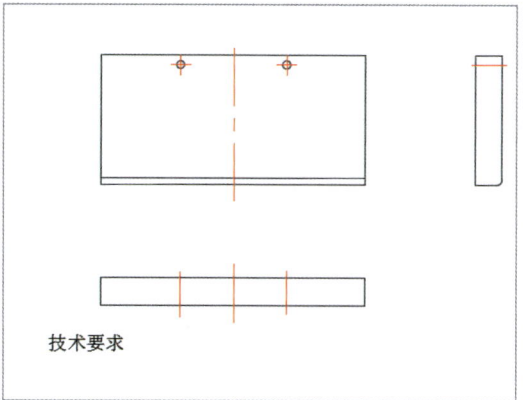

图 5-12　完成文字内容编辑

5.1.3 创建特殊字符

在实际绘图设计中,经常需要标注一些特殊的字符,如正负公差(±)、直径(Φ)和度(°)等特殊符号,这些特殊符号不能从键盘直接输入,因此 AutoCAD 提供了相应的命令操作,以实现这些标注要求。

在 AutoCAD 2016 中,在创建单行文本时,用户还可以在输入文字的过程中输入一些特殊字符,在实际绘图过程中,也经常需要标注一些特殊字符,如直径符号和百分号等。由于这些特殊字符不能从键盘上直接输入,因此 AutoCAD 提供了相应的控制符,以实现这些标注的要求。AutoCAD 2016 的控制符由两个百分号(%%)及一个字符构成,常用的特殊符号的控制符如下所述。

- %%C:表示直径符号(Φ)。
- %%D:表示角度符号。
- %%O:表示上划线符号。
- %%P:表示正负公差符号(±)。
- %%U:表示下划线符号。
- %%%:表示百分号%。
- %%nnn:表示 ASCII 码字符,其中 nn 为十进制的 ASCII 码字符值。

在控制符中,%%O 和%%U 分别是上划线和下划线的开关。第一次出现这些符号时,可以打开上划线或下划线,第二次出现这些符号时,则会关闭上划线或下划线。

下面介绍创建特殊字符的操作方法。

步骤 01 打开素材图形(素材\第 5 章\曲柄滑块.dwg),如图 5-13 所示。

步骤 02 在"功能区"选项板中切换至"注释"选项卡,单击"文字"面板中的"多行文字"按钮 A ,如图 5-14 所示。

步骤 03 根据命令行提示,在绘图区水平引线上单击鼠标左键,并向右下方移动鼠标至合适位置,单击鼠标左键,弹出一个文本输入框,如图 5-15 所示。

步骤 04 在弹出的文本框中输入"%%C46",系统将自动转换为相应特殊符号,在绘图区任意位置上单击鼠标左键,完成插入特殊符号的操作,效果如图 5-16 所示。

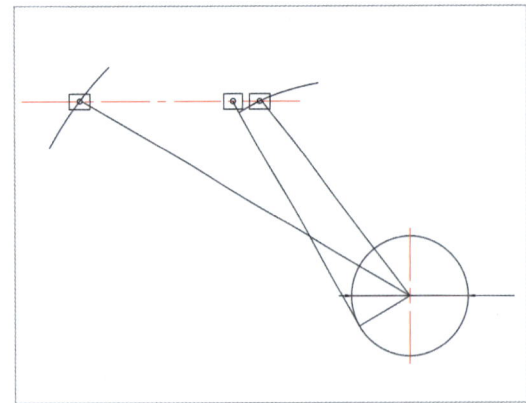

图 5-13 打开素材图形

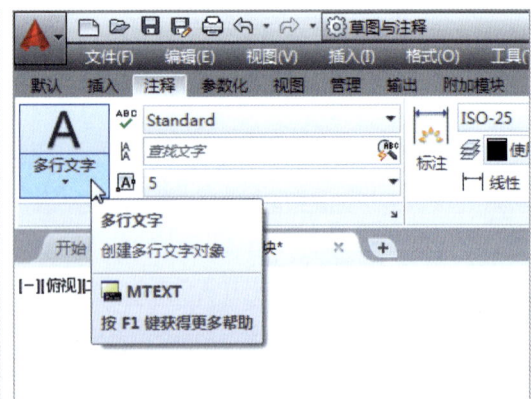

图 5-14 单击"多行文字"按钮

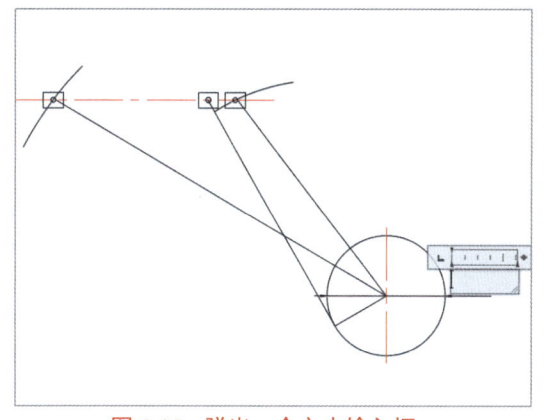
图 5-15　弹出一个文本输入框

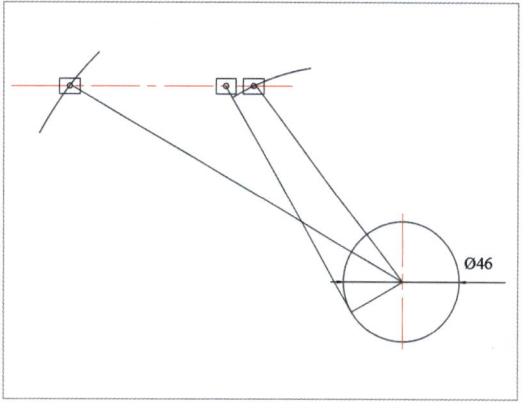
图 5-16　完成插入特殊符号的操作

5.2　创建与编辑多行文字

多行文本又称段落文本，是一种方便管理的文本对象，它可以由两行以上的文本组成，而且各行文本都是作为一个整体来处理。在图形设计中，常使用"多行文字"命令创建较为复杂的文字说明，如图样的技术要求等。本节主要介绍创建与编辑多行文字的操作方法。

5.2.1　创建多行文字

对于较长、较为复杂的内容，可以使用多行文字的方式创建。多行文字可以分别对各个文字的格式进行设置，而不受文字样式影响。下面介绍创建多行文字的操作方法。

步骤 01　打开素材图形（素材\第 5 章\机械零件.dwg），如图 5-17 所示。

步骤 02　在"功能区"选项板的"默认"选项卡中，单击"注释"面板中的"文字"下拉按钮，在弹出的下拉列表中单击"多行文字"按钮 A，如图 5-18 所示。

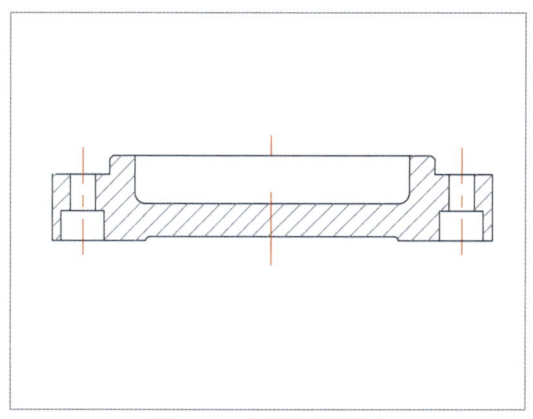
图 5-17　打开素材图形

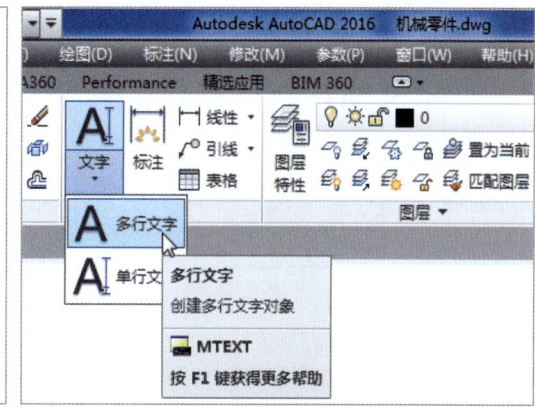
图 5-18　单击"多行文字"按钮

步骤 03　根据命令行提示，在绘图区图形的左下方指定文字的起点，输入 H（高度）选项并确认，输入文字高度为 3，按【Enter】键确认，向右下方移动鼠标，在合适的位置上单击鼠标左键，指定对角点，弹出文本框和"文字编辑器"选项卡，如图 5-19 所示。

步骤 04　在其中输入相应的文字后，在绘图区中的任意位置上单击鼠标左键，完成多行文字的创建，效果如图 5-20 所示。

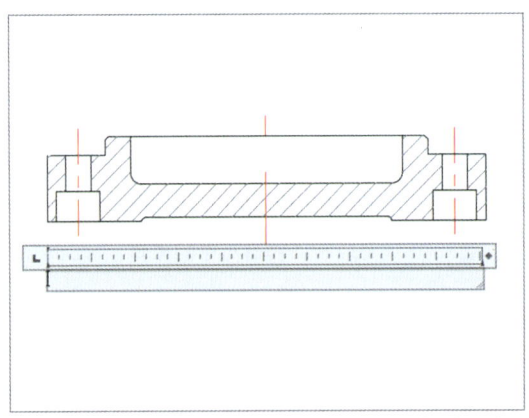 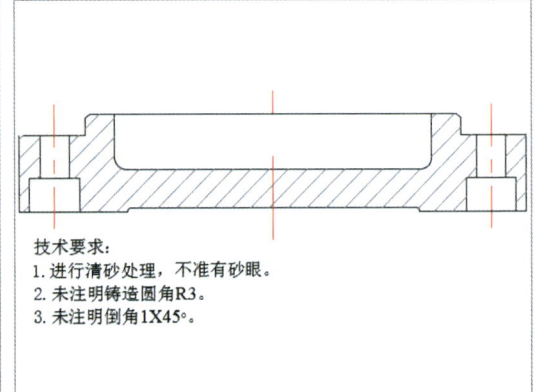

图 5-19　弹出文本框和"文字编辑器"选项卡　　　图 5-20　完成多行文字创建

▶ 专家指点

用户还可以通过以下 3 种方法调用"多行文字"命令。
（1）在命令行中输入 MTEXT（多行文字）命令，并按【Enter】键确认。
（2）在命令行中输入 MT（多行文字）命令，按【Enter】键确认。
（3）显示菜单栏，单击"绘图"|"文字"|"多行文字"命令。

5.2.2　堆叠多行文字

堆叠文字主要应用于多行文字对象和多重引线中字符的分数和公差格式，使用堆叠文字可以创建一些特殊的字符。下面介绍堆叠多行文字的操作方法。

步骤 01　打开素材图形（素材\第 5 章\机械剖面图.dwg），如图 5-21 所示。

步骤 02　在命令行中输入 MTEXT（多行文字）命令，按【Enter】键确认，在命令行提示下依次捕捉端点，弹出文本框和"文字编辑器"选项卡，输入"31 + 0.1/-0.1"，图 5-22 所示。

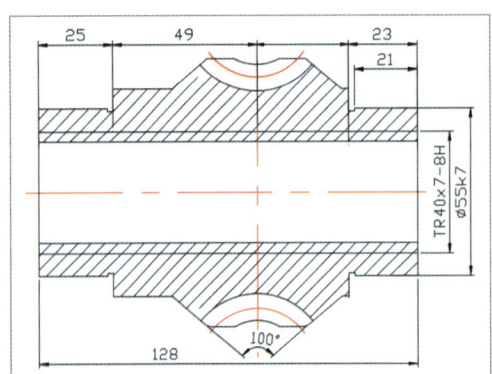 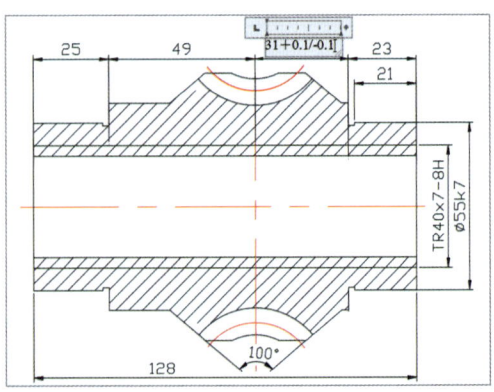

图 5-21　打开素材图形　　　　　　　　图 5-22　输入相应的文字

步骤 03 选择"+0.1/-0.1"文字为叠加对象,并单击鼠标右键,在弹出的快捷菜单中选择"堆叠"选项,如图 5-23 所示。

步骤 04 在绘图区的任意位置单击鼠标左键,即可创建堆叠文字,再将其移至合适的位置,效果如图 5-24 所示。

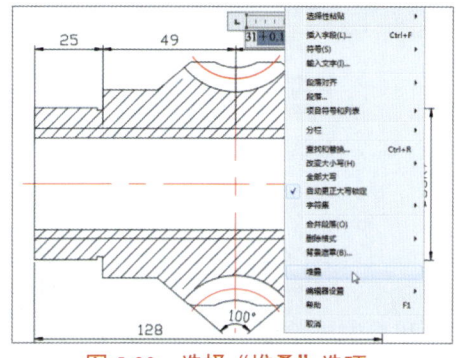

图 5-23 选择"堆叠"选项

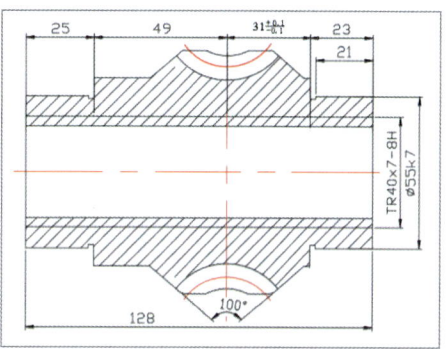

图 5-24 创建堆叠文字

5.2.3 缩放多行文字

在 AutoCAD 2016 中,用户可以对多行文字进行缩放操作,下面介绍缩放多行文字的操作方法。

步骤 01 打开素材图形(素材\第 5 章\技术要求.dwg),如图 5-25 所示。

步骤 02 在"功能区"选项板中切换至"注释"选项卡,单击"文字"面板中的下拉按钮,在展开的面板中单击"缩放"按钮,如图 5-26 所示。

> ▶ 专家指点
>
> 用户还可以通过以下两种方法调用"缩放比例"命令。
> (1)在命令行中输入 SCALETEXT(缩放比例)命令,并按【Enter】键确认。
> (2)显示菜单栏,单击"修改"|"对象"|"文字"|"比例"命令。

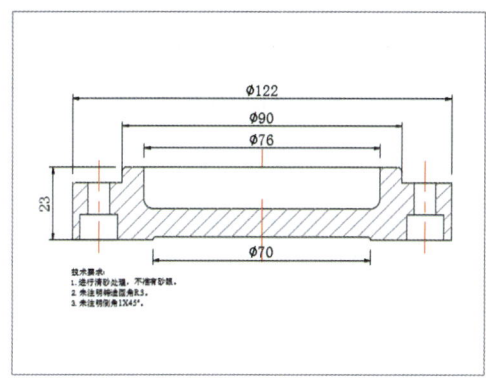

图 5-25 打开素材图形

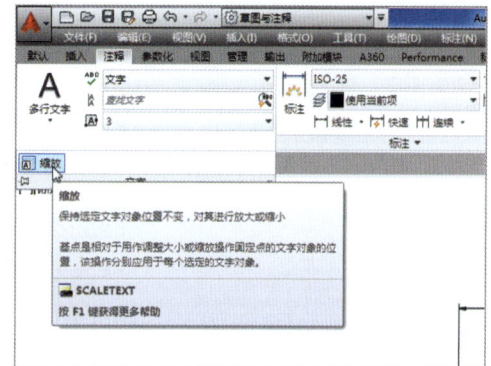

图 5-26 单击"缩放"按钮

步骤 03 根据命令行提示,选择文字为编辑对象,按【Enter】键确认,在弹出的快捷菜单中选择"现有(E)"选项,如图 5-27 所示。

步骤 04 输入 S(缩放比例)选项,按【Enter】键确认,输入缩放比例为 1.7 并确认,完成文字缩放比例的调整,效果如图 5-28 所示。

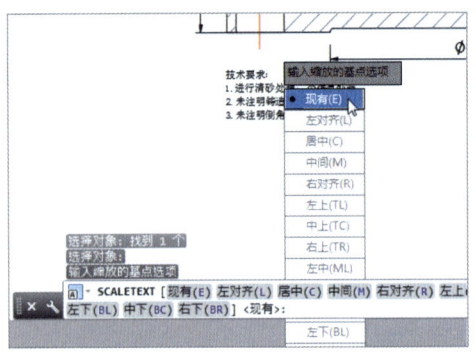
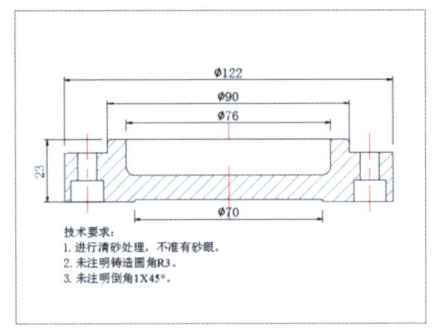

图 5-27　选择"现有（E）"选项　　　　　图 5-28　调整文字缩放比例

5.2.4　控制文字显示

在绘制机械图形时，为了缩短图形的重画和重生成过程，用户可以控制文字和属性对象的显示模式。下面介绍控制多行文字显示的操作方法。

步骤 01　打开素材图形（素材\第 5 章\轴承座.dwg），如图 5-29 所示。

步骤 02　在命令行中输入 QTEXT（文本显示）命令，并按【Enter】键确认，根据命令行提示，选择 ON（开）选项，如图 5-30 所示。

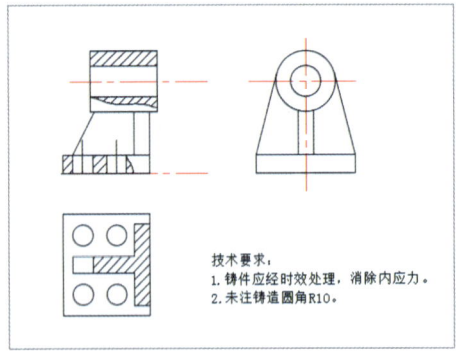

图 5-29　打开素材图形　　　　　图 5-30　选择 ON（开）选项

步骤 03　在命令行中输入 REGEN（重生成）命令，并按【Enter】键确认，完成文本显示的控制操作，效果如图 5-31 所示。

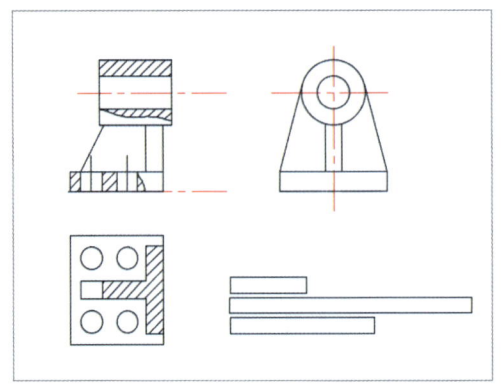

图 5-31　控制文本显示

5.3 插入与更新文字对象

字段是在图形中，用于说明的可更新文字。它常用于在图形生命周期中可变化的文本中，字段更新时将显示最新的字段值。本节主要介绍在文字中使用字段的操作方法。

5.3.1 插入字段

在使用字段之前，首先需要插入一个字段，并根据字段的属性，设置相应格式，常用的字段有时间、页面设置、名称等。下面介绍插入字段的操作方法。

步骤 01 打开素材图形（素材\第5章\伞齿轮箱.dwg），如图 5-32 所示。

步骤 02 选择需要编辑的多行文字，在该多行文字上双击鼠标左键，弹出文本框，选择文字内容，单击鼠标右键，在弹出的快捷菜单中选择"插入字段"选项，如图 5-33 所示。

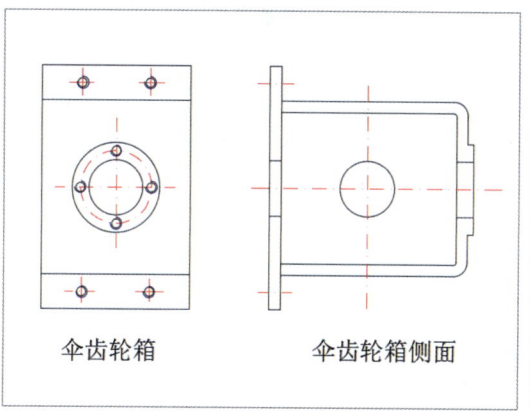

图 5-32 打开素材图形

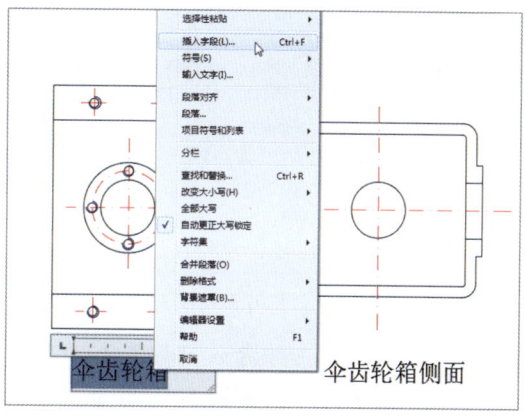

图 5-33 选择"插入字段"选项

步骤 03 弹出"字段"对话框，在"字段名称"列表框中选择"打印比例"选项，在"格式"列表框中选择"使用比例名称"选项，如图 5-34 所示，单击"确定"按钮。

步骤 04 在绘图区中的任意位置上单击鼠标左键，即可插入字段，效果如图 5-35 所示。

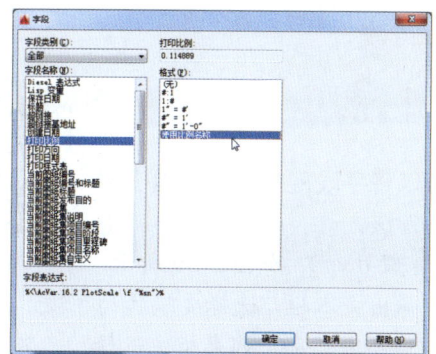

图 5-34 选择"使用比例名称"选项

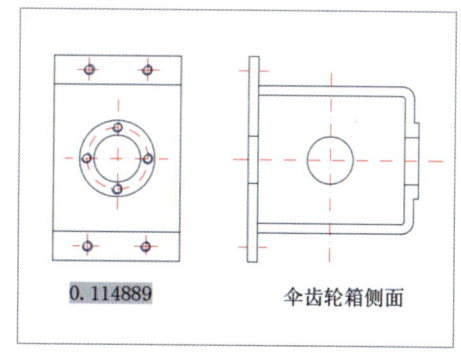

图 5-35 插入字段

5.3.2 更新字段

字段更新时，将显示最新的值。在 AutoCAD 2016 中，可以单独更新字段，也可以在一个或多个选定文字对象中更新所有字段。下面介绍更新字段的操作方法。

步骤 01 打开素材图形（素材\第 5 章\斜滑块.dwg），如图 5-36 所示。

步骤 02 在绘图区的字段上双击鼠标左键，弹出文本框，在其中选择需要更新的字段，单击鼠标右键，在弹出的快捷菜单中选择"更新字段"选项，如图 5-37 所示。

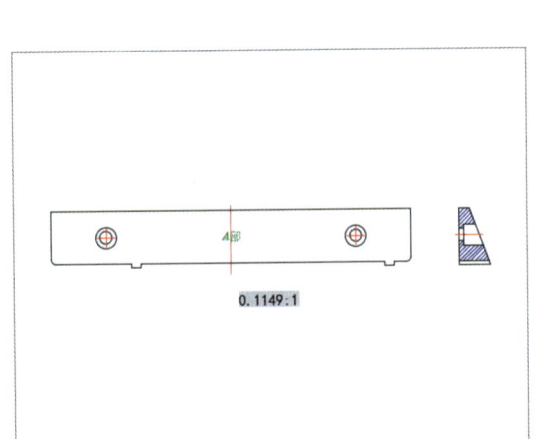

图 5-36 打开素材图形

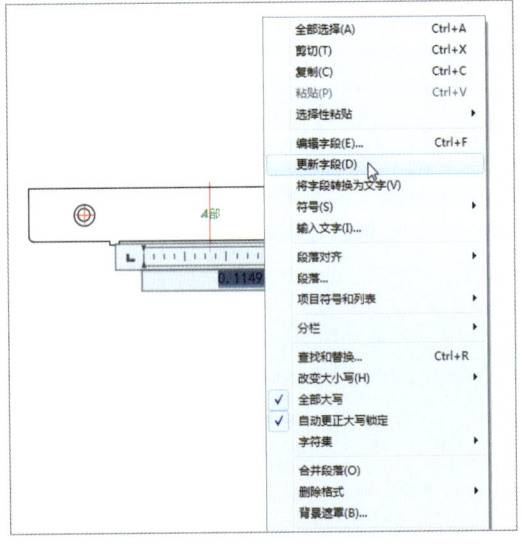

图 5-37 选择"更新字段"选项

步骤 03 在文本框中输入"斜滑块"，在绘图区中的任意位置上单击鼠标左键，即可更新字段，如图 5-38 所示。

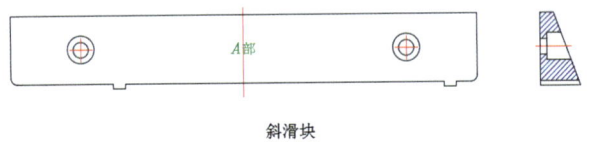

图 5-38 完成更新字段

5.3.3 超链接操作

在 AutoCAD 2010 中，使用超链接字段，可以将字段链接至任意指定的超链接上。下面介绍超链接文本字段的操作方法。

步骤 01 打开素材图形（素材\第 5 章\折叠篮球架.dwg），如图 5-39 所示。

步骤 02 在绘图区中的字段上双击鼠标左键，弹出文本框，选择要编辑的字段，双击鼠标左键，弹出"字段"对话框，在"字段类别"列表框中选择"已链接"选项，如图 5-40 所示。

第 5 章　创建文字与表格对象

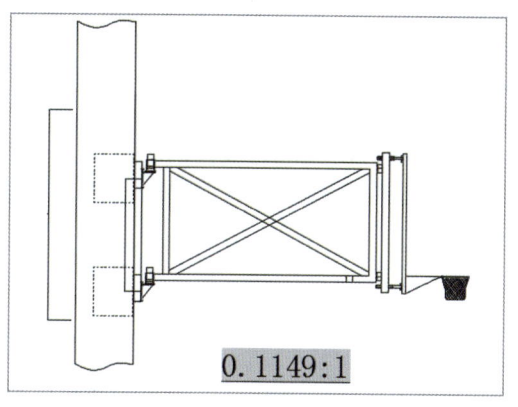

图 5-39　打开素材图形

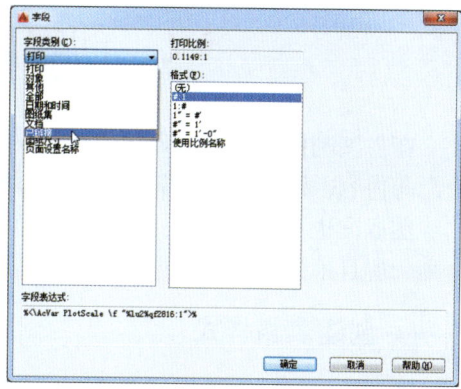

图 5-40　选择"已链接"选项

步骤 03　弹出"显示文字"选项区，在"显示文字"文本框中输入"折叠篮球架"，单击"超链接"按钮，如图 5-41 所示。

步骤 04　弹出"编辑超链接"对话框，在"键入文件或 Web 页名称"文本框中输入"素材"，如图 5-42 所示。

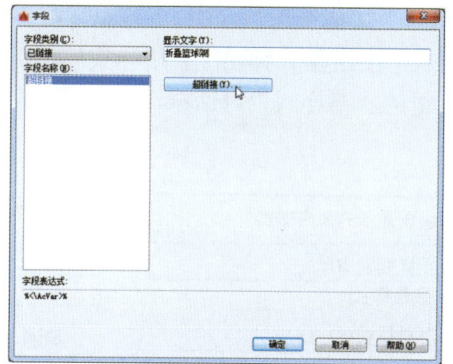

图 5-41　单击"超链接"按钮

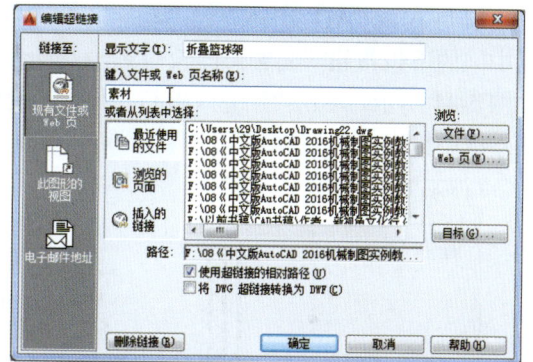

图 5-42　输入相应文字

步骤 05　单击"确定"按钮，返回到"字段"对话框，单击"确定"按钮，在绘图区中的任意位置上，单击鼠标左键，即可超链接字段，如图 5-43 所示。

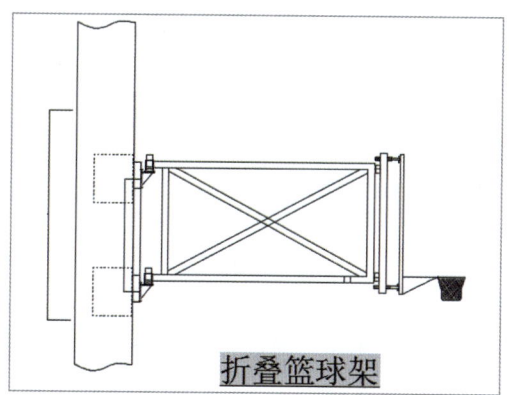

图 5-43　完成超链接字段的操作

87

5.4 创建与编辑表格对象

在机械制图过程中，表格主要用来展示与图形相关的标准、数据信息、材料和装配信息等内容。根据不同类型的图形（如机械图形、工程制图、电子线路图形等），所对应的制图标准也不相同，这就需要设置符合产品设计的表格样式，并利用表格功能快速、清晰、醒目地反映出设计思想及创意。本节主要介绍创建与编辑表格对象的操作方法。

5.4.1 创建表格样式

在 AutoCAD 2016 中，用户可以使用"表格"命令创建表格，还可以直接插入设置好样式的表格，而不需要再绘制由单独图线组成的表格，其操作方法与 Word 和 Excel 基本相同，应用非常方便。表格在各类制图设计中的应用非常广泛，如建筑设计制图中的图例表等。

表格样式可以控制表格的外观，用于保证标准的字体、颜色、文本、高度和行距。用户可以使用默认的表格样式，也可以根据需要自定义表格样式。

启动 AutoCAD 2016，在"功能区"选项板的"默认"选项卡中，单击"注释"面板中间的下拉按钮，在展开面板中单击"表格样式"按钮，弹出"表格样式"对话框，如图 5-44 所示。单击"新建"按钮，弹出"创建新的表格样式"对话框，在"新样式名"文本框中输入"表格样式"，如图 5-45 所示。

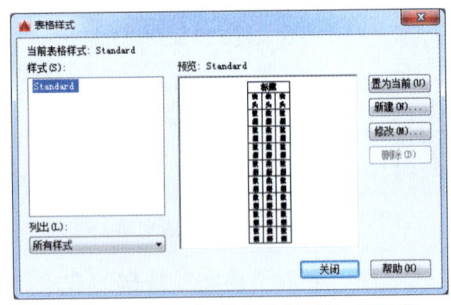
图 5-44　弹出"表格样式"对话框

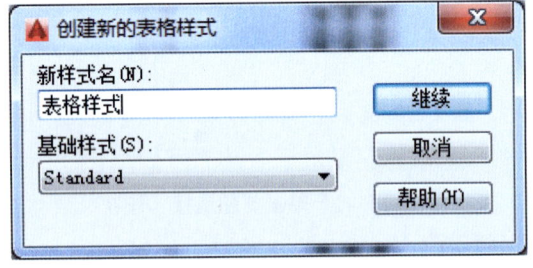
图 5-45　输入"表格样式"

单击"继续"按钮，弹出"新建表格样式：表格样式"对话框，在"常规"选项卡中，设置"对齐"为"正中"，设置"水平"和"垂直"边距均为 2，如图 5-46 所示。单击"确定"按钮，返回"表格样式"对话框，完成新建表格样式的操作，在"样式"列表框中将显示新建的表格样式，如图 5-47 所示。

"表格样式"对话框中，各主要选项的含义如下所述。

- **"样式"列表框：** 显示所有已设定的表格样式。
- **"列出"下拉列表框：** 用来控制"样式"列表框中样式的显示。
- **"预览"显示区：** 用于显示选中表格的样式。
- **"置为当前"按钮：** 在"样式"列表框中选择相应样式，单击该按钮，可以将选定的样式设定为当前样式。
- **"新建"按钮：** 用于创建新的表格样式。
- **"修改"按钮：** 用于对选中的表格样式进行相应修改。

> **"删除"按钮**：用于删除没有使用的表格样式。

图 5-46 设置参数

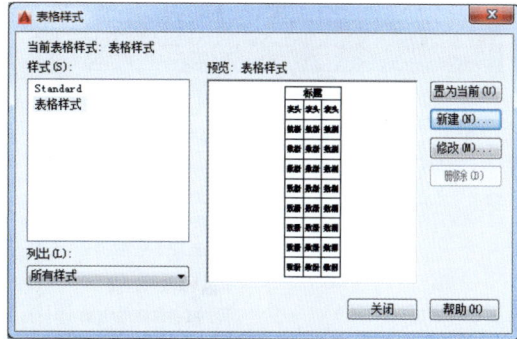

图 5-47 新建表格样式

在"新建表格样式：表格样式"对话框中有 3 个重要的选项卡，其含义分别如下所述。

> **"常规"选项卡**：用于控制数据栏与标题栏的上下位置关系。
> **"文字"选项卡**：用于设置文字属性，在"文字样式"下拉列表框中可以选择已定义的文字样式，也可以单击右侧的按钮 ... ，重新定义文字样式。此外，还可以设置文字的高度、颜色和角度等。
> **"边框"选项卡**：在该选项卡中，单击下面的边框线按钮，可以控制数据边框线的形式，包括所有边框、外边框、内边框、底部边框、左边框、上边框、右边框和无边框。此外，还可以设置边框的线宽、线型以及颜色，"间距"文本框用于控制单元边界和内容之间的间距。

▶ 专家指点

在 AutoCAD 2016 中，用户还可以通过以下两种方法调用"表格样式"命令。
（1）在命令行中输入 TABLESTYLE（表格样式）命令，按【Enter】键确认。
（2）显示菜单栏，单击"格式"|"表格样式"命令。

5.4.2 编辑表格样式

在 AutoCAD 2016 中，可以通过指定行和列的数目以及大小来设置表格的样式，也可以定义新的表格样式来保存设置以供将来使用。下面介绍编辑表格样式的操作方法。

步骤 01 单击"新建"按钮 ，新建一幅空白的图形文件，在"功能区"选项板中，切换至"注释"选项卡，单击"表格"面板中的"表格样式"按钮 ，如图 5-48 所示。

步骤 02 弹出"表格样式"对话框，选择合适的表格样式，单击"修改"按钮，如图 5-49 所示。

步骤 03 弹出"修改表格样式：Standard"对话框，切换至"常规"选项卡，在"特性"选项区中，单击"对齐"右侧的下拉按钮，在弹出的下拉列表中，选择"正中"选项；在"页边距"选项区中，设置"水平"和"垂直"均为 8，如图 5-50 所示。单击"确定"按钮，返回到"表格样式"对话框，单击"关闭"按钮，即可编辑表格样式。

图 5-48　新建一幅空白图形文件

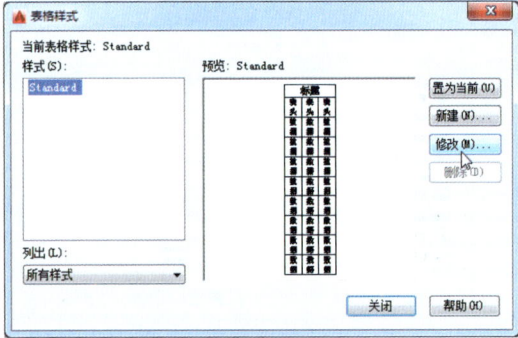

图 5-49　单击"修改"按钮

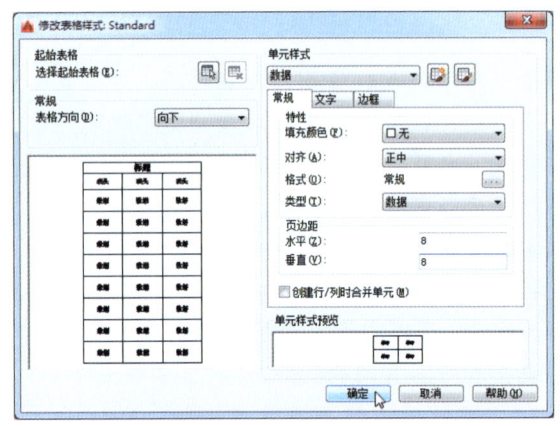

图 5-50　设置参数

▶ 专家指点

在 AutoCAD 2016 中，用户可以使用"表格样式"对话框来管理图形中的表格样式。在"样式"列表框中选择一种表格样式后，如果单击"置为当前"按钮，则可以将其设置为当前表格样式；如果单击"修改"按钮，则可以对创建的表格样式进行修改。

5.4.3　创建表格对象

在 AutoCAD 2016 中创建表格时，首先必须创建一个空表格，然后在表格单元中添加内容。用户可以直接插入表格对象而不需要用单独的直线绘制成表格，并且还可以对已创建好的表格进行相应编辑。下面介绍创建表格的操作方法。

步骤 01　打开素材图形（素材\第 5 章\篮球架横梁.dwg），如图 5-51 所示。

步骤 02　在"功能区"选项板中，切换至"注释"选项卡，单击"表格"面板中的"表格"按钮，如图 5-52 所示。

步骤 03　弹出"插入表格"对话框，在"列和行设置"选项区中，设置"列数"为 5、"列宽"为 200、"数据行数"为 5、"行高"为 7，如图 5-53 所示。

步骤 04 单击"确定"按钮,在绘图区中的右下方的端点上,单击鼠标左键,按两次【Esc】键退出,即可创建表格,并将表格移动至合适的位置,效果如图5-54所示。

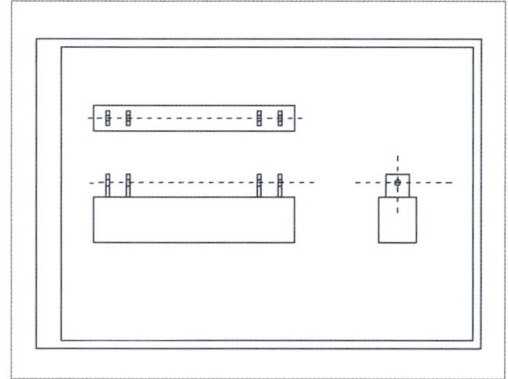

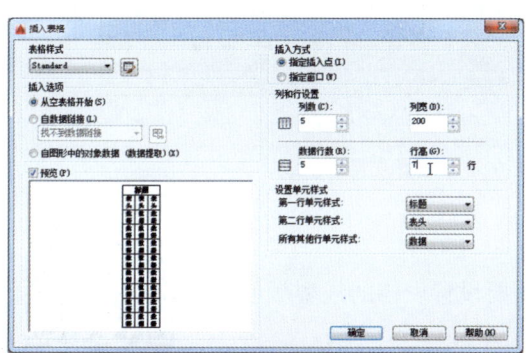

图 5-51 打开素材图形　　　　图 5-52 单击"表格"按钮

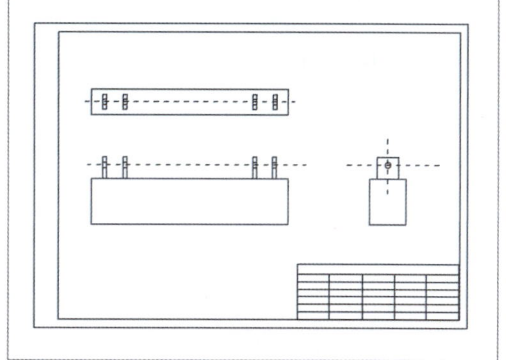

图 5-53 设置参数　　　　　　图 5-54 创建表格

▶ 专家指点

在 AutoCAD 2016 中,用户还可以通过以下两种方法调用"表格"命令。
(1) 在命令行中输入 TABLE(表格)命令,按【Enter】键确认。
(2) 显示菜单栏,单击"绘图"|"表格"命令。

5.4.4 设置表格底纹

在 AutoCAD 2016 中,当表格中的底纹不能满足用户需求时,可以自定义表格底纹。下面介绍设置表格底纹的操作方法。

步骤 01 打开素材图形(素材\第 5 章\螺帽表格.dwg),如图 5-55 所示。
步骤 02 在绘图区中选择所有表格为设置对象,在表格左上方的位置上,单击鼠标左键,使表格呈全选状态,如图 5-56 所示。
步骤 03 在"功能区"选项板中,切换至"视图"选项卡,单击"选项板"面板中的"特性"按钮,弹出"特性"面板,在"单元"选项区中,单击"背景填充"右侧的下拉按钮,在弹出的下拉列表框中,选择"黄"选项,如图 5-57 所示。
步骤 04 执行操作后,即可设置表格的底纹,效果如图 5-58 所示。

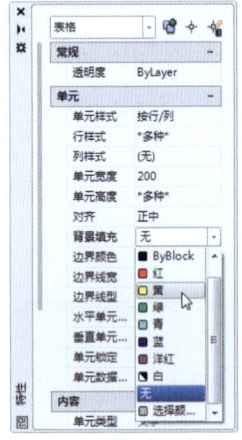

图 5-55　打开素材图形

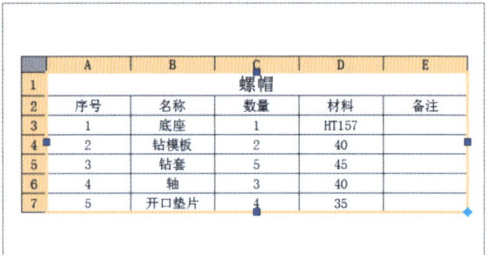

图 5-56　全选状态

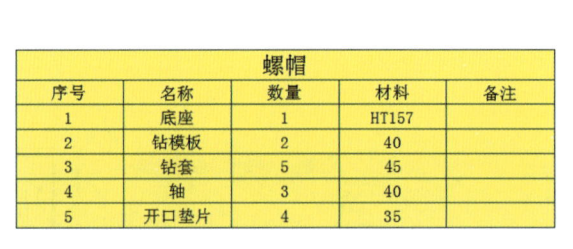

图 5-57　选择"黄"选项　　　　图 5-58　设置表格的底纹

5.4.5　设置表格边框

在 AutoCAD 2016 中，用户还可以根据需要设置表格的线型颜色，下面介绍设置表格边框线型颜色的操作方法。

步骤 01　打开素材图形（素材\第 5 章\篮球架表格.dwg），如图 5-59 所示。

步骤 02　在绘图区中选择所有表格为设置对象，在表格左上方的位置上，单击鼠标左键，使之呈全选状态，在"功能区"选项板中，切换至"视图"选项卡，单击"选项板"面板中的"特性"按钮，弹出"特性"面板，单击"边界颜色"右侧的按钮，如图 5-60 所示。

图 5-59　打开素材图形

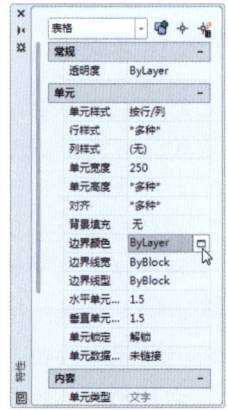

图 5-60　单击"边界颜色"右侧按钮

第 5 章　创建文字与表格对象

步骤 03　弹出"单元边框特性"对话框，单击"颜色"下拉按钮，在弹出的列表框中，选择"蓝"选项，单击"所有边框"按钮田，如图 5-61 所示。

步骤 04　单击"确定"按钮，即可设置表格边界颜色，如图 5-62 所示。

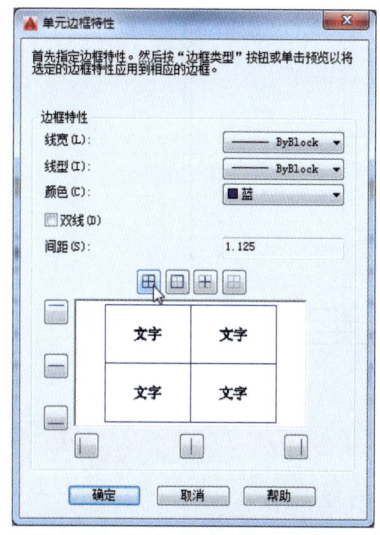

图 5-61　单击"所有边框"按钮　　　　图 5-62　设置表格边界颜色

5.4.6　调整表格列宽

一般情况下，AutoCAD 2016 会根据表格插入的数量自动调整列宽，用户也可以自定义表格的列宽，以满足不同的需求。下面介绍调整表格列宽的操作方法。

步骤 01　打开素材图形（素材\第 5 章\钻模表格.dwg），如图 5-63 所示。

步骤 02　在绘图区中选择所有表格为设置对象，在"功能区"选项板中，切换至"视图"选项卡，单击"选项板"面板中的"特性"按钮，弹出"特性"面板，在"单元"选项区的"单元宽度"数值框中输入 150，如图 5-64 所示。

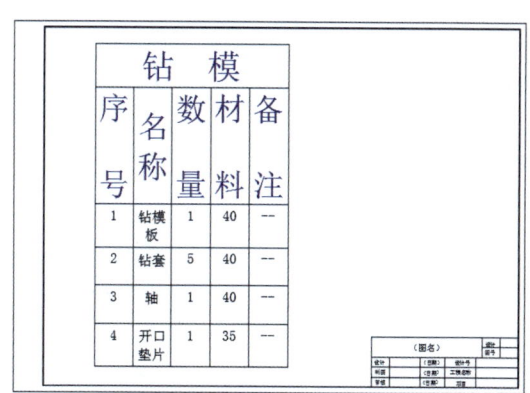

图 5-63　打开素材图形

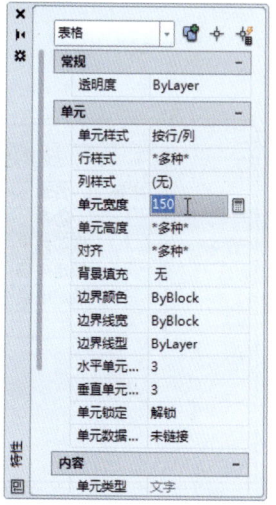

图 5-64　设置参数

步骤 03　按【Enter】键确认，即可调整列宽，如图 5-65 所示。

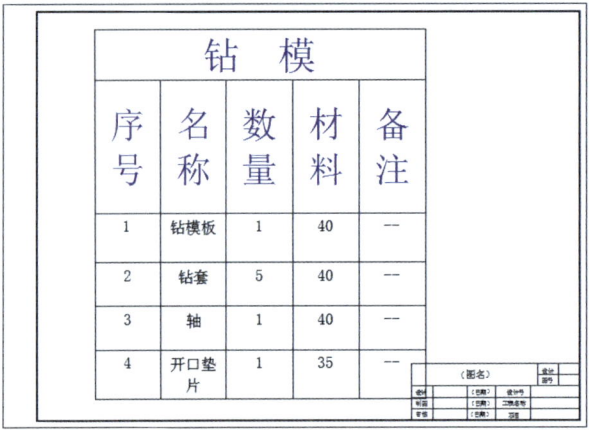

图 5-65　调整列宽

▶ 专家指点

在绘图区中选择需要调整列宽的表格，将鼠标移至表格右侧的控制点上，单击鼠标左键并向右拖曳，至合适位置后释放鼠标，也可以调整表格的列宽效果。

5.4.7　调整表格行高

在 AutoCAD 2016 中，用户可以使用表格的夹点修改表格的行高，也可以通过"特性"面板调整表格的行高。下面介绍调整表格行高的操作方法。

步骤 01　打开素材图形（素材\第 5 章\技术要求表格.dwg），如图 5-66 所示。

步骤 02　在绘图区中选择所有表格为设置对象，在"功能区"选项板中，切换至"视图"选项卡，单击"选项板"面板中的"特性"按钮，弹出"特性"面板，在"单元"选项区的"单元高度"数值框中输入 45，如图 5-67 所示。

图 5-66　打开素材图形　　　　图 5-67　设置参数

步骤 03　按【Enter】键确认，即可调整行高，如图 5-68 所示。

图 5-68　调整行高

本章小节

本章主要介绍了创建与编辑单行文字和多行文字的方法，还介绍了插入字段、更新字段以及超链接字段的操作。最后介绍了创建与编辑表格的方法，包括创建表格样式、创建表格对象、设置表格底纹、设置表格边框、调整表格列宽以及调整表格行高等内容。读者学完本章以后，可以更加方便的为机械图纸添加文字与表格说明内容了。

课后习题

鉴于本章知识的重要性，为了帮助读者更好地掌握所学知识，本节将通过上机习题，帮助读者进行简单的知识回顾和补充。

本习题需要掌握创建单行文字的操作方法，效果如图 5-69 所示。

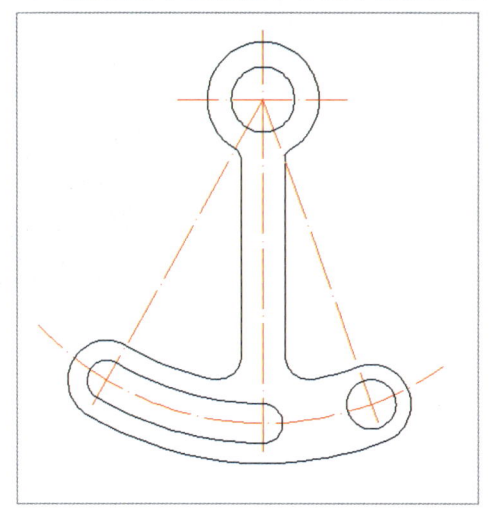 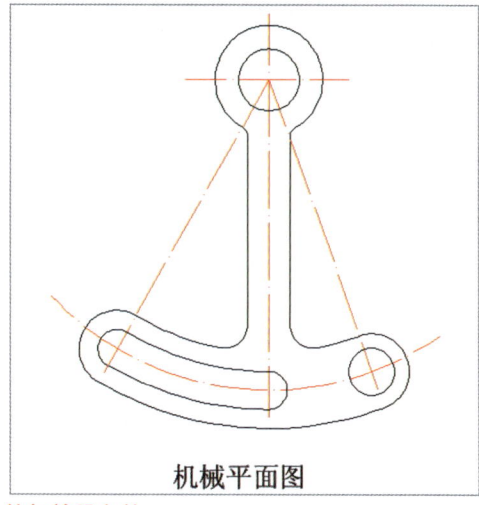

图 5-69　素材文件与效果文件

第 6 章　计算面域与填充图案

【本章导读】

在 AutoCAD 2016 中绘制图形时，可以把需要重复绘制的图形创建成面域，并根据需要为面域创建属性，在需要时直接插入这些面域，从而提高绘图效率。图案填充的应用也非常的广泛。本章主要介绍创建面域和图案填充的操作方法。

【本章重点】

- 创建面域
- 布尔运算面域对象
- 创建与编辑图案填充

6.1　创建面域

在 AutoCAD 2016 中，可以将某些对象组成的封闭区域转换为面域，这些封闭区域可以是圆、椭圆和矩形等对象，也可以是由圆弧、直线、二维多段线、椭圆弧以及样条曲线等对象构成的封闭区域。本节主要介绍创建面域的操作方法。

6.1.1　了解面域

在 AutoCAD 中，用户经常会用到面域命令，而创建面域之前，用户往往需要了解面域的基本信息。

面域指的是具有物理特性的二维封闭区域，它是一个面的对象，内部可以包含孔。从外观来看，面域和圆、多段线、多边形等图形都是封闭的，但它们有本质的区别，面域既包含了边的信息，也包含了面的信息，属于实体模型。

6.1.2　运用"面域"命令创建面域

运用"面域"命令创建面域时，将用面域创建的对象取代原来的对象，并删除原来对象。如果要保留原对象，可以将系统变量设置为 0。下面介绍运用"面域"命令创建面域的方法。

步骤 01　打开素材图形（素材\第 6 章\开槽螺母.dwg），如图 6-1 所示。
步骤 02　在"功能区"选项板的"默认"选项卡中，单击"绘图"面板中间的下拉按钮，在展开的面板上单击"面域"按钮，如图 6-2 所示。

第 6 章　计算面域与填充图案

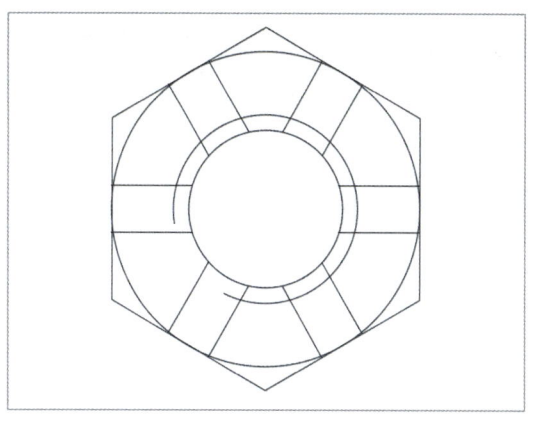

图 6-1　打开素材图形

图 6-2　单击"面域"按钮

> ▶ 专家指点
>
> 通过以下 3 种方法也可以调用"面域"命令。
> （1）在命令行中输入 REGION（面域）命令，并按【Enter】键确认。
> （2）在命令行中输入 REG（面域）命令，并按【Enter】键确认。
> （3）显示菜单栏，单击"绘图"|"面域"命令。

步骤 03　根据命令行的提示进行操作，选择外侧 6 条边为编辑对象，如图 6-3 所示。
步骤 04　按【Enter】键确认，即可创建面域，如图 6-4 所示。

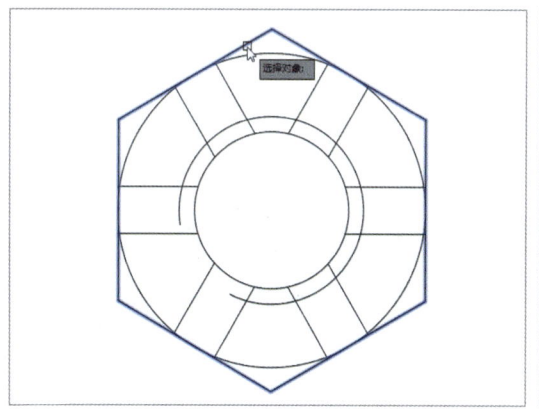

图 6-3　选择外侧 6 条边

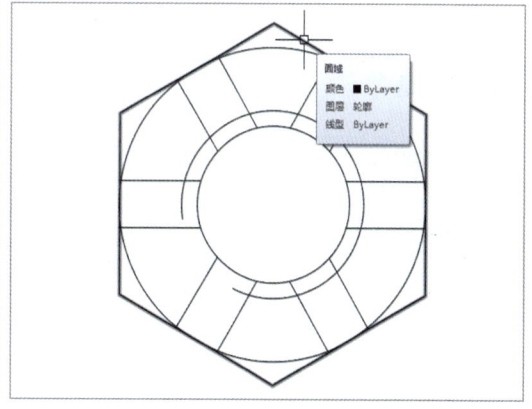

图 6-4　创建面域

6.1.3　运用"边界"命令创建面域

"边界"命令将分析由对象组成的"边界集"，用户可以选择用于定义面域的一个或多个闭合区域创建面域。下面介绍运用"边界"命令创建面域的操作方法。

步骤 01　打开素材图形（素材\第 6 章\摇轮.dwg），如图 6-5 所示。
步骤 02　在"功能区"选项板的"默认"选项卡中，单击"绘图"面板中"图案填充"右边的下拉按钮，在展开的面板上单击"边界"按钮，如图 6-6 所示。

97

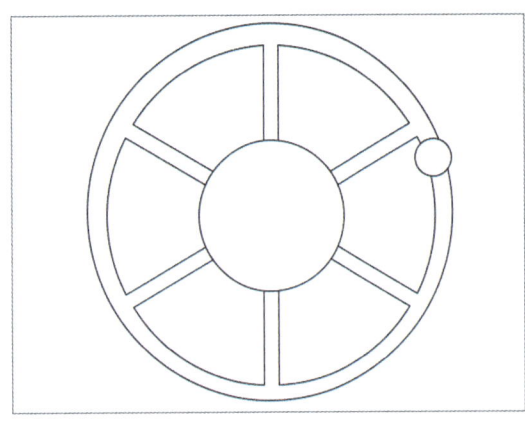
图 6-5　打开素材图形

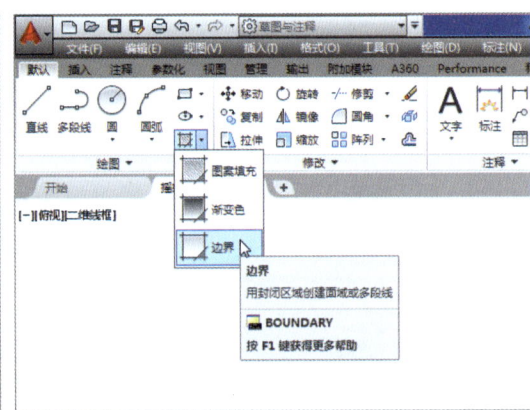
图 6-6　单击"边界"按钮

> ▶ 专家指点
>
> 通过以下 3 种方法也可以调用"边界"命令。
> （1）在命令行中输入 BOUNDARY（边界）命令，并按【Enter】键确认。
> （2）在命令行中输入 BO（边界）命令，并按【Enter】键确认。
> （3）显示菜单栏，单击"绘图"|"边界"命令。

步骤 03　弹出"边界创建"对话框，在"对象类型"列表框中选择"面域"选项，单击"拾取点"按钮，如图 6-7 所示。

步骤 04　根据命令行提示进行操作，选择需要进行编辑的图形对象，如图 6-8 所示。

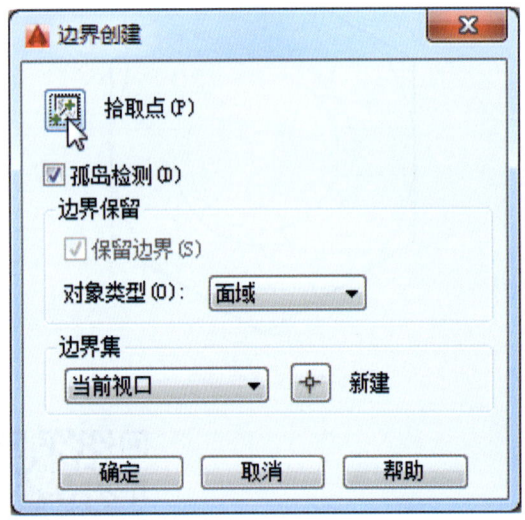
图 6-7　单击"拾取点"按钮

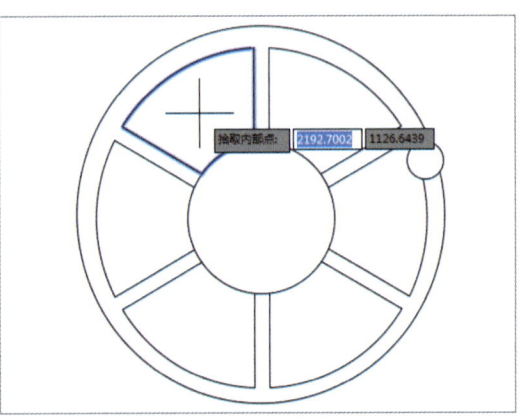
图 6-8　选择要编辑的图形

步骤 05　按【Enter】键确认，即可运用"边界"命令创建面域，效果如图 6-9 所示。

第 6 章　计算面域与填充图案

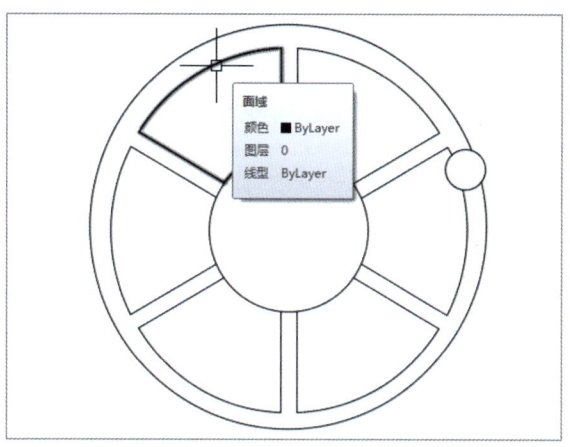

图 6-9　运用"边界"命令创建面域

6.2　布尔运算面域对象

布尔运算是数学上的一种逻辑运算，在 AutoCAD 2016 中绘制图形时，使用布尔运算可以提高绘图效率，尤其是在绘制比较复杂的图形时。布尔运算包括"并集""差集"及"交集"3 种。本节主要介绍布尔运算面域的操作方法。

6.2.1　交集运算

在 AutoCAD 2016 中，创建多个面域的交集是指各个面域的公共部分，同时选择两个或两个以上面域对象，然后按【Enter】键即可对面域进行交集计算。下面介绍交集运算面域的操作方法。

步骤 01　打开素材图形（素材\第 6 章\机械零件.dwg），如图 6-10 所示。
步骤 02　在命令提示行中输入 INTERSECT（交集）命令，按【Enter】键确认，根据命令行提示进行操作，选择圆形为编辑对象，如图 6-11 所示。

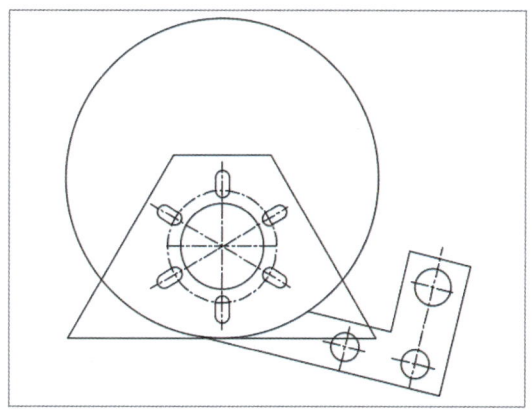

图 6-10　打开素材图形

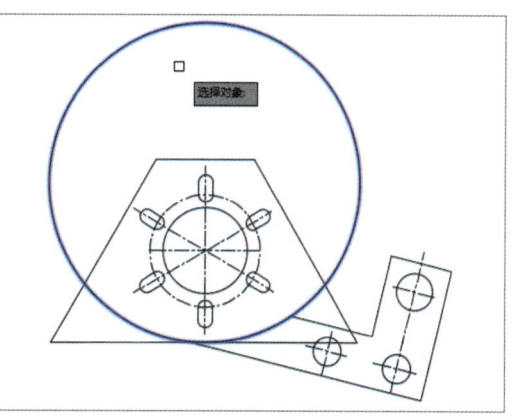

图 6-11　选择圆

| 步骤 | 03 | 选择梯形为编辑对象，如图 6-12 所示，按【Enter】键确认。 |
| 步骤 | 04 | 执行操作后即可交集运算面域，效果如图 6-13 所示。 |

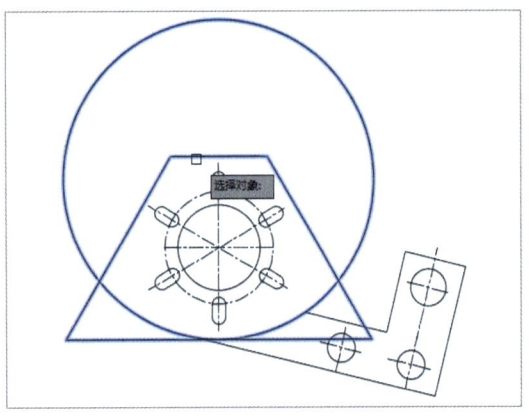
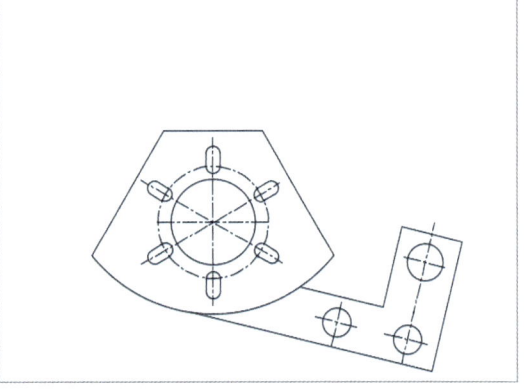

图 6-12　选择梯形　　　　　　　　　图 6-13　交集运算面域

> ▶ 专家指点
>
> 通过以下两种方法，也可以调用"交集"命令。
> （1）在命令行中输入 IN（交集）命令，并按【Enter】键确认。
> （2）显示菜单栏，单击"修改"｜"实体编辑"｜"交集"命令。

6.2.2　并集运算

创建面域的并集，此时需连续选择需要进行并集操作的面域对象，直到按【Enter】键确认方可将选择的面域合并为一个图形并结束命令。下面介绍并集运算面域的操作方法。

| 步骤 | 01 | 打开素材图形（素材\第 6 章\操作杆.dwg），如图 6-14 所示。 |
| 步骤 | 02 | 在命令行中输入 UNION（并集）命令，按【Enter】键确认，根据命令行提示进行操作，选择外侧的面域对象，如图 6-15 所示。 |

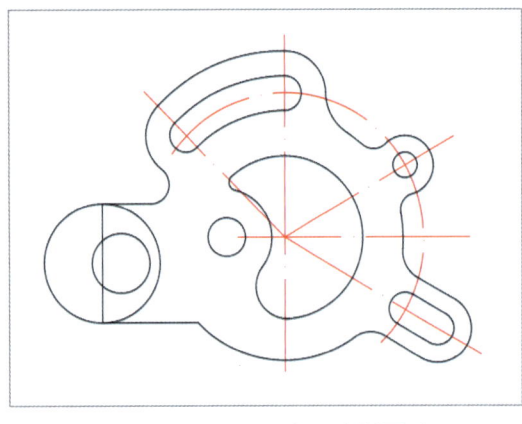

图 6-14　打开素材图形　　　　　　　　图 6-15　选择对象

| 步骤 | 03 | 选择最左侧的面域对象，如图 6-16 所示，按【Enter】键确认。 |
| 步骤 | 04 | 执行操作后即可并集运算面域，效果如图 6-17 所示。 |

第 6 章　计算面域与填充图案

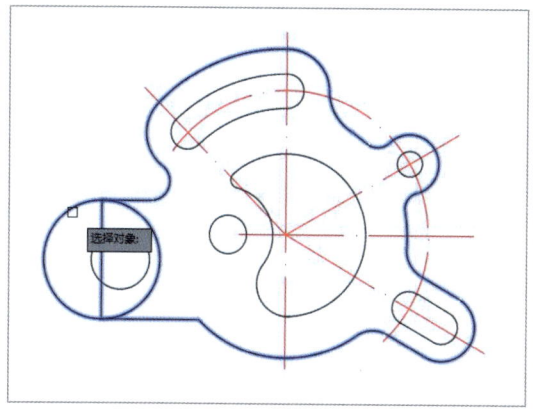

图 6-16　选择对象

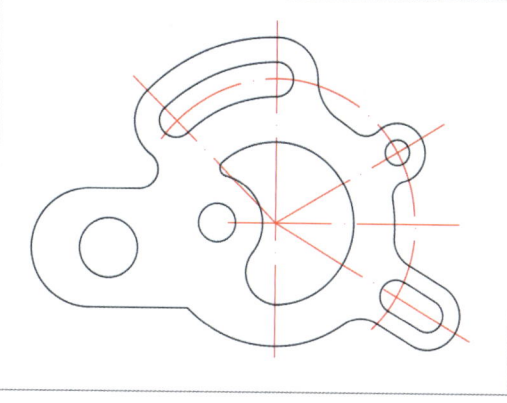

图 6-17　并集运算面域

▶ 专家指点

通过以下两种方法也可以调用"并集"命令。
（1）在命令行中输入 UNI（并集）命令，并按【Enter】键确认。
（2）显示菜单栏，单击"修改"|"实体编辑"|"并集"命令。

6.2.3　差集运算

在 AutoCAD 2016 中，创建面域的差集是指使一个面域减去另一个面域。下面介绍差集运算面域的操作方法。

步骤 01　打开素材图形（素材\第 6 章\槽轮.dwg），如图 6-18 所示。

步骤 02　在命令行中输入 SUBTRACT（差集）命令，按【Enter】键确认，根据命令行的提示，选择绘图区中心的面域，如图 6-19 所示。

步骤 03　按【Enter】键确认，然后在绘图区中选择四个圆面域，如图 6-20 所示。

步骤 04　按【Enter】键确认，即可使用差集命令运算面域，效果如图 6-21 所示。

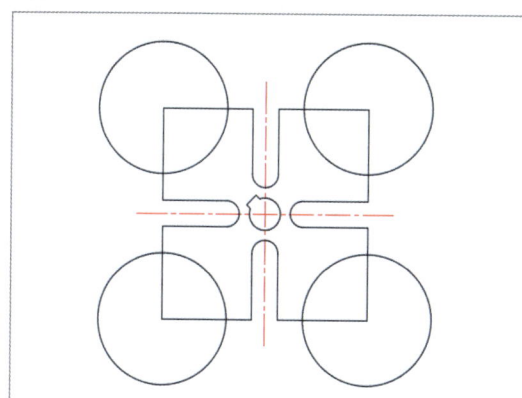

图 6-18　打开素材图形

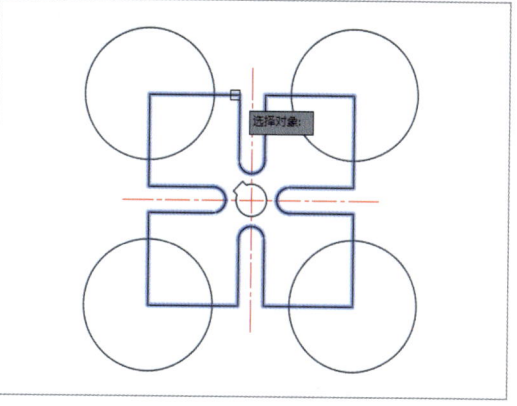

图 6-19　选择运算面域

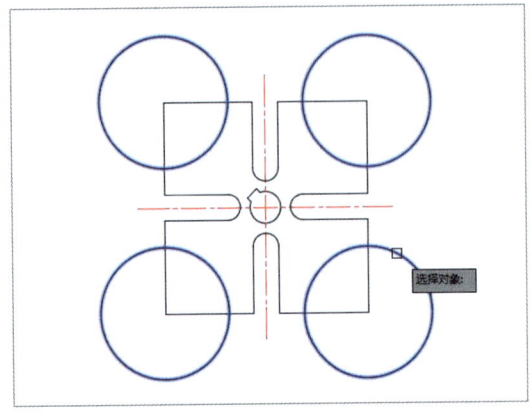
图 6-20　选择四个圆面域

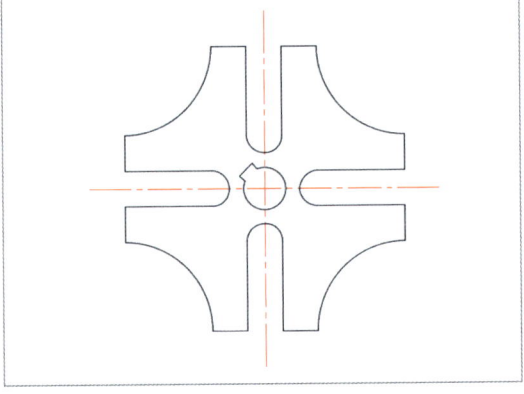
图 6-21　差集运算面域

> ▶ 专家指点
>
> 通过以下两种方法也可以调用"差集"命令。
> （1）在命令行中输入 SU（差集）命令，并按【Enter】键确认。
> （2）显示菜单栏，单击"修改"|"实体编辑"|"差集"命令。

6.2.4　提取面域数据

面域对象除了具有一般图形对象的特性外，还具有面域对象独有的特性，而且可以利用这些信息计算工程属性，如面积、周长等。下面介绍提取面域数据的操作方法。

步骤 01　打开素材图形（素材\第 6 章\支撑轴.dwg），如图 6-22 所示。

步骤 02　在命令行中输入 MASSPROP（面域/质量特性）命令，按【Enter】键确认，根据命令行的提示进行操作，选择需要编辑的面域，如图 6-23 所示，按【Enter】键确认。

步骤 03　弹出面域提示信息，在命令行中输入 Y，如图 6-24 所示。

步骤 04　按【Enter】键确认，弹出"创建质量与面积特性文件"对话框，单击"保存"按钮，如图 6-25 所示，即可提取面域数据。

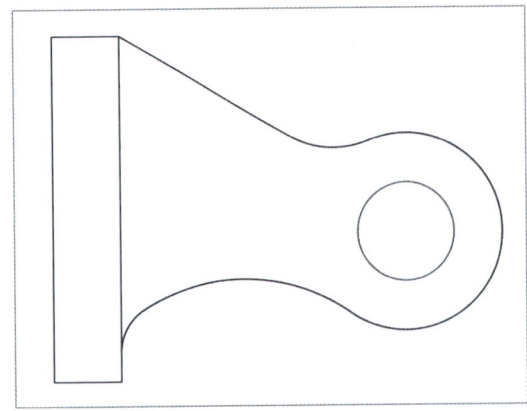
图 6-22　打开素材图形

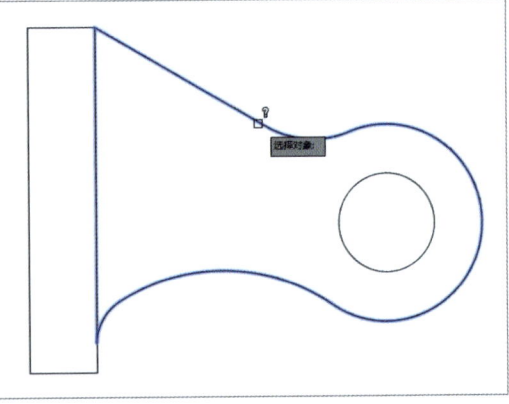
图 6-23　选择面域对象

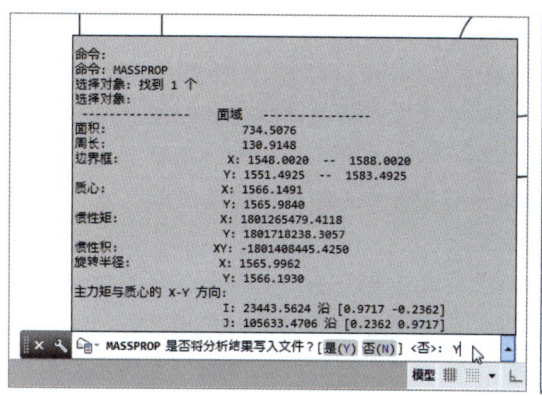

图 6-24　在窗口下方输入 Y

图 6-25　单击"保存"按钮

6.3　创建与编辑图案填充

在绘图过程中，经常需要将选定的某种图案填充到一个封闭的区域内，这就是图案填充，如机械绘图中的剖切面、建筑绘图中的地板图案等。使用图案填充可以表示不同的零件或者材料。例如，建筑绘图中常用不同的图案填充来表现建筑表面的装饰纹理和颜色。本节主要介绍创建与编辑图案填充的各种操作方法。

6.3.1　了解图案填充

图案填充对象用于显示某个区域或标识某种材质（例如钢或混凝土）的线和点组成的标准图案，它还可以显示实体填充或渐变填充。用户可以使用 HATCH（图案填充）命令创建图案填充，其中包括实体填充、渐变填充和填充图案。

执行"图案填充"命令后，在"功能区"选项板中将弹出"图案填充创建"选项卡，该选项卡中包括 6 个面板，分别为"边界""图案""特性""原点""选项"和"关闭"面板，如图 6-26 所示。各面板清晰地列出相应的功能按钮，让用户可以更加方便、快捷地进行操作。

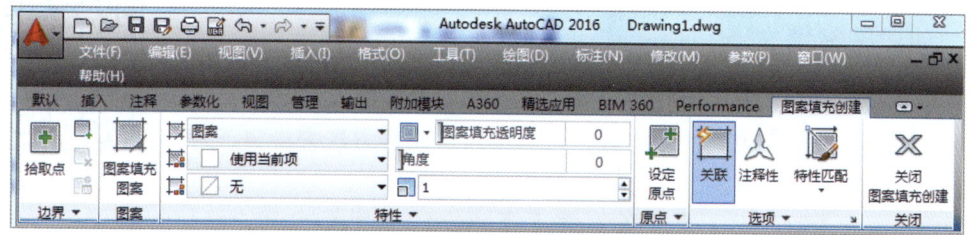

图 6-26　"图案填充创建"选项卡

"图案填充创建"选项卡中，各面板的主要含义如下所述。

➢ **"边界"面板：**主要用于指定图案填充的边界，用户可以通过指定对象封闭区域中的点，或者封闭区域的对象等方法来确定填充边界，通常使用"拾取点"按钮和"选择边界对象"按钮进行选择。

➢ **"图案"面板：**在该面板中单击"图案填充图案"中间的下拉按钮，在弹出的下拉列表框中,可以选择合适的填充图案类型。
- ➤ **"特性"面板:** 在该面板中包含了图案填充的各个特性,包括图案填充的类型、图案填充的透明度、角度和比例等,用户可以根据填充需要设置相应的参数。
- ➤ **"原点"面板:** 在默认情况下,填充图案始终相互对齐,但有时用户可能需要移动图案填充的原点,这时需要单击该面板上的"设定原点"按钮,在绘图区中拾取新的原点,以重新定义原点位置。
- ➤ **"选项"面板:** 默认情况下,有边界的图案填充是关联的,即图案填充对象与图案填充边界对象相关联,对边界对象的更改将自动应用于图案填充。
- ➤ **"关闭"面板:** 在完成所有相应操作后,单击"关闭"面板上的"关闭图案填充创建"按钮,即可关闭该选项卡,完成图案填充操作。

在 AutoCAD 2016 中,为了满足各行各业的需要设置了许多填充图案,默认情况下填充的图案是 ANGLE 图案,用户还可以自定义选取其他填充图案。

在"功能区"选项板的"默认"选项卡中,单击"绘图"面板中的"图案填充"按钮,如图 6-27 所示。弹出"图案填充创建"选项卡,单击"图案"右侧的下拉按钮,在弹出的列表框中选择 ANSI31 选项,如图 6-28 所示,单击鼠标左键,即可选择图案类型。

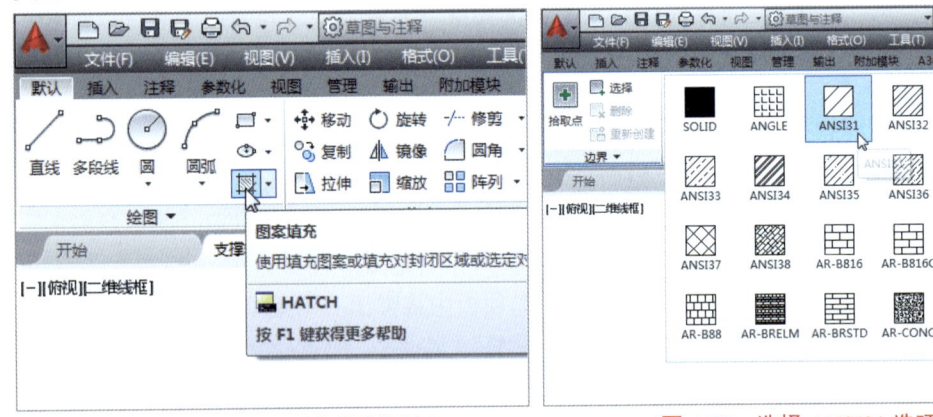

图 6-27　单击"图案填充"按钮　　　图 6-28　选择 ANSI31 选项

6.3.2 创建图案填充

在 AutoCAD 2016 中,填充边界的内部区域即为填充区域。填充区域可以通过拾取封闭区域中的一点或拾取封闭对象两种方法来指定。下面介绍填充图案的操作方法。

步骤 01 打开素材图形(素材\第 6 章\泵壳.dwg),如图 6-29 所示。

步骤 02 在"功能区"选项板的"默认"选项卡中,单击"绘图"面板中的"图案填充"按钮,如图 6-30 所示。

步骤 03 在"功能区"选项板中弹出"图案填充创建"选项卡,在"图案"面板中单击"图案"下拉按钮,在弹出的下拉列表中选择"ANSI33"填充图案,如图 6-31 所示。

步骤 04 在绘图区中,依次选择需要填充的区域,按【Enter】键确认,完成设置预定义图案填充的操作,如图 6-32 所示。

第 6 章　计算面域与填充图案

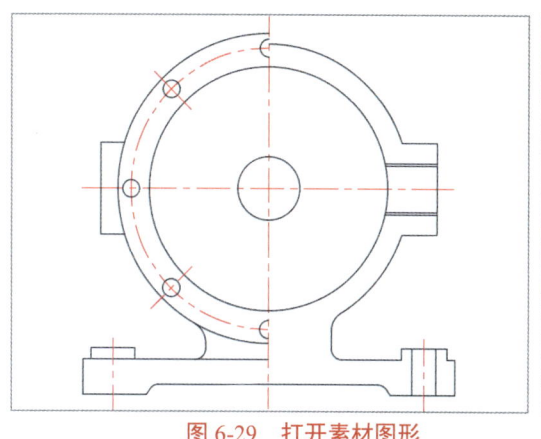

图 6-29　打开素材图形　　　　图 6-30　单击"图案填充"按钮

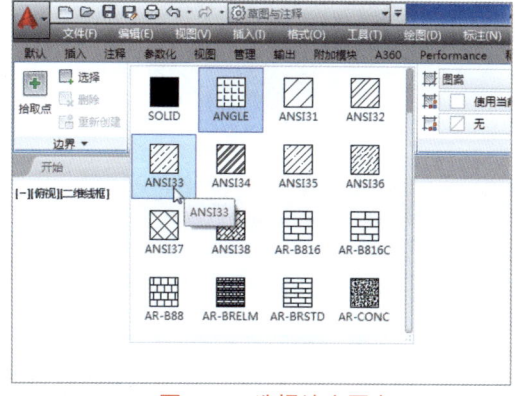
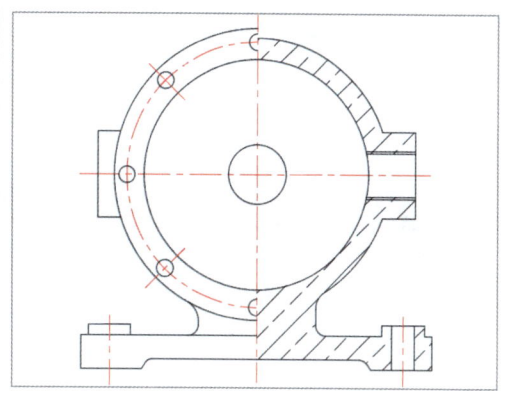

图 6-31　选择填充图案　　　　图 6-32　图案填充

6.3.3　使用孤岛填充

在 AutoCAD 2016 中进行图案填充时，通常将位于一个已定义好的填充区域内的封闭区域称为孤岛。下面介绍使用孤岛填充图形的操作方法。

步骤 01　打开素材图形（素材\第 6 章\棘轮.dwg），如图 6-33 所示。

步骤 02　单击"功能区"选项板中的"默认"选项卡，在"绘图"面板上单击"图案填充"按钮，弹出"图案填充创建"选项卡，单击"选项"面板的下拉按钮，在展开的面板上单击"外部孤岛检测"按钮，如图 6-34 所示。

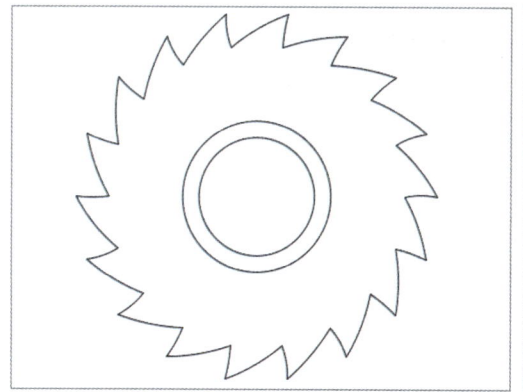
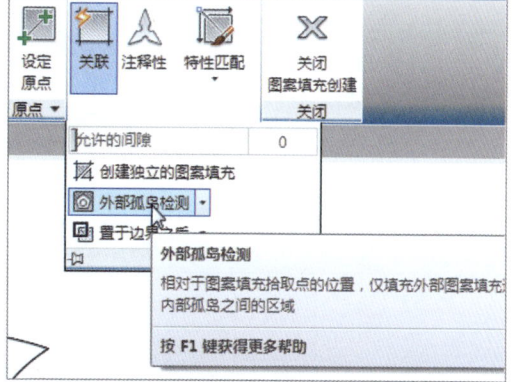

图 6-33　打开素材图形　　　　图 6-34　单击"外部孤岛检测"按钮

步骤 03　单击"图案"面板中的"图案"下拉按钮，选择 ANSI37 选项，如图 6-35 所示。

步骤 04　选择需要填充图案的图形对象，按【Enter】键确认，即可运用孤岛填充图案，效果如图 6-36 所示。

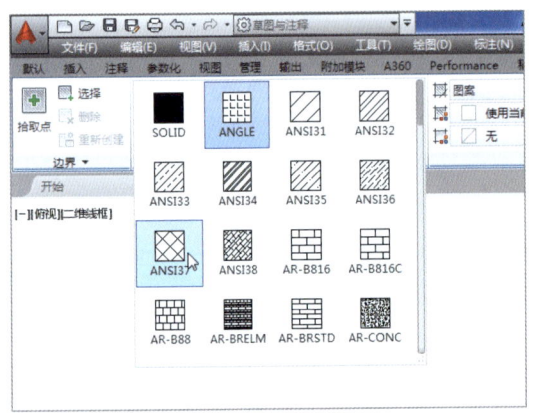
图 6-35　选择 ANSI37 选项

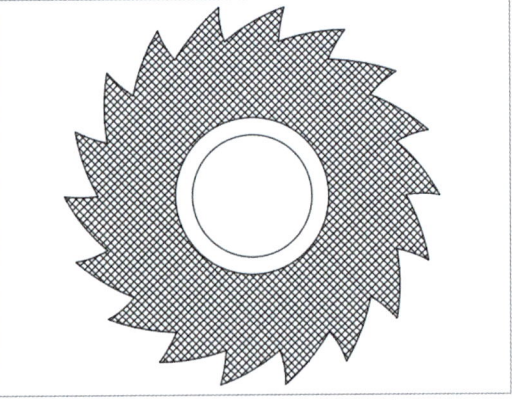
图 6-36　运用孤岛填充图案

▶ 专家指点

通过以下两种方法也可以调用"图案填充"命令。
（1）在命令行中输入 BHATCH（图案填充）命令，按【Enter】键确认。
（2）单击"绘图"|"图案填充"命令。

6.3.4　创建渐变色填充

在"图案填充和渐变色"对话框的"渐变色"选项卡中，用户可以创建单色或双色渐变色，并对图案进行填充。下面介绍创建渐变色填充图形的操作方法。

步骤 01　打开素材图形（素材\第 6 章\弹簧盖.dwg），如图 6-37 所示。

步骤 02　在"功能区"选项板的"默认"选项卡中，单击"绘图"面板中"图案填充"右侧的下拉按钮，在弹出的列表框中单击"渐变色"按钮，如图 6-38 所示。

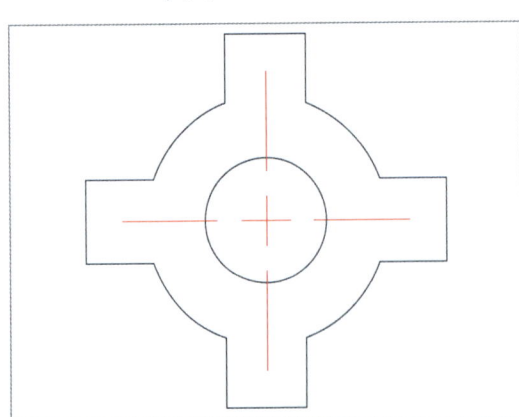
图 6-37　打开素材图形

图 6-38　单击"渐变色"按钮

第 6 章　计算面域与填充图案

步骤 03　在弹出的"图案填充与创建"选项卡的"特性"面板中,单击"渐变色 1"右侧的下拉按钮,在弹出的列表框中选择"蓝"选项,如图 6-39 所示。

步骤 04　单击"渐变色 2"右侧的下拉按钮,在弹出的列表框中选择"青"选项,如图 6-40 所示。

图 6-39　选择"蓝"选项

图 6-40　选择"青"选项

> ▶ 专家指点
>
> 通过以下两种方法,也可以调用"渐变色"命令。
> (1)在命令行中输入 GRADIENT(渐变色)命令,按【Enter】键确认。
> (2)在命令行中输入 HATCH(填充)命令,在"特性"选项板的"图案填充类型"下拉列表框中,选择"渐变色"选项即可。

步骤 05　单击"边界"面板中的"拾取点"按钮 ,在绘图区中选择需要填充的区域,如图 6-41 所示。

步骤 06　按【Enter】键确认,即可设置渐变色填充,效果如图 6-42 所示。

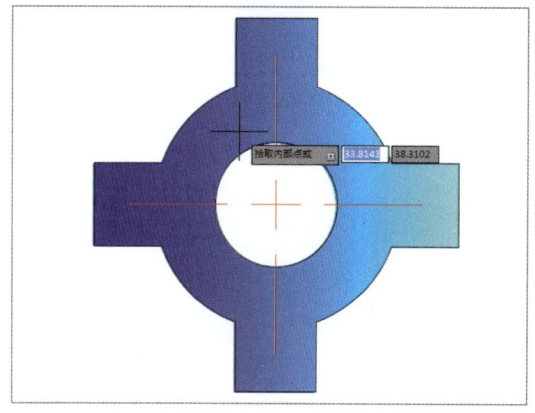

图 6-41　选择填充区域

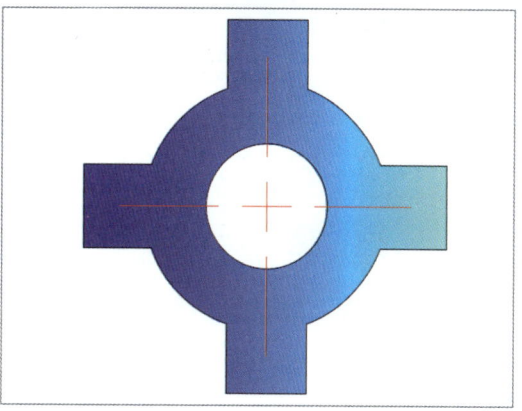

图 6-42　设置渐变色填充

6.3.5　更改图案填充

在 AutoCAD 2016 中,为图形填充图案后,如果对填充效果不满意,

还可以通过图案填充编辑命令对其进行编辑。AutoCAD 提供了多种预定义图案样例，用户可以根据需要更改填充图案。下面介绍更改图案填充效果的操作方法。

步骤 01 打开素材图形（素材\第 6 章\角带轮.dwg），如图 6-43 所示。

步骤 02 在绘图区需要更改的图案填充对象上单击鼠标左键，如图 6-44 所示。

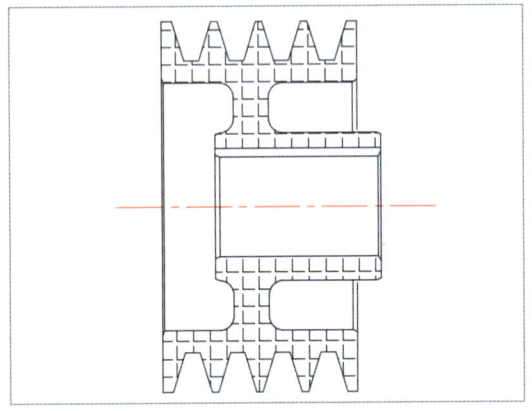

图 6-43　打开素材图形

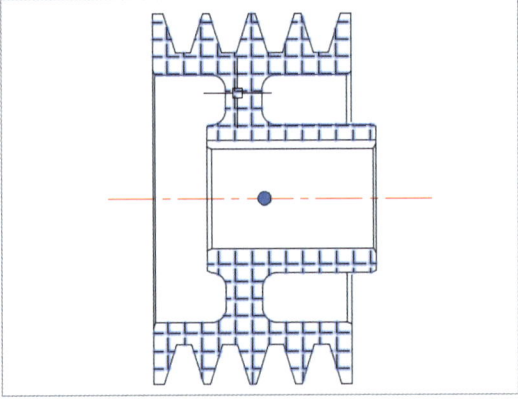

图 6-44　单击鼠标左键

> ▶ **专家指点**
> 用户还可以通过在命令行中输入 HATCHEDIT（编辑图案填充）命令，然后按【Enter】键，确认操作，也可以编辑图形的填充类型。

步骤 03 弹出"图案填充编辑器"选项卡，在"图案"面板中单击"图案"下拉按钮，在弹出的下拉列表中选择"ANSI31"填充图案，如图 6-45 所示。

步骤 04 按【Esc】键退出，完成更改填充图案的操作，效果如图 6-46 所示。

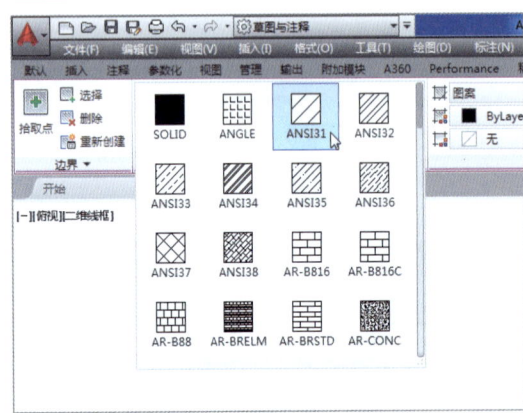

图 6-45　选择"ANSI31"填充图案

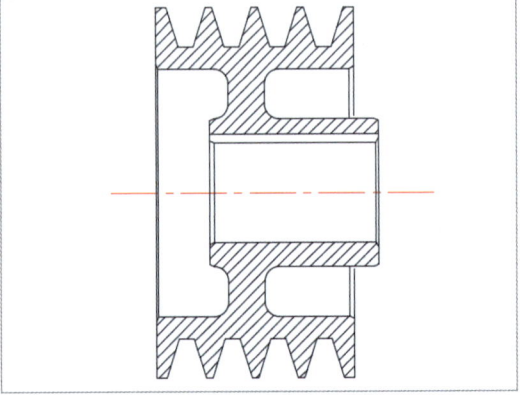

图 6-46　更改填充图案

6.3.6　调整图案填充比例

在设置图案填充的图案比例时，每种图案默认比例为 1，可以根据需要放大或者缩小填充图案的比例。下面介绍调整图案填充比例的操作方法。

步骤 01 打开素材图形（素材\第 6 章\圆柱齿轮.dwg），如图 6-47 所示。

第 6 章 计算面域与填充图案

步骤 02 在"功能区"选项板的"默认"选项卡中,单击"修改"面板中的下拉按钮,在展开的面板中,单击"编辑图案填充"按钮,如图 6-48 所示。

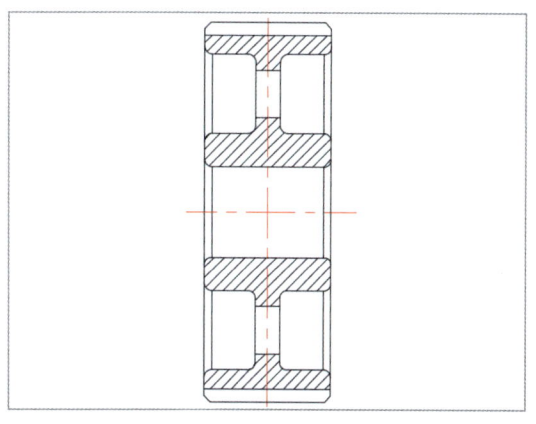

图 6-47 打开素材图形

图 6-48 单击"编辑图案填充"按钮

▶ **专家指点**

通过以下 3 种方法也可以调整图案的填充比例。
(1)在绘图区需要更改的图案填充对象上双击鼠标左键。
(2)单击菜单栏中的"修改"|"对象"|"图案填充"命令。
(3)在命令行中输入 HATCHEDIT(更改图案)命令,按【Enter】键确认。

步骤 03 根据命令行的提示进行操作,在绘图区中单击鼠标左键,弹出"图案填充编辑"对话框,如图 6-49 所示。

步骤 04 在"角度和比例"选项区的"比例"数值框中,输入比例值为 3,单击"确定"按钮,如图 6-50 所示。

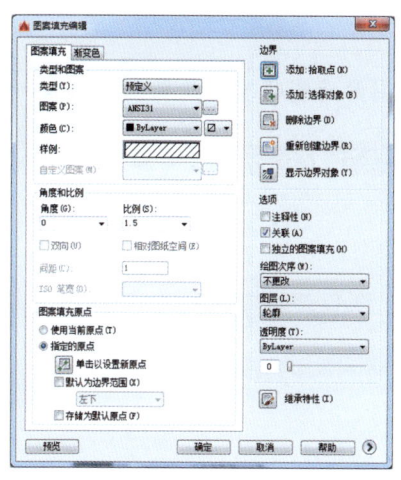

图 6-49 "图案填充编辑"对话框

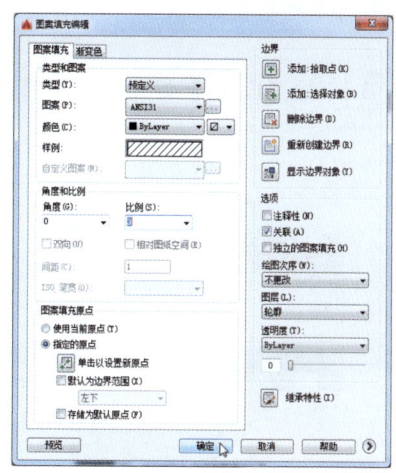

图 6-50 输入比例值

步骤 05 执行上述操作后,即可调整图案填充比例,效果如图 6-51 所示。

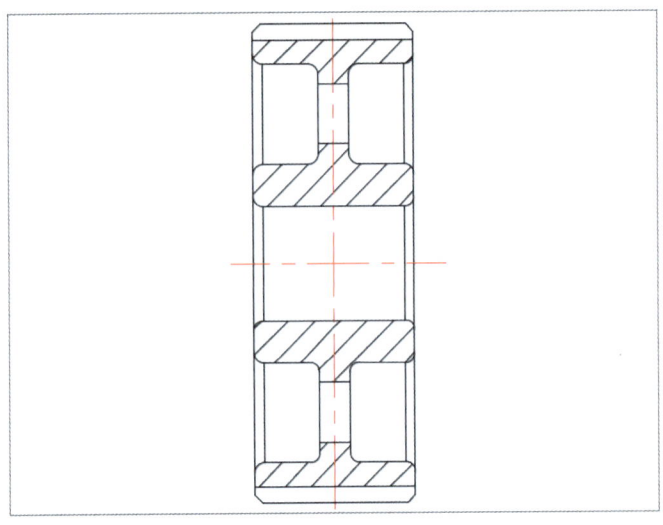

图 6-51　调整图案填充比例

6.3.7　设置图案填充透明度

在"编辑图案填充"对话框中，还可以更改填充图案的透明度，方便用户管理图形。下面介绍设置图案填充透明度的操作方法。

步骤 01　打开素材图形（素材\第 6 章\阀盖剖视图.dwg），如图 6-52 所示。

步骤 02　在绘图区中的图案填充对象上，单击鼠标左键，弹出"图案填充创建"选项卡，设置"图案填充透明度"为 50，如图 6-53 所示。

> ▶ **专家指点**
>
> 在"图案填充创建"选项卡中，手动拖曳"图案填充透明度"滑动条，也可以设置图案填充的透明度效果。

步骤 03　按【Enter】键确认，即可更改填充图案的透明度，效果如图 6-54 所示。

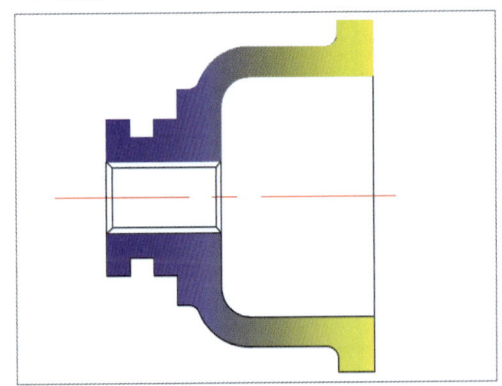

图 6-52　打开素材图形

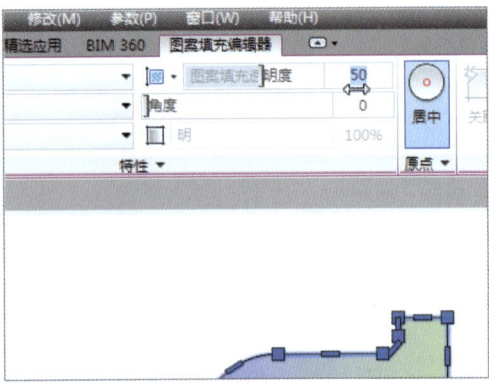

图 6-53　设置"图案填充透明度"为 50

第 6 章　计算面域与填充图案

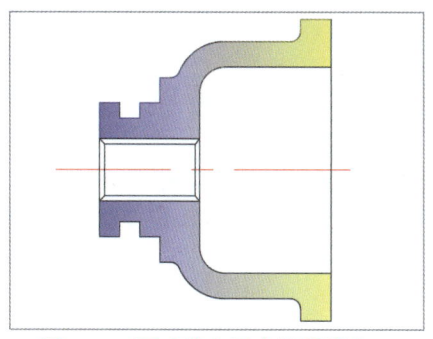

图 6-54　更改填充图案的透明度

6.3.8　修剪图案填充

创建图案填充后，当图案填充出现重叠和错误等情况时，可以使用"修剪"命令，可以像修剪其他对象一样对填充图案进行修剪。下面介绍修剪图案填充效果的操作方法。

步骤 01　打开素材图形（素材\第 6 章\齿轮套.dwg），如图 6-55 所示。
步骤 02　在命令行中输入 TRIM（修剪）命令，按【Enter】键确认，根据命令行提示，选择所有图形为修剪对象，如图 6-56 所示。

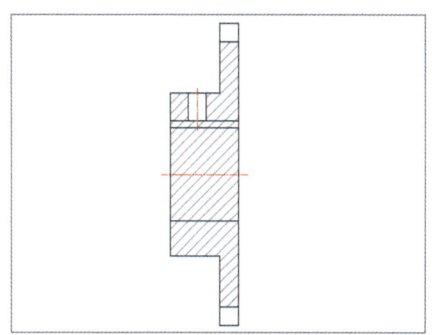

图 6-55　打开素材图形

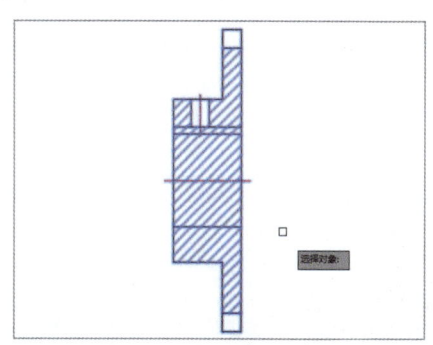

6-56　选择所有图形对象

步骤 03　按【Enter】键确认，在需要修剪的图案填充上，单击鼠标左键，即可修剪填充图案，如图 6-57 所示。
步骤 04　在要修剪的图案上单击鼠标左键，并按【Enter】键确认，完成修剪图案填充的操作，效果如图 6-58 所示。

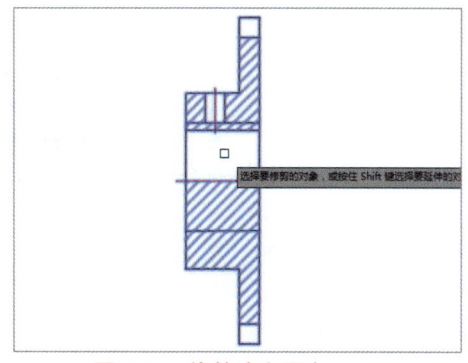

图 6-57　修剪填充图案 1

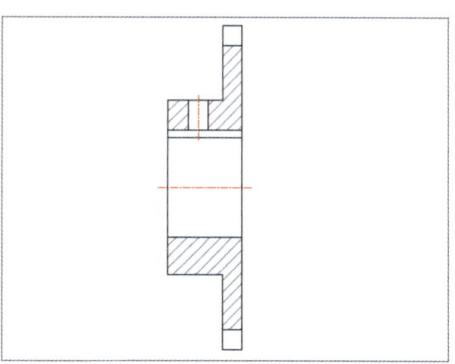

图 6-58　修剪图案填充 2

6.3.9 分解图案填充

在 AutoCAD 2016 中，使用"分解"命令，可以像分解其他对象一样对填充图案进行分解。下面介绍分解图案填充的操作方法。

步骤 01 打开素材图形（素材\第 6 章\螺柱.dwg），如图 6-59 所示。

步骤 02 在命令行中输入 EXPLODE（分解）命令，按【Enter】键确认，根据命令行提示进行操作，选择填充图案为分解对象，如图 6-60 所示。

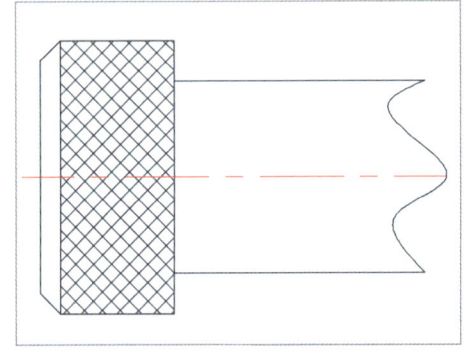 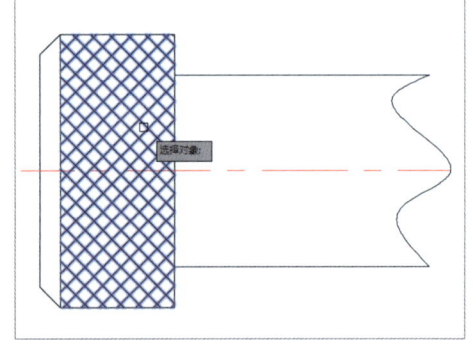

图 6-59　打开素材图形　　　　　图 6-60　选择分解对象

> ▶ 专家指点
>
> 在 AutoCAD 2016 中，分解后的图案填充对象都是一个个的独立个体，用户可以对图案的样式进行相应的编辑操作。

步骤 03 按【Enter】键确认，完成分解图案填充的操作，任意选择分解后的图案填充查看效果，如图 6-61 所示。

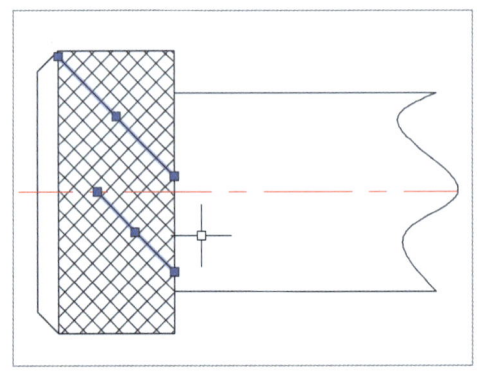

图 6-61　查看分解效果

6.3.10 控制图案填充

在 AutoCAD 2016 中，用户可以使用 FILL 命令变量控制填充对象。下面介绍其具体方法。

步骤 01 打开素材图形（素材\第 6 章\剖视图.dwg），如图 6-62 所示。

步骤 02 在命令行中输入 FILL（填充模式）命令，按【Enter】键确认，输入 OFF（关）命令，按【Enter】键确认，再输入 REGEN（重生成）命令，按【Enter】键确认，即可控制图形填充显示，效果如图 6-63 所示。

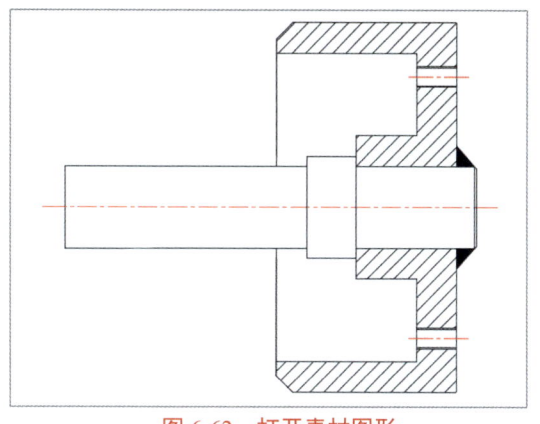
图 6-62　打开素材图形

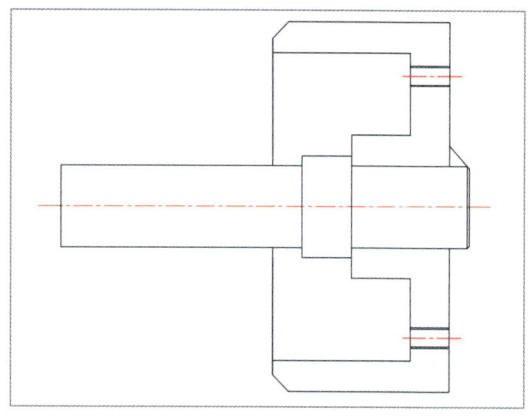
图 6-63　控制图形填充显示

本章小节

本章首先介绍了创建面域的两种方法，一种是通过"面域"命令创建，另一种是通过"边界"命令创建；然后介绍了布尔运算面域对象的方法，包括交集运算、并集运算、差集运算以及提取面域数据等内容；最后介绍了创建与编辑图案填充的方法，包括创建图案填充、使用孤岛填充、创建渐变色填充、更改图案填充比例、修剪图案填充以及分解图案填充等内容。通过本章的学习，希望读者熟练掌握面域与图案填充的各种操作方法。

课后习题

鉴于本章知识的重要性，为了帮助读者更好地掌握所学知识，本节将通过上机习题，帮助读者进行简单的知识回顾和补充。

本习题需要掌握调整图案填充比例的操作方法，效果如图 6-64 所示。

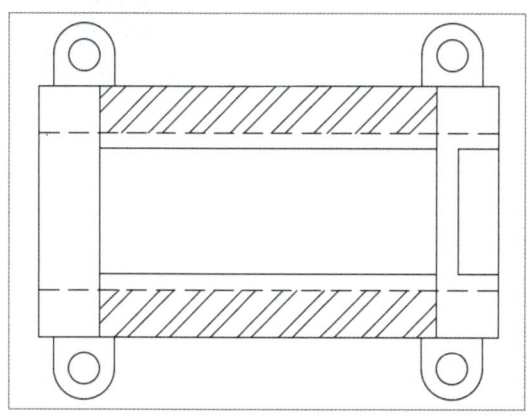
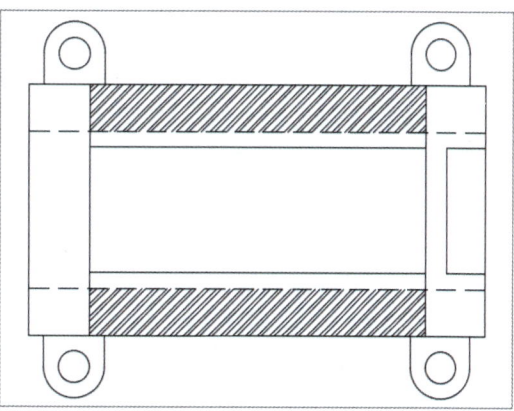

图 6-64　素材文件与效果文件

第 7 章　管理外部的图块对象

【本章导读】

在绘制图形时，如果图形中有大量相同或相似的内容，可以把需要重复绘制的图形创建为块，或者利用外部参照将已有的图形文件以图块的形式插入到需要的图形文件中，从而减小图形文件容量，节省存储空间。本章主要向读者介绍运用图块、外部参照与设计中心的操作方法。

【本章重点】

- 创建与修改块对象
- 附着、拆离与绑定外部参照
- 应用 AutoCAD 设计中心管理图形

7.1　创建与修改块对象

图块是一个或多个对象组成的对象集合，如果将一组对象组合成图块，那么可根据作图需要将这一组对象插入到绘图文件中的指定位置，并可以将块作为单个对象来处理。例如在绘制图形时，将经常使用的图形和标准件（如螺栓和螺母等）建立成图库，不但可以简化绘图过程，还能节省磁盘空间。本节主要介绍创建与修改块对象的操作方法。

7.1.1　创建内部图块

在 AutoCAD 2016 中，内部图块是跟随定义它的图形文件一起保存的，存储在图形文件内部，因此只能在当前图形中调用，而不能在其他图形中调用。下面介绍创建内部图块的操作方法。

步骤 01　打开素材图形（素材\第 7 章\内六角螺丝.dwg），如图 7-1 所示。

步骤 02　在"功能区"选项板中切换至"插入"选项卡，单击"块定义"面板中的"创建块"按钮，如图 7-2 所示。

步骤 03　在弹出的"块定义"对话框中，设置"名称"为"螺钉"，如图 7-3 所示。

步骤 04　单击"选择对象"按钮，在绘图区中选择所有图形为创建对象，如图 7-4 所示。

第 7 章　管理外部的图块对象

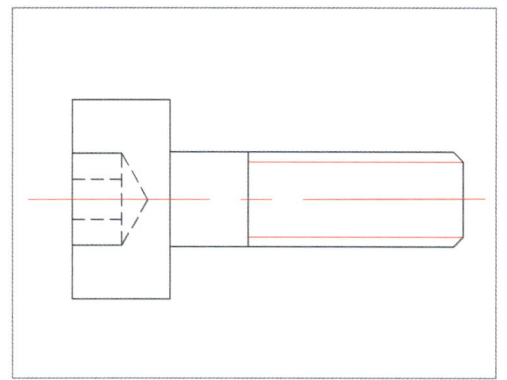

图 7-1　打开素材图形

图 7-2　单击"创建块"按钮

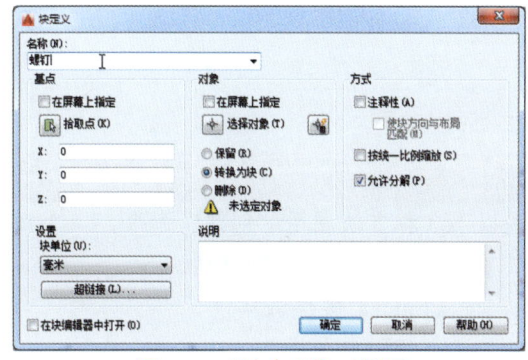

图 7-3　"块定义"对话框

图 7-4　选择图形创建对象

在"块定义"对话框中，各主要选项的含义如下所述。

➢ **"名称"下拉列表框：** 用于输入新建块的名称，还可以在下拉列表中选择已有的块。

➢ **"基点"选项区：** 设置块的插入基点位置。用户可以直接在 X、Y、Z 文本框中输入，也可以单击"拾取点"按钮，切换到绘图窗口并指定基点。一般基点选在块的对称中心、左下角或其他有特征的位置。

➢ **"对象"选项区：** 设置组成块的对象。其中，单击"选择对象"按钮，可切换到绘图窗口选择组成块的各对象；单击"快速选择"按钮，可以在"快速选择"对话框中设置所选择对象的过滤条件；选中"保留"单选钮，创建块后仍在绘图窗口中保留组成的各对象；选中"转换为块"单选钮，创建块后将组成块的各对象保留并把它们转换成块；选中"删除"单选钮，创建块后删除绘图窗口中组成块的源对象。

➢ **"方式"选项区：** 设置组成块的对象显示方式。单击"注释性"复选框，可以将对象设置成注释性对象；单击"按同一比例缩放"复选框，设置对象是否按统一的比例进行缩放；单击"允许分解"复选框，设置对象是否允许被分解。

➢ **"设置"选项区：** 设置块的基本属性值。单击"超链接"按钮，将弹出"插入超链接"对话框，在该对话框中可以插入超链接文档。

➢ **"说明"文本框：** 用来输入当前块的说明部分。

➢ **"在块编辑器中打开"复选框：** 选中该复选框，在"块编辑器"中可以打开当前的块定义。

步骤 05　按【Enter】键确认，返回到"块定义"对话框，单击"确定"按钮，即可创建内部图块，移动鼠标指针至图块上，即可查看创建内部图块的效果，如图 7-5 所示。

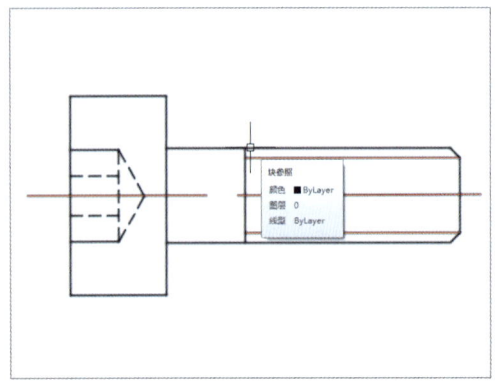

图 7-5　创建内部图块效果

▶ 专家指点

在 AutoCAD 2016 中，用户还可以通过以下 3 种方法调用"创建"命令。
（1）在命令行中输入 BLOCK（创建）命令，按【Enter】键确认。
（2）在命令行中输入 B（创建）命令，按【Enter】键确认。
（3）显示菜单栏，单击"绘图"|"块"|"创建"命令。

7.1.2　创建外部图块

在 AutoCAD 2016 中，外部图块是以外部文件的形式存在的，它可以被任何文件引用。使用"写块"命令可以将选定的对象输出为外部图块，并保存到单独的图形文件中。下面介绍创建外部图块的操作方法。

步骤 01　打开素材图形（素材\第 7 章\齿轮盘件.dwg），如图 7-6 所示。
步骤 02　在命令行中输入 WBLOCK（写块）命令，按【Enter】键确认，弹出"写块"对话框，如图 7-7 所示。

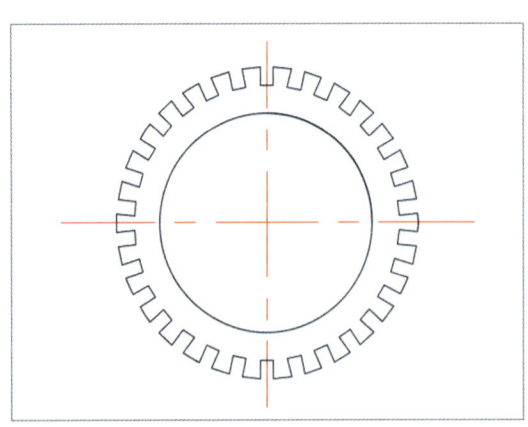

图 7-6　打开素材图形

图 7-7　"写块"对话框

第 7 章　管理外部的图块对象

步骤 03　单击"对象"选项区中的"选择对象"按钮,在绘图区中选择所有图形为创建对象,如图 7-8 所示。

步骤 04　按【Enter】键确认,返回到"写块"对话框,在"目标"选项区中单击"文件名和路径"按钮,弹出"浏览图形文件"对话框,设置保存路径和文件名,单击"保存"按钮,返回到"写块"对话框,如图 7-9 所示,单击"确定"按钮,即可创建外部图块。

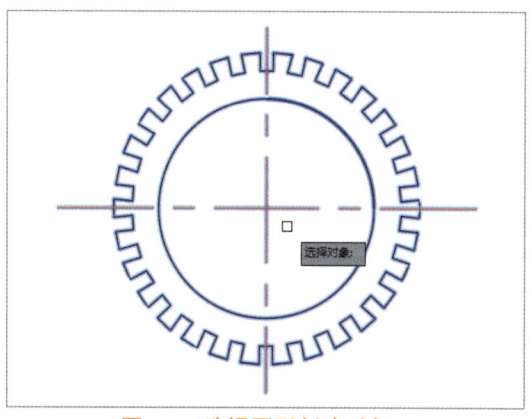

图 7-8　选择图形创建对象

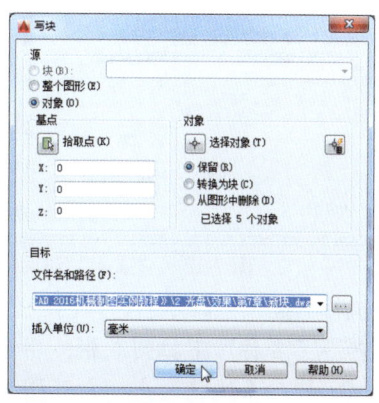

图 7-9　设置保存路径和文件名

▶ 专家指点

图块可以是绘制在几个图层上的不同颜色、线型和线宽特性的对象的组合。尽管块总是在当前图层上,但块参照保存了有关包含在该块中的对象的原图层、颜色和线型特性的信息,用户可以控制块中的对象是保留其原特性还是续承当前的图层、颜色或线型设置。

7.1.3　插入块

将要重复绘制的图形创建成块,并在需要时通过"插入块"命令直接调用它们,插入到图形中的块称为块参照。下面介绍插入块的操作方法。

步骤 01　打开素材图形(素材\第 7 章\涡轮.dwg),如图 7-10 所示。

步骤 02　在"功能区"选项板的"插入"选项卡中,单击"块"面板中的"插入"按钮,如图 7-11 所示。

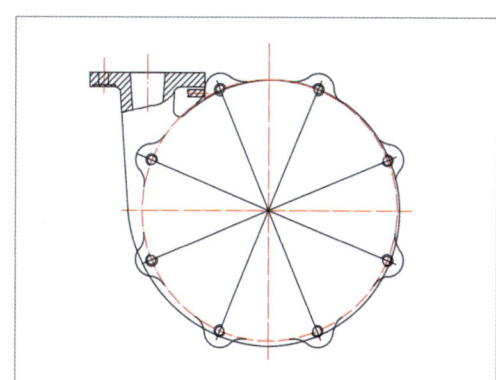

图 7-10　打开素材图形

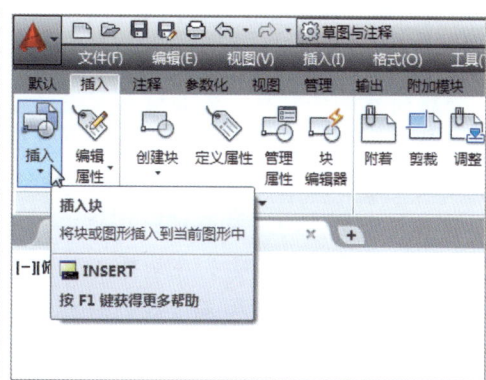

图 7-11　单击"插入"按钮

117

步骤 03 弹出"插入"对话框,在"名称"下拉列表框中选择"轮"选项,如图 7-12 所示,单击"确定"按钮。

步骤 04 返回到绘图区中,根据命令行提示,引导光标至要插入图块的圆心处,在该点处单击鼠标左键,完成插入块的操作,效果如图 7-13 所示。

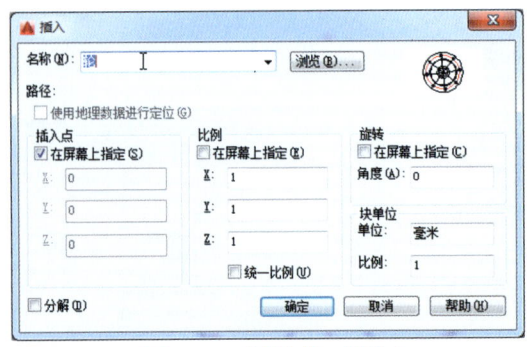
图 7-12 "插入"对话框

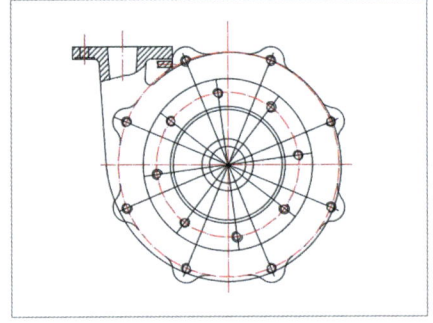
图 7-13 插入块

执行"插入"命令后,弹出"插入"对话框,该对话框中各主要选项含义如下所述。

➢ **"名称"下拉列表框**:用于选择块或图形名称,也可以单击其后的"浏览"按钮,系统将弹出"打开图形文件"对话框,选择保存的块和外部图形。

➢ **"插入点"选项区**:设置块的插入点位置,用户可以直接在 X、Y、Z 文本框中输入,也可以通过选中"在屏幕上指定"复选框,在屏幕上选择插入点。

➢ **"比例"选项区**:用于设置块的插入比例,用户可以直接在 X、Y、Z 文本框中输入块在这 3 个方向上的比例,也可通过选中"在屏幕上指定"复选框,在绘图区中指定比例。

➢ **"旋转"选项区**:用于设置块插入时的旋转角度。

➢ **"块单位"选项区**:用于设置块的单位以及比例。

➢ **"分解"复选框**:可以将插入的块分解成块的各基本对象。

7.1.4 分解块

对图块进行编辑时,必须先将图块分解,下面介绍分解块的操作方法。

步骤 01 打开素材图形(素材\第 7 章\轴架.dwg),如图 7-14 所示。

步骤 02 在"功能区"选项板中切换至"默认"选项卡,单击"修改"面板中的"分解"按钮,如图 7-15 所示。

▶ **专家指点**

分解特殊的块对象,分为带有宽度特性的多段线和带有属性的块两种类型。带有宽度特性的多段线被分解后,将转换宽度为 0 的直线和圆弧,分解后相应的信息也将丢失。当块定义中包含属性定义时,属性(名称和数据)作为一种特殊的文本对象也被一同插入。此时包含属性的块被分解时,块中的属性将转换为原来的属性定义状态,即在屏幕上显示属性标记,同时丢失在块插入时指定的属性值。

在分解包含嵌套块和多段线的块参照时,只能分解一层。这是因为最高一层的块参照被分解,而嵌套块或者多段线仍保留其块的特性或多段线特性。只有在它们已处于最高层时,才能被分解。

第 7 章　管理外部的图块对象

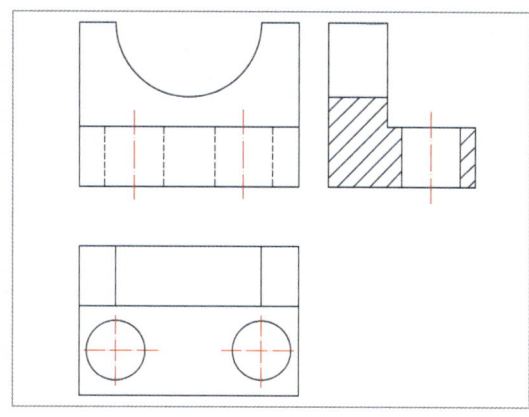

图 7-14　打开素材图形

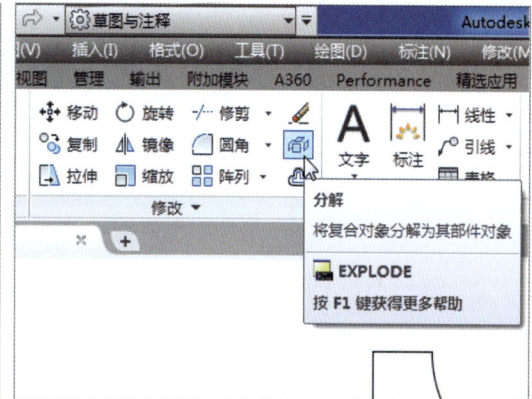

图 7-15　单击"分解"按钮

步骤 03　根据命令行的提示，在绘图区选择块为分解对象，如图 7-16 所示。
步骤 04　按【Enter】键确认，即可分解块，在绘图区中选择分解的块，查看分解后的效果，如图 7-17 所示。

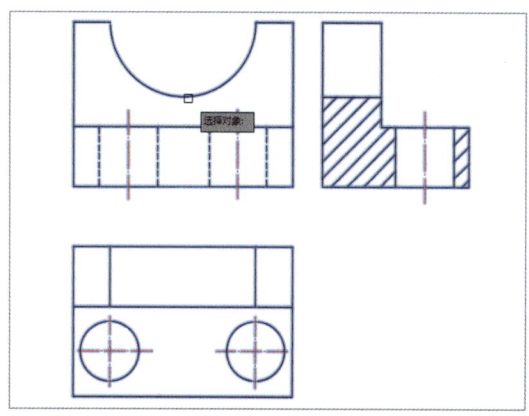

图 7-16　选择块分解对象

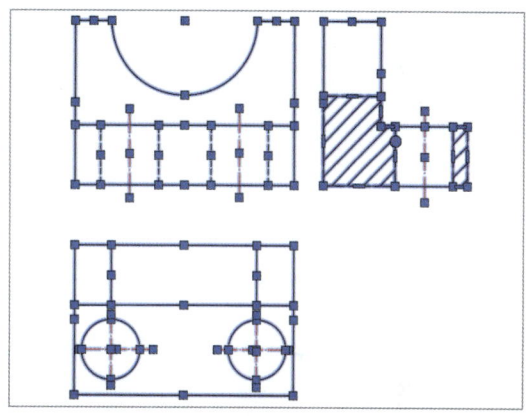

图 7-17　查看分解后效果

7.1.5　定义属性块

用户可以为块附加一些文本信息，以增强块的通用性，该文本信息称为属性，块的属性是非图形信息，它是块的一个组成部分。下面介绍定义属性块的操作方法。

步骤 01　打开素材图形（素材\第 7 章\机械图.dwg），如图 7-18 所示。
步骤 02　在"功能区"选项板中切换至"插入"选项卡，单击"块定义"面板中的"定义属性"按钮 ，如图 7-19 所示。
步骤 03　弹出"属性定义"对话框，在"标记"文本框中输入"机械图"，设置"文字高度"为 5，如图 7-20 所示。
步骤 04　单击"确定"按钮，根据命令行提示，在绘图区中的合适位置上，单击鼠标左键，指定属性的起点，即可附着属性，如图 7-21 所示。

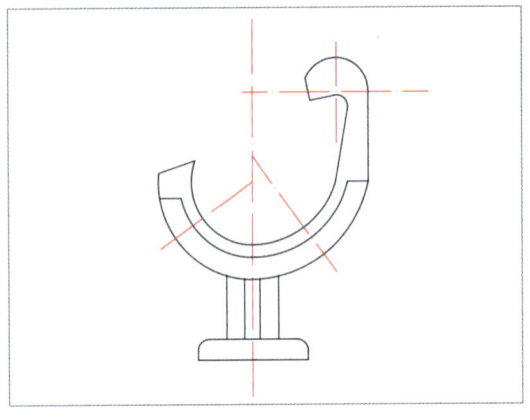

图 7-18　打开素材图形　　　　　图 7-19　单击"定义属性"按钮

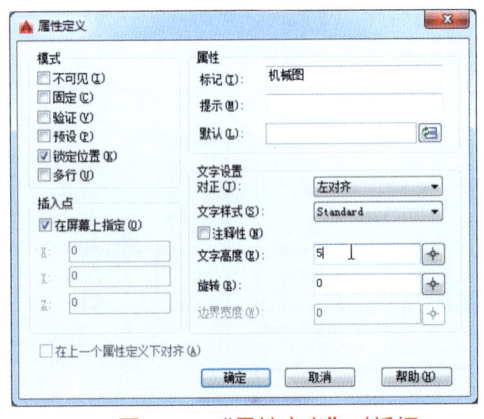

图 7-20　"属性定义"对话框　　　图 7-21　附着属性

步骤 05　在"功能区"选项板中切换至"插入"选项卡，单击"块定义"面板中的"创建块"按钮，弹出"块定义"对话框，如图 7-22 所示。

步骤 06　单击"选择对象"按钮，选择附着属性的机械图块，按【Enter】键确认，再单击"拾取点"按钮，捕捉其右下角点为基点，然后在"名称"文本框中输入"机械图块"，如图 7-23 所示。

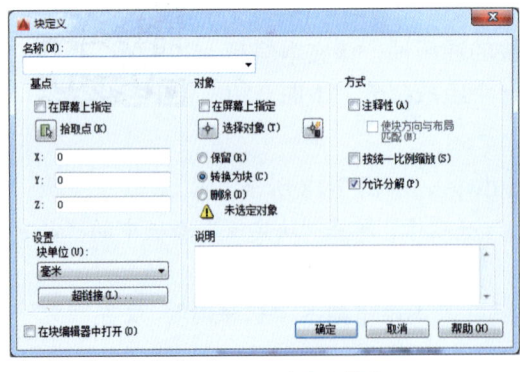

图 7-22　"块定义"框　　　　　图 7-23　输入"机械图块"

步骤 07　单击"确定"按钮，弹出"编辑属性"对话框，在"类型"文本框中输入"机械"，如图 7-24 所示。

第 7 章　管理外部的图块对象

步骤 08　单击"确定"按钮，即可定义属性块，在属性图块上，单击鼠标左键，即可查看效果，如图 7-25 所示。

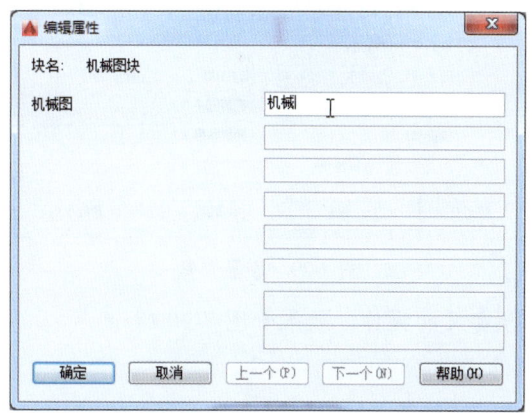

图 7-24　输入"机械"

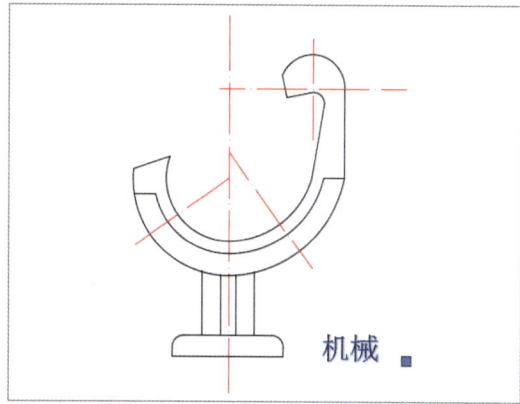

图 7-25　查看效果

7.1.6　修改属性定义

在 AutoCAD 2016 中，块属性就像其他对象一样，用户可以对其进行编辑。下面介绍修改属性定义的操作方法。

步骤 01　打开素材图形（素材\第 7 章\平面图.dwg），如图 7-26 所示。

步骤 02　在"功能区"选项板中切换至"插入"选项卡，单击"块"面板中的"编辑属性"按钮，如图 7-27 所示。

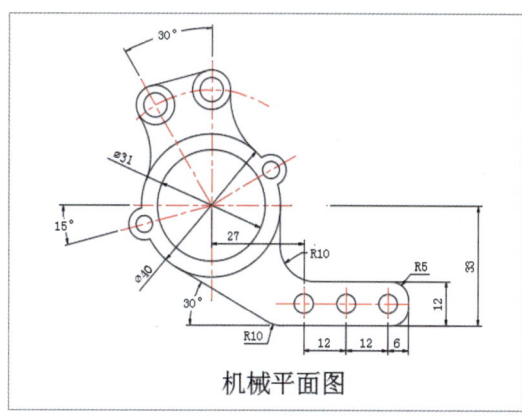

图 7-26　打开素材图形

图 7-27　单击"编辑属性"按钮

步骤 03　根据命令行的提示，选择属性块对象，弹出"增强属性编辑器"对话框，如图 7-28 所示。

步骤 04　切换至"文字选项"选项卡，设置"高度"为 3、"倾斜角度"为 15，如图 7-29 所示。

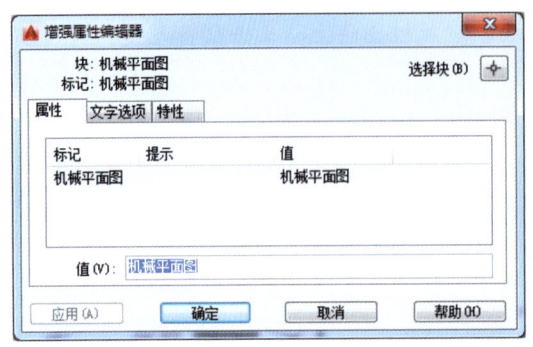
图 7-28 "增强属性编辑器"对话框

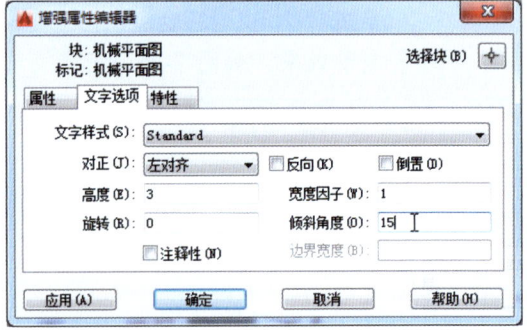
图 7-29 设置参数

步骤 05 单击"确定"按钮，完成修改块属性定义的操作，效果如图 7-30 所示。

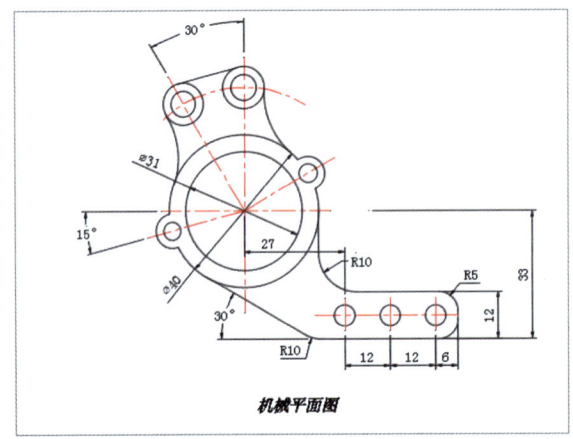
图 7-30 修改属性定义

在"增强属性编辑器"对话框中，各主要选项的含义如下所述。

- ➢ **"块"选项区**：用于显示正在编辑属性的块名称。
- ➢ **"标记"选项区**：标识属性的标记。
- ➢ **"选择块"按钮**：单击该按钮，可以在使用定点设备选择块时，临时关闭"增强属性编辑器"对话框。
- ➢ **"应用"按钮**：单击该按钮，可以更新已更改属性的图形，而且"增强属性编辑器"选项保持打开状态。
- ➢ **"属性"选项卡**：该选项卡显示了块中每个属性的标记、提示和值，在列表框中选择某一属性后，在"值"文本框中将显示出该属性对应的属性值，可以通过它来修改属性值。
- ➢ **"文字选项"选项卡**：该选项卡用于修改属性文字的格式，在其中可以设置文字样式、对齐方式、高度、旋转角度、宽度因子和倾斜角度等。
- ➢ **"特性"选项卡**：该选项卡用于修改属性文字的图层、线宽、线型、颜色及打印样式等。
- ➢ **"对正"列表框**：这项属性文字的对正方式（左对正、居中对正、或右对正）。
- ➢ **"方向"复选框**：指定属性文字是否反向显示，对多行文字属性不可用。
- ➢ **"颠倒"复选框**：指定属性文字是否倒置显示，对多行文字属性不可用。

第 7 章　管理外部的图块对象

7.1.7　提取属性

在块属性中有大量的数据，当需要使用时，逐个进行提取显然很繁琐费时，用户可以通过属性将数据提取出来。下面介绍提取块属性的操作方法。

步骤 01　单击快速访问工具栏中的"新建"按钮，新建一幅空白图形文件，如图 7-31 所示。

步骤 02　在"功能区"选项板中切换至"插入"选项卡，单击"块"面板中的"插入"按钮，如图 7-32 所示。

步骤 03　在弹出"插入"对话框中，单击"浏览"按钮，在弹出的"选择图形文件"对话框中，选择"两视图"文件（素材\第 7 章\两视图.dwg），如图 7-33 所示。

步骤 04　单击"打开"和"确定"按钮，将图形文件插入到新建的文件中，如图 7-34 所示。

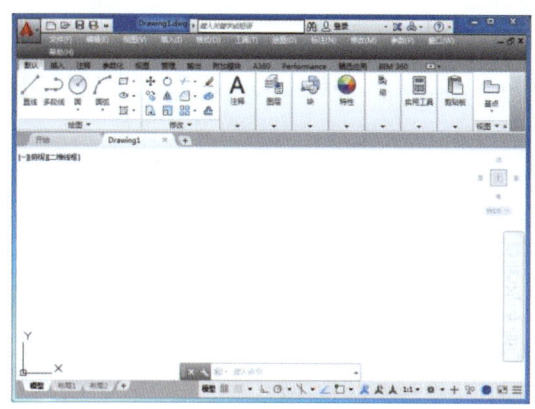

图 7-31　新建一幅空白图形

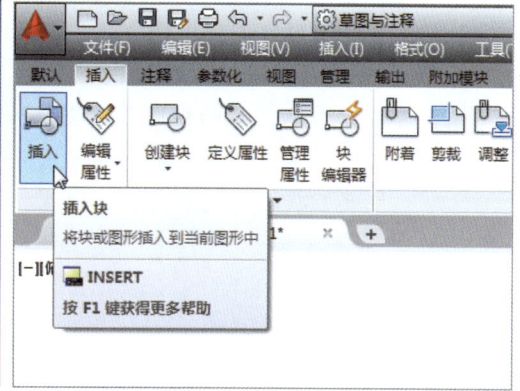

图 7-32　单击"插入"按钮

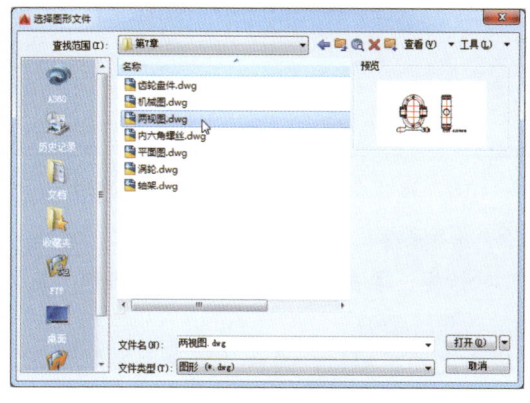

图 7-33　选择"两视图"文件

图 7-34　插入图形文件

步骤 05　在命令行中输入 ATTEXT（提取属性）命令，再按【Enter】键确认，弹出"属性提取"对话框，如图 7-35 所示。

步骤 06　单击"选择对象"按钮，根据命令行的提示，在绘图区中选择所有图形，如图 7-36 所示。

123

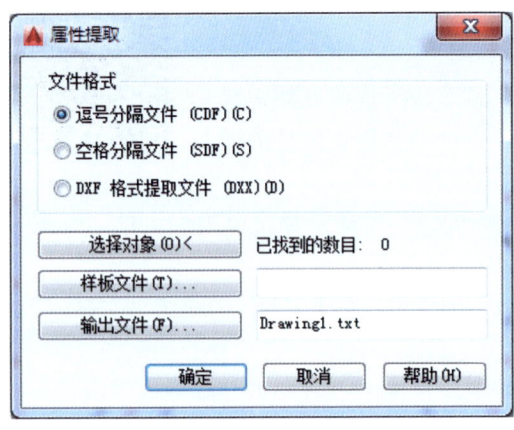

图 7-35 "属性提取"对话框

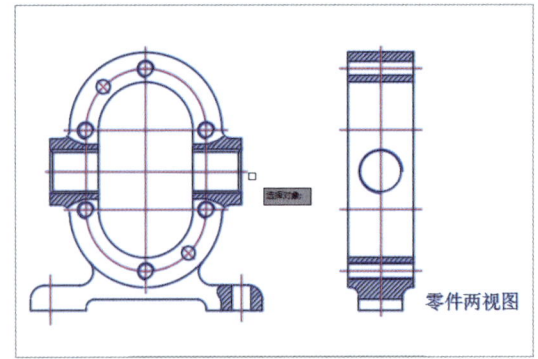

图 7-36 选择所有图形

步骤 07 按【Enter】键确认，返回到"属性提取"对话框，单击"样板文件"按钮，弹出"样板文件"对话框，设置文件保存路径，并在"名称"列表框中单击鼠标右键，在弹出的快捷菜单中选择"新建"|"文本文档"选项，如图 7-37 所示。

步骤 08 将其命名为"两视图属性提取"，再选择刚新建的"两视图属性提取"文本文档，单击鼠标右键，在弹出的快捷菜单中选择"打开"选项，打开"两视图属性提取"文本文档，输入相关的内容，如图 7-38 所示。

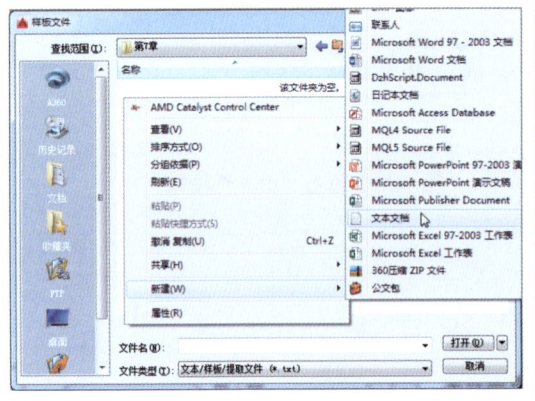

图 7-37 选择"文本文档"选项

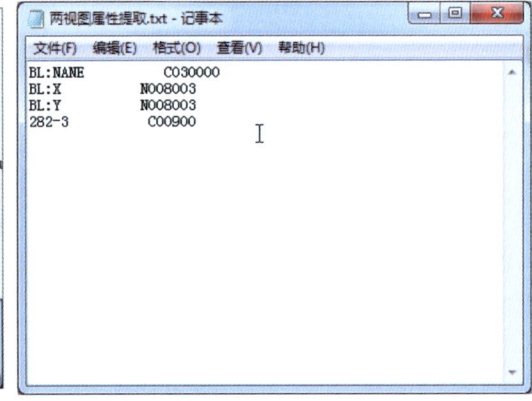

图 7-38 "两视图属性提取"文本文档

步骤 09 输入完成后，单击菜单栏中的"文件"|"保存"命令，保存文件内容，单击"关闭"按钮，返回"样板文件"对话框，单击"打开"按钮，返回到"属性提取"对话框，如图 7-39 所示。

步骤 10 在"属性提取"对话框中，单击"输出文件"按钮，弹出"输出文件"对话框，设置文件名和保存路径，如图 7-40 所示。

步骤 11 单击"保存"按钮，返回到"属性提取"对话框，单击"确定"按钮，完成保存属性数据的操作。

第 7 章　管理外部的图块对象

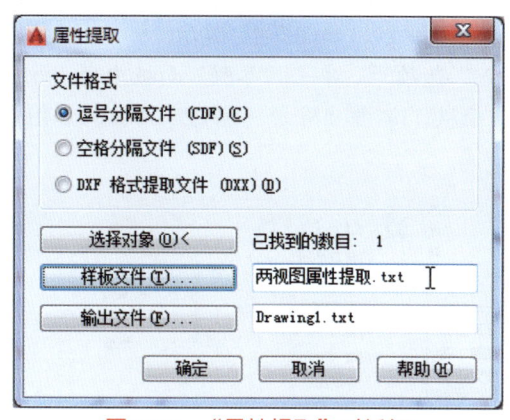 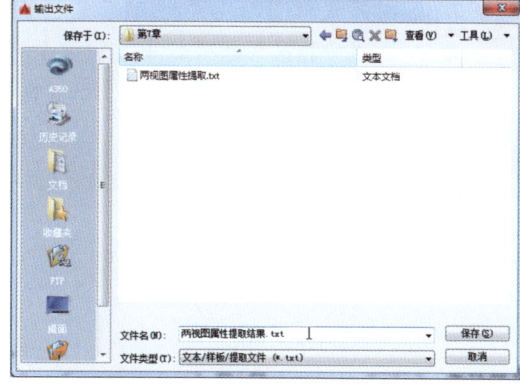

图 7-39　"属性提取"对话框　　　　图 7-40　"输出文件"对话框

在"属性提取"对话框中，各主要选项含义如下所述。

> **"文件格式"选项区：** 该选项区主要设置提取数据的文件格式，可以在 CDF、SDF 和 DXF 这三种文件格式中选择。
> **"选择对象"按钮：** 该按钮用于选择对象。单击该按钮，将切换到绘图区，用户可以选择带有属性的块对象，按【Enter】键，即可返回"属性提取"对话框。
> **"样板文件"按钮：** 该按钮用于选择样板文件。用户可以直接在"样板文件"按钮右侧的文本框中输入样板文件名称，也可以单击"样板文件"按钮，在弹出的"样板文件"对话框中选择样板文件。
> **"输出文件"按钮：** 该按钮用于设置输出文件的名称和保存的路径。用户可以直接在其右侧的文本框中输入文件名，也可以单击"输出文件"按钮，在弹出的"输出文件"对话框中指定数据文件存放的位置以及文件名。
> **"逗号分隔文件"单选按钮：** 生成一个文件，其中包含的记录与图形中的块参照一一对应，图形至少包含一个与样板文件中的属性标记匹配的属性标记。
> **"空格分各隔文件"单选按钮：** 生成一个文件，其中包含的记录与图形中的块参照一一对应，图形至少包含一个与样板文件中的属性标记匹配的属性标记。
> **"DXF 格式提取文件"单选按钮：** 生成 AutoCAD 图形交换文件格式的子集，其中只包括块参照、属性和序号列结束对象。

7.2　附着、拆离与绑定外部参照

外部参照是指一副图形对另一副图形的引用。在绘制图形时，如果一个图形文件需要参照其他图形或图像来绘制，而又不希望占用太多的存储空间，就可以使用 AutoCAD 的外部参照功能。本节主要介绍附着、拆离与绑定外部参照的操作方法。

7.2.1　附着图形参照

一个图形能作为外部参照并同时附着到多个图形中，反之，也可以将多个图形作为参照图形附着到单个图形中。下面介绍附着图形参照的操作方法。

步骤 01 打开素材图形（素材\第 7 章\篮球架底座.dwg），如图 7-41 所示。

步骤 02 在"功能区"选项板中，切换至"插入"选项卡，单击"参照"面板中的"外部参照"按钮，弹出"外部参照"面板，单击"附着 DWG"按钮，如图 7-42 所示。

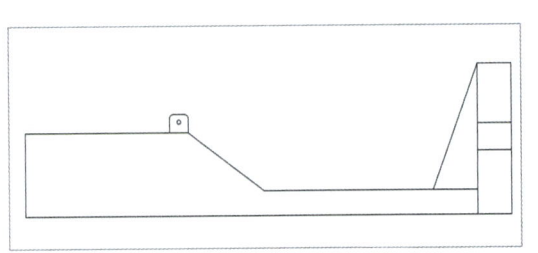

图 7-41　打开素材图形　　　　图 7-42　单击"附着 DWG"按钮

步骤 03 弹出"选择参照文件"对话框，选择需要附着的参照文件（素材\第 7 章\篮球架底座组件.dwg），如图 7-43 所示。

步骤 04 单击"打开"按钮，弹出"附着外部参照"对话框，保持默认选项，单击"确定"按钮，如图 7-44 所示。

图 7-43　"选择参照文件"对话框　　　图 7-44　"附着外部参照"对话框

步骤 05 指定合适的端点，并调整其位置，即可附着图形，效果如图 7-45 所示。

在"附着外部参照"对话框中，各选项含义如下所述。

> **"附着型"单选按钮：**选中该单选按钮，则指定外部参照为附着型。在图形中附着型外部参照时，如果其中嵌套有其他外部参照，则将嵌套的外部参照包括在内。

> **"覆盖型"单选按钮：**选中该单选按钮，则指定外部参照为覆盖型。当附着覆盖型外部参照的图形作为外部参照附着到另一图形时，将忽略该覆盖型外部参照。

> **"路径类型"下拉列表框：**用于选择完整（绝对）路径、外部参照文件的相对路径或"无路径"、外部参照的名称（外部参照文件必须与当前图形文件位于同一个文件夹中）。

➢ **"在屏幕上指定"复选框：** 勾选该复选框，将允许用户在命令行的提示下或通过定点设备输入。

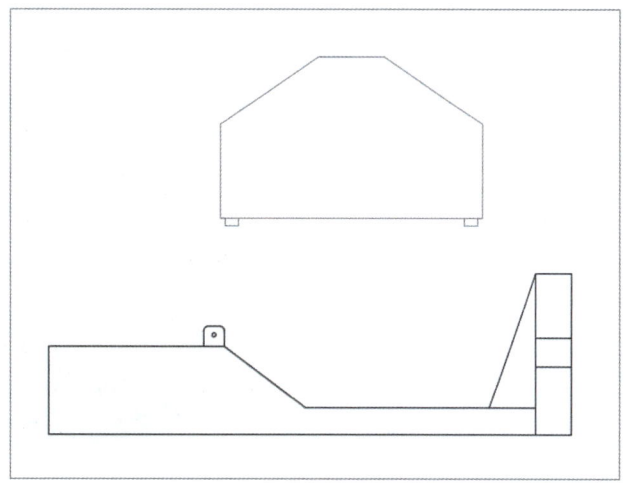

图 7-45 附着图形

7.2.2 附着图像参照

在 AutoCAD 2016 中，附着图像参照与附着外部参照都一样，其图像由一些称为像素的小方块或点的矩形栅格组成，附着后的图形像图块一样作为一个整体，用户可以对其进行多次重新附着。下面介绍附着图像参照的操作方法。

步骤 01 新建一幅空白图形文件，在"功能区"选项板中，切换至"插入"选项卡，单击"参照"面板中的"外部参照"按钮，弹出"外部参照"面板，单击"附着 DWG"右侧的下拉按钮，在弹出的下拉列表中，选择"附着图像"选项，如图 7-46 所示。

步骤 03 弹出"选择参照文件"对话框，选择需要附着的参照文件（素材\第 7 章\车轮.bmp），然后单击"打开"按钮，如图 7-47 所示。

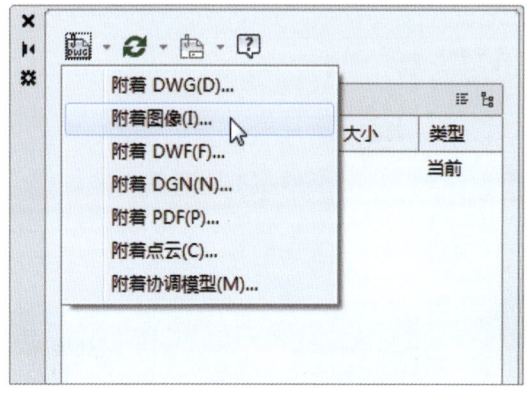

图 7-46 选择"附着图像"选项

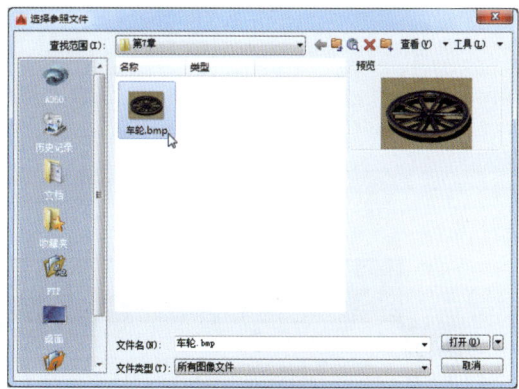

图 7-47 "选择参照文件"对话框

步骤 04　弹出"附着图像"对话框，保持默认设置，单击"确定"按钮，如图 7-48 所示。

步骤 05　根据命令行的提示进行操作，在绘图区中合适位置上，单击鼠标左键，按两次【Enter】键确认，即可附着图像参照，效果如图 7-49 所示。

图 7-48　"附着图像"对话框　　　　　　　图 7-49　附着图像参照

▶ 专家指点

附着图像参照后，可以使用 CLIP 命令剪裁图像，也可以对亮度、对比度、褪色度和透明度等进行设置。

7.2.3　附着 PDF 详图

在 AutoCAD 2016 中，用户可以附着 PDF 参照进行辅助绘图，多页 PDF 文件一次可附着一页。下面介绍附着 PDF 详图的操作方法。

步骤 01　启动 AutoCAD 2016，在命令行中输入 PDFATTACH（PDF 参考底图）命令，如图 7-50 所示，按【Enter】键确认。

步骤 02　弹出"选择参照文件"对话框，选择需要附着的参照文件（素材\第 7 章\通盖轴测图.pdf），如图 7-51 所示。

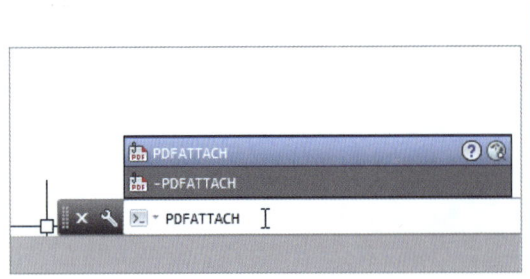 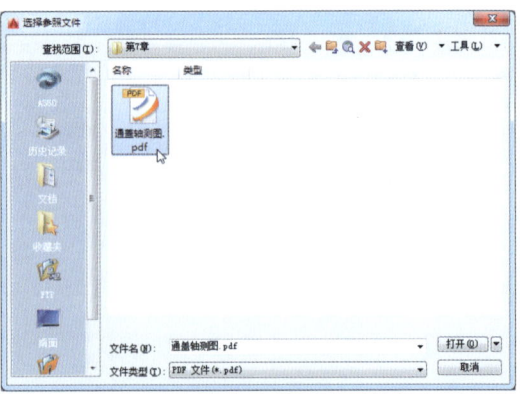

图 7-50　输入 PDFATTACH 命令　　　　　图 7-51　选择需要附着的参照文件

> ▶ 专家指点
>
> 　　将 PDF 文件附着为参考底图时,可以将该参考文件链接到当前图形中。打开或重新加载参照文件时,当前图形中将显示对该文件所做的所有更改。如果包含参照文件的图形被移动或保存到另一路径、另一本地磁盘驱动器或者另一个网络服务器中时,就必须编辑所有的相对路径,使其使用源图形文件的新位置,或者重新定位参照文件。

步骤 03　单击"打开"按钮,弹出"附着 PDF 参考底图"对话框,如图 7-52 所示。

步骤 04　单击"确定"按钮,在绘图区中合适的位置单击鼠标左键,按【Enter】键确认,即可附着 PDF 参考底图,如图 7-53 所示。

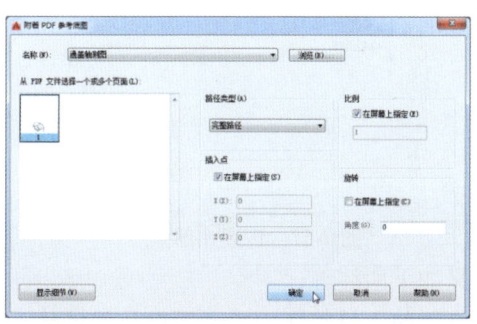
图 7-52　"附着 PDF 参考底图"对话框

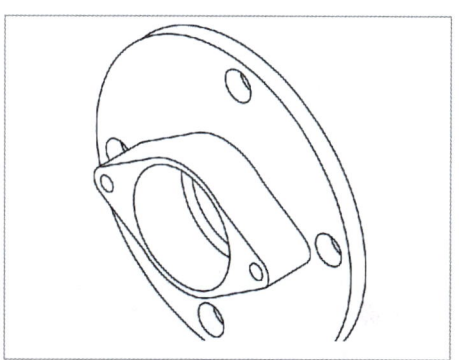
图 7-53　附着 PDF 参考底图

> ▶ 专家指点
>
> 　　显示菜单栏,单击"插入"|"PDF 参考底图"命令,也可调用"PDF 参考底图"命令。

7.2.4　拆离外部参照

　　在 AutoCAD 2016 中,当插入一个外部参照后,如果需要删除该外部参照,可以将其进行拆离操作。下面介绍拆离外部参照文件的操作方法。

步骤 01　打开素材图形(素材\第 7 章\零件三视图.dwg),如图 7-54 所示。

步骤 02　在命令行中输入 EXTERNALREFERENCES(外部参照)命令,按【Enter】键确认,弹出"外部参照"面板,如图 7-55 所示。

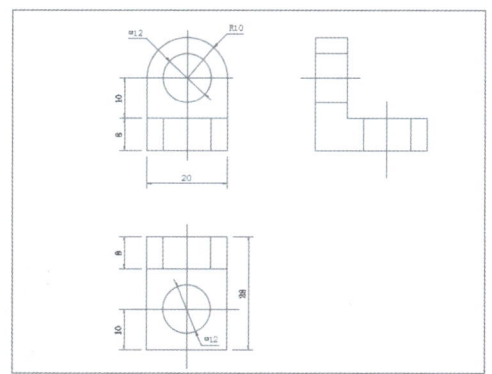
图 7-54　打开素材图形

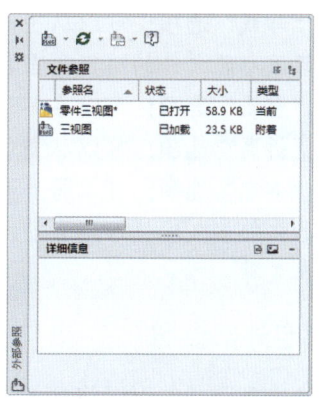
图 7-55　"外部参照"面板

步骤 03 在"三视图"选项上单击鼠标右键,在弹出的快捷菜单中选择"拆离"选项,如图 7-56 所示。

步骤 04 执行上述操作后,在"参照名"列表框中将不再显示"三视图"选项,如图 7-57 所示,关闭"外部参照"面板,绘图区中将不再显示外部参照。

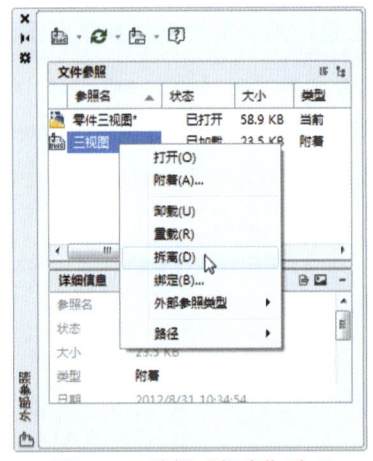 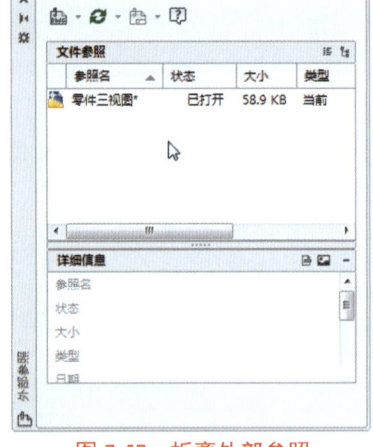

图 7-56　选择"拆离"选项　　　　　图 7-57　拆离外部参照

在"外部参照"面板中,各主要选项的含义如下所述。

- **"附着 DWG"按钮**：单击该按钮右侧的下拉按钮,用户可以从弹出的下拉列表中选择附着 DWG、DWF、DGN、PDF 或图像。
- **"刷新"按钮**：单击该按钮右侧的下拉按钮,用户可以从弹出的下拉列表中选择"刷新"或"重载所有参照"选项。
- **"文件参照"列表框**：在该列表框中,显示了当前图形中各个外部参照的名称,可以将显示设置为以列表图或树状图结构显示模式。

在"文件参照"列表框中的文件上单击鼠标右键,弹出快捷菜单,各选项含义如下所述。

- **"打开"选项**：可以在新建窗口中打开选定的外部参照进行编辑,在外部窗口关闭后,显示新窗口。
- **"附着"选项**：可以弹出"外部参照"对话框,在该对话框中可以选择需要插入到当前图形中的外部参照文件。
- **"卸载"选项**：可以从当前图形中卸载不需要的外部参照文件,但卸载后仍保留该参照文件的路径,当再次参照该图形时,选中其中的"重载"选项即可。
- **"重载"选项**：可以在不退出当前图形的情况下,更新外部参照文件。
- **"拆离"选项**：可以从当前图形中移除不再需要的外部参照文件。
- **"绑定"选项**：可以将外部参照的文件转换为一个正常的块,即将所参照的图形文件永久地插入到当前图形中,插入后系统将外部参照文件的依赖符转换为永久符。

7.2.5　绑定外部参照

使用绑定参照功能可以将外部参照绑定到图形上,使外部参照成为图

第 7 章 管理外部的图块对象

形中的固有部分，不再是外部参照文件。下面介绍绑定外部参照文件的操作方法。

步骤 01 打开素材图形（素材\第 7 章\机械零件.dwg），如图 7-58 所示。

步骤 02 在命令行中输入 XBIND（绑定）命令，并按【Enter】键确认，弹出"外部参照绑定"对话框，在左侧的列表框中选择合适的选项，如图 7-59 所示。

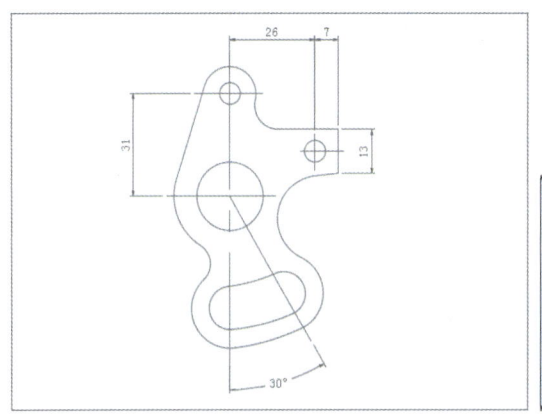
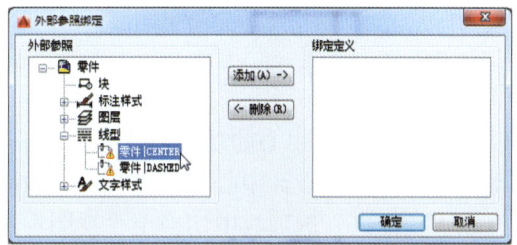

图 7-58 打开素材图形　　　　　　　　图 7-59 "外部参照绑定"对话框

步骤 03 单击"添加"按钮，在"绑定定义"列表框中将显示添加的绑定对象，如图 7-60 所示，单击"确定"按钮，完成绑定外部参照的操作。

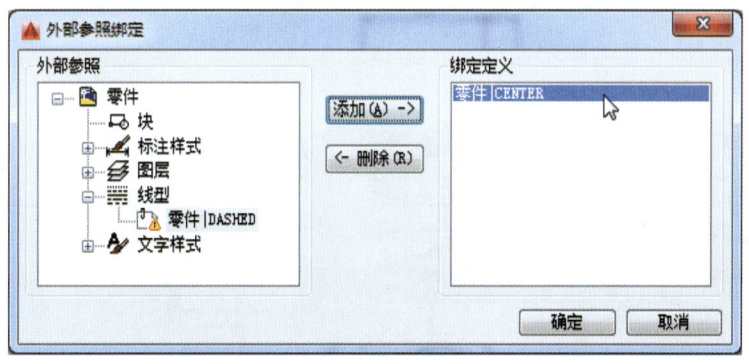

图 7-60 添加的绑定对象

> ▶ **专家指点**
>
> 　　在打开一个附着外部参照的图形文件时，对其使用绑定外部参照功能可以断开指定的外部参照与源图形文件的链接，并转换为块对象，将所参照的图形文件永久地插入到当前图形中，即外部参照将成为当前图形的永久组成部分。

在"绑定外部参照"对话框中，各选项含义如下所述。

- **"外部参照"列表框：** 列出当前附着在图形中的外部参照。
- **"绑定定义"列表框：** 列出依赖外部参照的命名对象定义以绑定到宿主图形。
- **"添加"按钮：** 将"外部参照"列表中选定的对象定义移动到"绑定定义"列表中。
- **"删除"按钮：** 将"绑定定义"列表中选定的依赖外部参照的对象定义移回到它的依赖外部参照的定义表中。

7.3 应用 AutoCAD 设计中心管理图形

在 AutoCAD 2016 中,AutoCAD 设计中心为用户提供了一个直观且高效的工具来管理图形设计资源。利用它可以访问图形、块、图案填充和其他图形内容,可以将原图形中的任何内容拖曳到当前图形中,还可以将图形、块和填充拖曳至工具面板上。原图可以位于用户的计算机、网络位置或网站上。另外,如果打开了多个图形,则可以通过设计中心,在图形之间复制和粘贴其他内容,如定义图层、布局和文字样式来简化绘图过程。

7.3.1 启动 AutoCAD 设计中心

AutoCAD 设计中心的功能非常强大,在进行机械设计时,特别是需要同时编辑多个图形文件时,使用设计中心可以提高绘图效率。

在"功能区"选项板中切换至"视图"选项卡,单击"选项板"面板中的"设计中心"按钮,如图 7-61 所示;弹出"设计中心"面板,即可启动 AutoCAD 设计中心,如图 7-62 所示。

> ▶ 专家指点
> 用户还可以通过在命令行中输入 ADCENTER(AutoCAD 设计中心)命令,然后按【Enter】键,确认操作,也可以弹出"设计中心"面板。

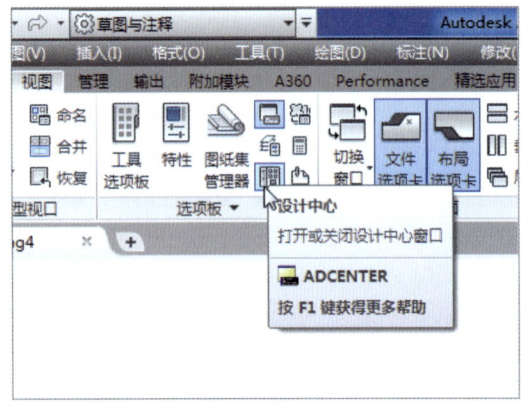
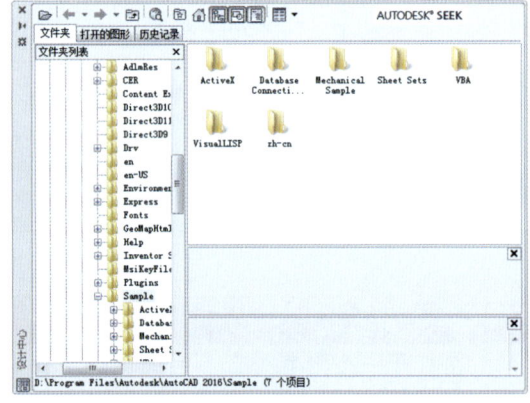

图 7-61　单击"设计中心"按钮　　　　图 7-62　启动 AutoCAD 设计中心

在"设计中心"面板中,各主要选项的含义如下所述。

- ➢ "加载"按钮:使用该按钮可以通过桌面、收藏夹等路径加载图形文件。单击该按钮将弹出"加载"对话框,在该对话框中按照指定路径选择图形,将其载入当前图形中。
- ➢ "搜索"按钮:用于快速查找图形对象。
- ➢ "收藏夹"按钮:通过收藏夹来标记存放在本地硬盘和网页中常用的文件。
- ➢ "主页"按钮:将设计中心返回到默认的文件夹,选择专用设计中心图形文件加载到当前图形中。

第 7 章　管理外部的图块对象

- ➢ **"树状图切换"按钮**：单击该按钮可以打开或关闭树状视图窗口。
- ➢ **"预览"按钮**：单击该按钮打开或关闭选项卡右下侧窗格。
- ➢ **"说明"按钮**：打开或关闭说明窗格，以确定是否显示说明窗格内容。
- ➢ **"视图"按钮**：用于确定控制显示内容的格式，单击该按钮将弹出一个下拉列表，可以在该下拉列表中选择内容的显示格式。
- ➢ **"文件夹"选项卡**：该选项卡显示设计中心的资源，包括显示计算机或网络驱动器中文件和文件夹的层次结构。可将设计中心内容设置为本计算机、本地计算机或网络信息。要使用该选项卡调出文件，可指定文件夹列表框中的文件路径（包括网络路径），右侧将显示图形信息。
- ➢ **"打开的图形"选项卡**：该选项卡显示当前已打开的所有图形，并在右下方的列表框中显示图形中的块、图层、线型、文字样式、标注样式和打印样式。单击某个图形文件，然后单击列表中的一个定义表，可以将图形文件的内容加载到内容区域中。
- ➢ **"历史记录"选项卡**：该选项卡中显示了最近在设计中心打开的文件列表，双击列表中的某个图形文件，可以在"文件夹"选项卡的树状视图中定位此图形文件，并将其内容加载到内容区域。

7.3.2　通过设计中心插入图块

使用 AutoCAD 设计中心时，可以方便地在当前图形中插入块，下面介绍通过 CAD 设计中心插入图块的操作方法。

步骤 01　在"功能区"选项板中切换至"视图"选项卡，单击"选项板"面板中的"设计中心"按钮，弹出"设计中心"面板，启动 AutoCAD 设计中心，选择需要的文件，单击鼠标右键，在弹出的快捷菜单中选择"插入为块"选项，如图 7-63 所示。

步骤 02　弹出"插入"对话框，保持默认选项，单击"确定"按钮，如图 7-64 所示。

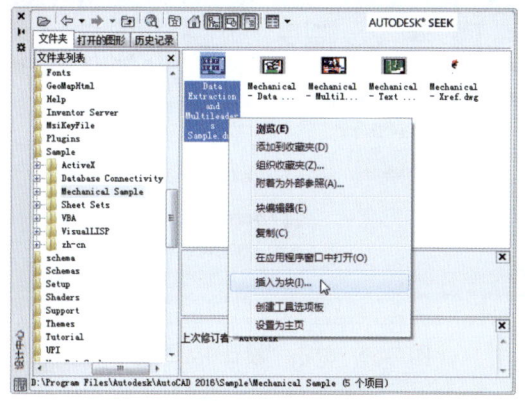

图 7-63　选择"插入为块"选项

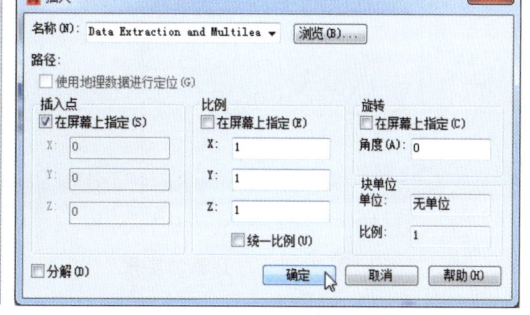

图 7-64　单击"确定"按钮

步骤 03　在绘图区选择合适的位置，指定插入点，然后关闭"设计中心"面板，完成应用设计中心插入图块的操作，如图 7-65 所示。

中文版 AutoCAD 2016 机械制图实例教程

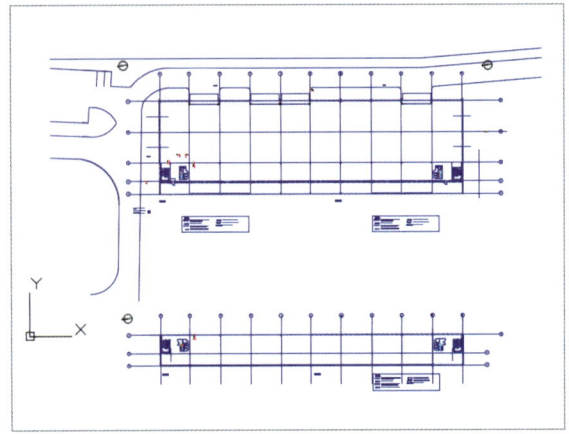

图 7-65　在绘图区选择合适位置指定插入点

> ▶ 专家指点
>
> 如果需要插入标注、图层、线型、样式、图块等任意资源对象，还可以从"设计中心"窗口直接拖放到当前图形的工作区中。

7.3.3　搜索图形对象

若使用 AutoCAD 设计中心的查找功能，用户可以通过"搜索"按钮快速查找图形、块、图层和尺寸样式等图形信息。下面介绍搜索图形对象的操作方法。

步骤 01　打开素材图形（素材\第 7 章\盖板.dwg），如图 7-66 所示。

步骤 02　在"功能区"选项板中切换至"视图"选项卡，单击"选项板"面板中的"设计中心"按钮 ，如图 7-67 所示。

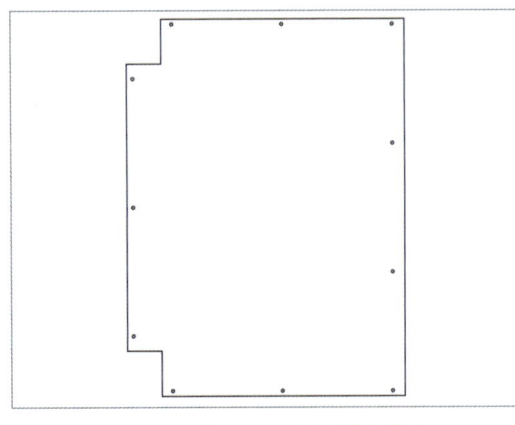

图 7-66　打开素材图形

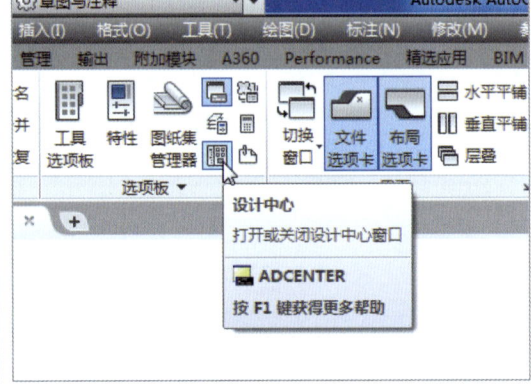

图 7-67　单击"设计中心"按钮

步骤 03　弹出"设计中心"面板，单击"搜索"按钮，弹出"搜索"对话框，单击"于"下拉列表框，在弹出的下拉列表中选择"我的计算机"选项，在"搜索文字"文本框中输入"盖板"，如图 7-68 所示。

步骤 04　单击"立即搜索"按钮，即可开始搜索图形对象，搜索完毕后，在"名称"列表框中将显示搜索结果，如图 7-69 所示。

第 7 章 管理外部的图块对象

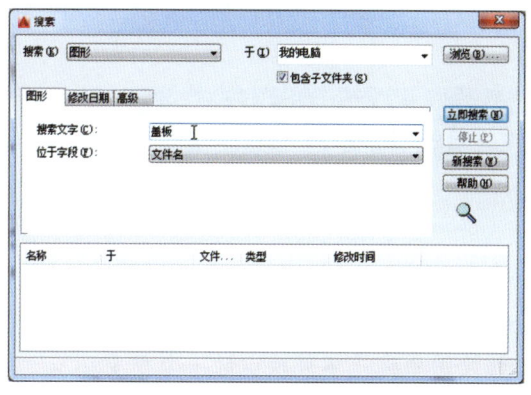

图 7-68 输入"盖板"

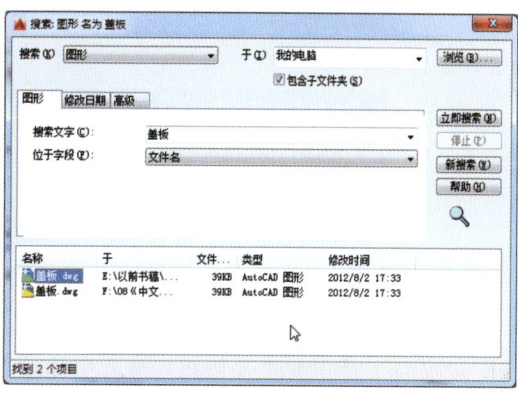

图 7-69 搜索图形对象

本章小节

本章首先介绍了创建与修改块对象的方法，如创建内部图块、创建外部图块、插入块、分解块、定义属性块以及修改属性定义等内容；然后介绍了附着、拆离与绑定外部参照的方法，如附着图形参照、附着图像参照、附着 PDF 详图、拆离外部参照以及绑定外部参照等内容；最后介绍了应用 AutoCAD 设计中心管理图形的方法，如启动 AutoCAD 设计中心、通过设计中心插入图块以及搜索图形对象等内容。

通过本章的学习，希望读者熟练掌握图块对象、外部参照以及设计中心的应用技巧，设计出更多专业的机械图形效果。

课后习题

鉴于本章知识的重要性，为了帮助读者更好地掌握所学知识，本节将通过上机习题，帮助读者进行简单的知识回顾和补充。

本习题需要掌握附着图形参照的操作方法，效果如图 7-70 所示。

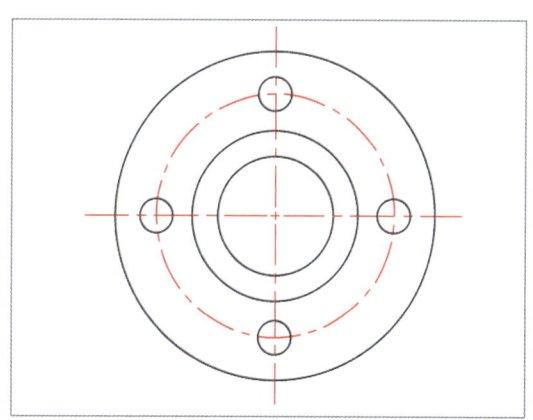
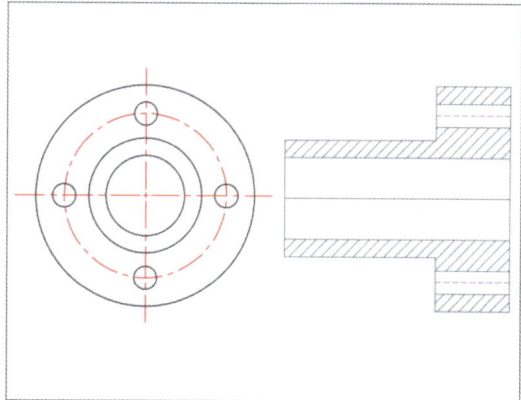

图 7-70 素材文件与效果文件

第 8 章　创建图形的标注样式

【本章导读】

在 AutoCAD 2016 中，尺寸标注主要用于描述对象各组成部分的大小及相对位置关系，是实际生产中的重要依据，而尺寸标注在工程绘图中也是不可缺少的一个重要环节。使用尺寸标注，可以清晰地查看图形的真实尺寸。本章主要介绍创建与设置尺寸标注的方法。

【本章重点】

- 新建与设置标注样式
- 标注机械图形尺寸

8.1　新建与设置标注样式

标注样式是决定尺寸标注形式的尺寸变量设置集合，使用标注样式可以控制标注的格式和外观，建立严格的绘图标准，并且有利于对标注格式及用途进行修改。本节主要介绍创建与设置标注样式的操作方法。

8.1.1　了解标注样式

标注样式是决定尺寸标注形式的尺寸变量设置集合。通过创建和编辑尺寸标注样式，可以设置和修改尺寸标注系统变量，并控制任何类型尺寸标注布局形式。

在 AutoCAD 2016 中，标注样式定义的内容如下所述。

- 尺寸线、尺寸界线、箭头和圆心标记的格式和位置。
- 标注文字的外观、位置和对齐方式。
- 标注文字和尺寸线的放置规则。
- 全局标注比例、主单位、换算单位和角度标注单位的格式和精度。
- 公差的格式和精度。

在进行标注时，AutoCAD 使用当前的标注样式，直到另一种样式设置为当前样式为止。AutoCAD 默认的标注样式为 Standard，该样式基本上是根据美国国家标准协会（ANSI）标注标准设计的。如果开始绘制新图形时，选择了公制单位，则默认标注样式将为 ISO-25（国际标准组织标注标准）。此外，DIN（德国工业标准）和 JIS（日本工业标准）样式分别是由 AutoCAD DIN 和 JIS 图形样板提供。

在 AutoCAD 2016 中，创建标注样式之前需要对"标注样式管理器"对话框有一个良好的认知。在"功能区"选项板的"默认"选项卡中，单击"注释"面板中间的下拉按钮，在展开的面板中，单击"标注样式"按钮，如图 8-1 所示。执行操作后，弹出

第 8 章 创建图形的标注样式

"标注样式管理器"对话框,如图 8-2 所示。

图 8-1 单击"标注样式"按钮

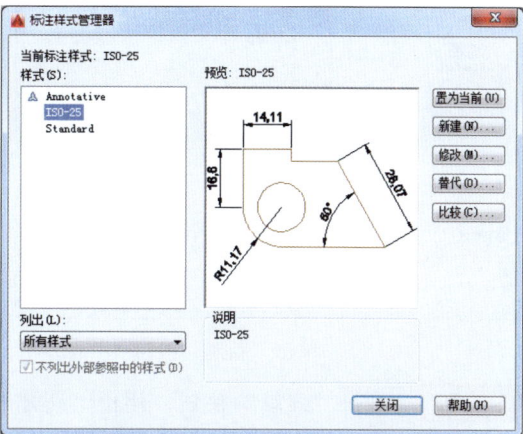

图 8-2 弹出"标注样式管理器"对话框

在"标注样式管理器"对话框中,各主要选项的含义如下所述。

- ➢ **"当前标注样式"显示区**:显示当前的标注样式名称。
- ➢ **"样式"列表框**:显示图形中的所有标注样式。
- ➢ **"列出"下拉列表框**:在该下拉列表中,可以选择显示哪种标注样式。
- ➢ **"置为当前"按钮**:将选定的标注样式设置为当前标注样式。
- ➢ **"新建"按钮**:单击该按钮,弹出"创建新标注样式"对话框,从中可以定义新的标注样式。
- ➢ **"修改"按钮**:单击该按钮,弹出"修改当前样式"对话框,可以修改标注样式。
- ➢ **"替代"按钮**:单击该按钮,弹出"替代当前样式"对话框,从中可以设定标注样式的临时替代值。
- ➢ **"比较"按钮**:单击该按钮,弹出"比较标注样式"对话框,从中可以比较两个标注样式或列出一个标注样式的所有特性。

8.1.2 新建标注样式

在 AutoCAD 2016 中,系统默认的标注样式包括 ISO-25 和 Standard 标注样式,用户可以根据绘图的需要新建标注样式,下面介绍新建标注样式的操作方法。

步骤 01 在"功能区"选项板的"默认"选项卡中,单击"注释"面板中间的下拉按钮,在展开的面板中,单击"标注样式"按钮 ,弹出"标注样式管理器"对话框,单击"新建"按钮,如图 8-3 所示。

步骤 02 弹出"创建新标注样式"对话框,设置"新样式名"为"图形标注",如图 8-4 所示。

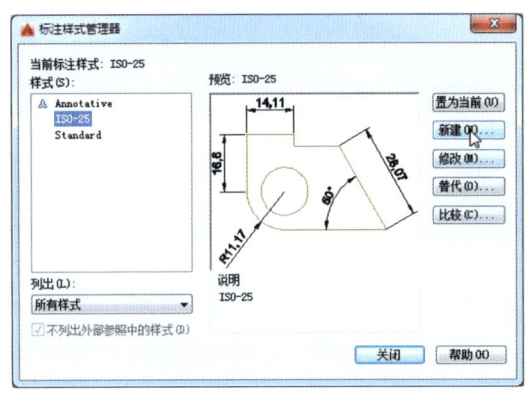

图 8-3 单击"新建"按钮　　　　　　图 8-4 "创建新标注样式"对话框

步骤 03 单击"继续"按钮,弹出"新建标注样式:图形标注"对话框,设置需要的标注样式,如图 8-5 所示。

步骤 04 单击"确定"按钮,返回到"标注样式管理器"对话框,即可创建标注样式,并在"样式"列表框中显示新建的标注样式,如图 8-6 所示。

> ▶ 专家指点
>
> 　　标注样式是决定尺寸标注形成的尺寸变量设置的集合。通过创建标注样式,可以设置尺寸标注的系统变量,并控制任何类型的尺寸标注的布局及形成。

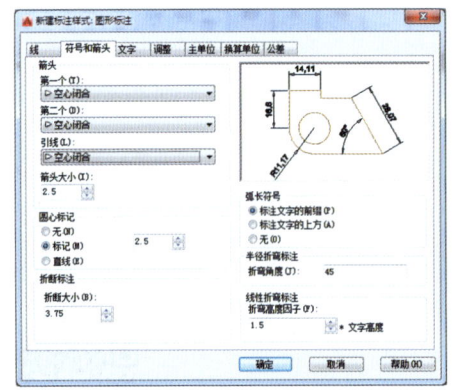

图 8-5 设置相应参数　　　　　　图 8-6 显示新创建的样式

在"新建标注样式:标注样式"对话框中,各选项卡的含义如下所述。

> ➢ **"线"选项卡**:用于设置尺寸线和尺寸界线的颜色、线型、线宽等属性。
>
> ➢ **"符号和箭头"选项卡**:用于设置箭头、圆心标记、弧长符号的格式和位置。
>
> ➢ **"文字"选项卡**:用于设置标注文字的格式、位置和对齐方式。
>
> ➢ **"调整"选项卡**:用于控制标注文字、箭头、引线和尺寸线的放置。
>
> ➢ **"主单位"选项卡**:用于设置主标注单位的格式和精度。
>
> ➢ **"换算单位"选项卡**:用于指定标注测量值中换算单位的显示,并设置格式和精度。
>
> ➢ **"公差"选项卡**:用于指定标注文字中公差的显示及格式。

8.1.3 修改尺寸线

在标注时有时可能会出现多个标注样式，为了区分标注样式，下面介绍如何设置与修改尺寸线样式、颜色以及线型等。

步骤 01 在"功能区"选项板的"注释"选项卡中，单击"标注"面板右下角按钮，如图 8-7 所示。

步骤 02 弹出"标注样式管理器"对话框，在"样式"列表框中选择"图形标注"选项，单击"修改"按钮，如图 8-8 所示。

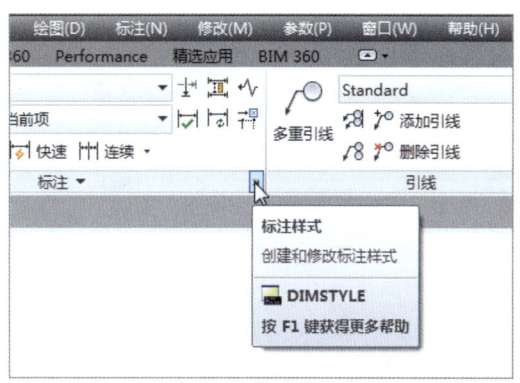

图 8-7 单击"标注"右下角按钮

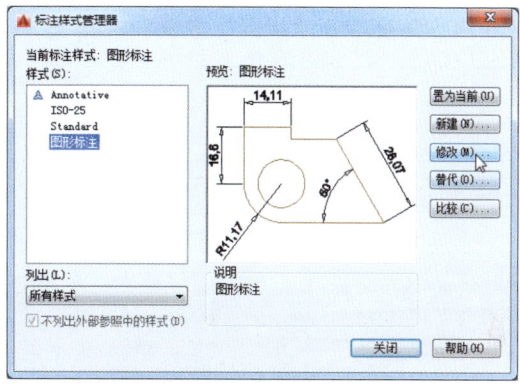

图 8-8 单击"修改"按钮

步骤 03 弹出"修改标注样式：图形标注"对话框，设置"尺寸线"和"尺寸界线"的"颜色"均为"红"，如图 8-9 所示。

步骤 04 单击"确定"按钮，返回到"标注样式管理器"对话框，即可修改标注样式，并在"样式"列表框中显示修改的标注样式，如图 8-10 所示。

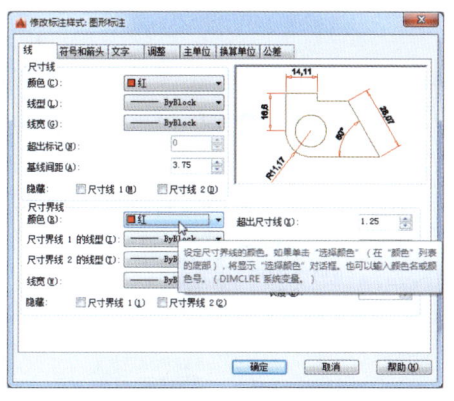

图 8-9 设置相应的参数

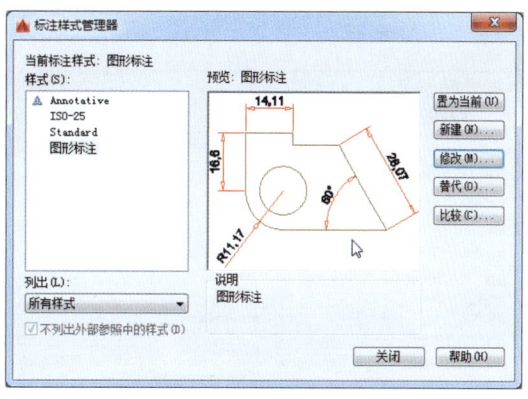

图 8-10 显示修改的标注样式

在"线"选项卡中的"尺寸线"选项中，各选项的含义如下所述。

- **颜色：** 在该列表框中可以设置尺寸线的颜色，默认的尺寸线颜色为 Bylock。
- **线型：** 在该列表框中框可以设置尺寸线的线型。
- **线宽：** 在该列表框中可以设置尺寸线的线宽，默认的尺寸线宽为随机选择。
- **超出标记：** 在该数值框中指定当前箭头使用倾斜、建筑标记、积分和无标记时，尺寸线超过尺寸界线的距离。

➢ **基线间距**：在该数值框中可以设置基线标注的尺寸线之间的距离。
➢ **隐藏**：勾选"尺寸线1"或"尺寸线"复选框，可以控制两侧尺寸线的显示。

8.1.4 设置标注箭头的大小

在 AutoCAD 2016 中，用户可以根据需要设置标注的箭头大小，下面介绍具体操作方法。

步骤 01 打开素材图形（素材\第8章\泵轴.dwg），如图 8-11 所示。

步骤 02 在命令行中输入 DIMSTYLE（标注样式）命令，并按【Enter】键确认，弹出"标注样式管理器"对话框，如图 8-12 所示。

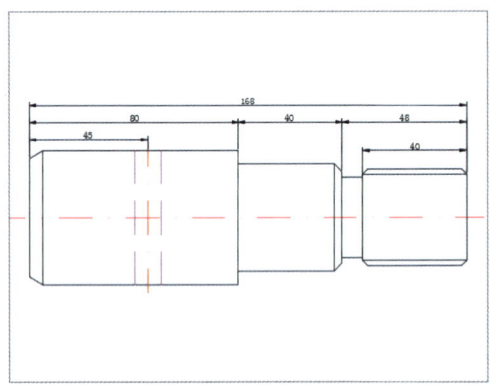
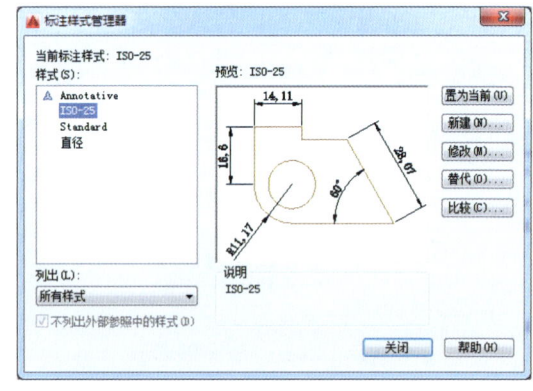

图 8-11 打开素材图形　　　　　图 8-12 "标注样式管理器"对话框

步骤 03 在"样式"列表框中选择 ISO-25 选项，单击"修改"按钮，弹出"修改标注样式：ISO-25"对话框，如图 8-13 所示。

步骤 04 切换至"符号和箭头"选项卡，在"箭头大小"数值框中输入5，如图 8-14 所示。

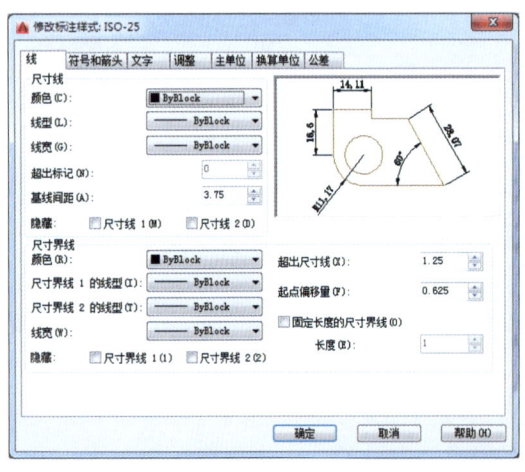
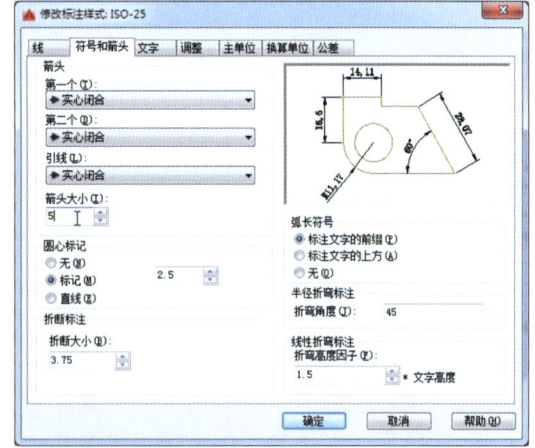

图 8-13 "修改标注样式：ISO-25"对话框　　　图 8-14 在"箭头大小"数值框中输入5

步骤 05 依次单击"确定"和"关闭"按钮，完成箭头大小的设置，如图 8-15 所示。

第 8 章　创建图形的标注样式

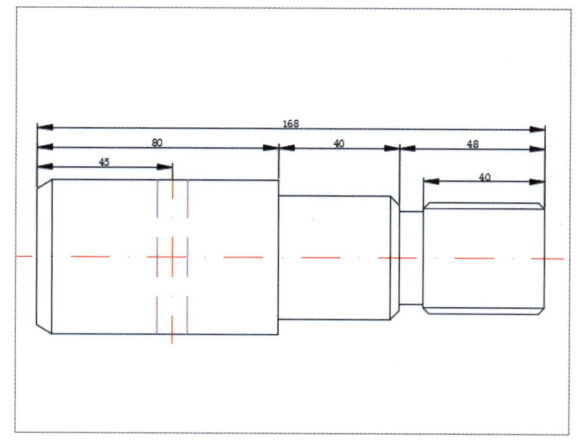

图 8-15　设置标注箭头大小

8.1.5　设置标注箭头的样式

在 "修改样式：ISO-25" 对话框中，切换至 "符号和箭头" 选项卡，在 "箭头" 选项区中可以设置箭头的样式。下面介绍设置标注箭头样式的操作方法。

步骤 01　单击快速访问工具栏中的 "打开" 按钮，打开上一例素材图形，在命令行中输入 DIMSTYLE（标注样式）命令，并按【Enter】键确认，弹出 "标注样式管理器" 对话框，如图 8-16 所示。

步骤 02　在 "样式" 列表框中选择 ISO-25 选项，单击 "修改" 按钮，弹出 "修改标注样式：ISO-25" 对话框，如图 8-17 所示。

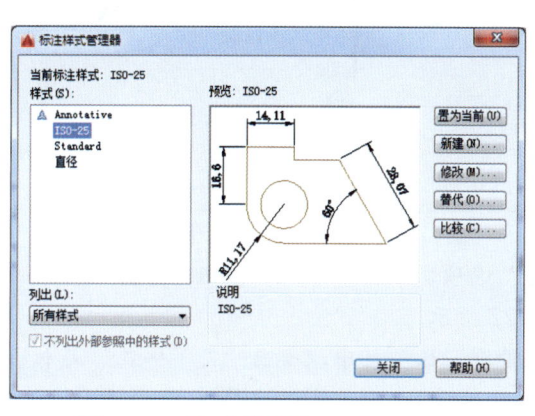

图 8-16　"标注样式管理器" 对话框

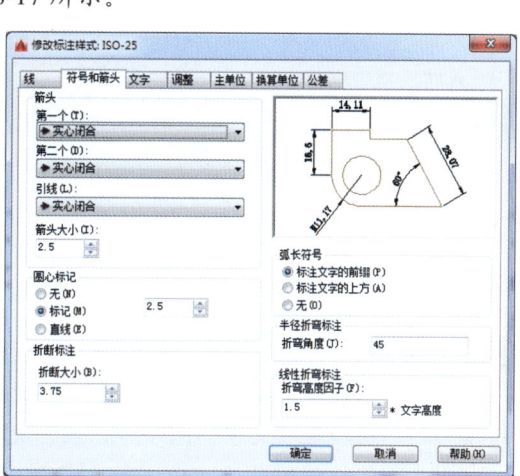

图 8-17　"修改标注样式：ISO-25" 对话框

步骤 03　切换至 "符号和箭头" 选项卡，单击 "箭头" 选项区中的 "第一个" 文本框右侧的下拉按钮，在弹出的列表框中选择 "30 度角" 选项，如图 8-18 所示。

步骤 04　依次单击 "确定" 和 "关闭" 按钮，完成箭头样式的设置，如图 8-19 所示。

中文版 AutoCAD 2016 机械制图实例教程

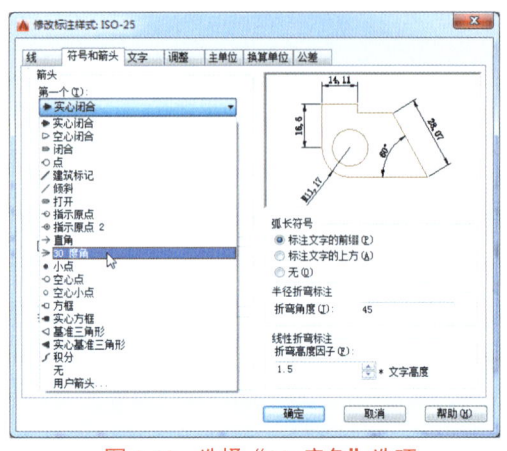

图 8-18 选择"30 度角"选项

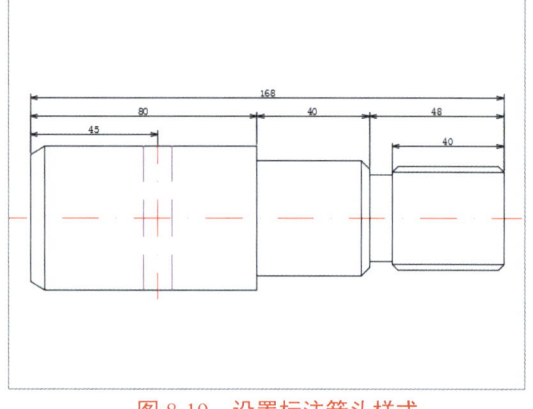

图 8-19 设置标注箭头样式

8.1.6 设置标注文字

在 AutoCAD 2016 中,在"修改标注样式"对话框中单击"文字"选项卡,可以设置文字外观、文字位置和文字的对齐方式等属性。下面介绍设置标注文字的操作方法。

步骤 01 打开素材图形(素材\第 8 章\机械部件图.dwg),如图 8-20 所示。

步骤 02 在命令行中输入 DIMSTYLE(标注样式)命令,并按【Enter】键确认,弹出"标注样式管理器"对话框,如图 8-21 所示。

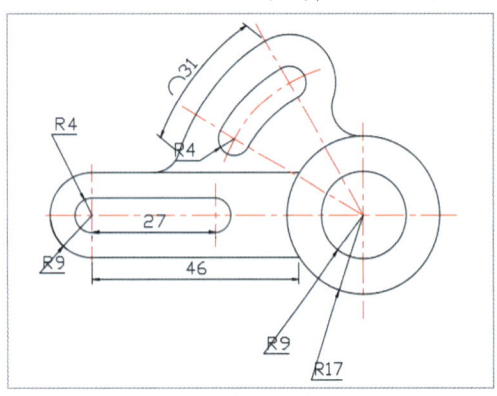

图 8-20 打开素材图形　　　　图 8-21 "标注样式管理器"对话框

步骤 03 在"样式"列表框中,选择"习题"选项,单击"修改"按钮,弹出"修改标注样式:习题"对话框,如图 8-22 所示。

步骤 04 切换至"文字"选项卡,在"文字外观"选项区中,单击"文字样式"文本框右侧的属性按钮 ,将弹出"文字样式"对话框,如图 8-23 所示。

步骤 05 在"文字样式"对话框中,单击"字体"选项卡中"字体名"文本框右侧的下拉按钮 ,在弹出的下拉列表框中选择"@宋体"选项,如图 8-24 所示。单击"应用"按钮,再单击"关闭"按钮,返回"修改标注样式:习题"对话框。

步骤 06 在"文字"选项卡中,单击"文字颜色"右侧的下拉按钮,在弹出的列表框中选择"洋红"选项,如图 8-25 所示,返回"修改标注样式:习题"对话框。

第 8 章　创建图形的标注样式

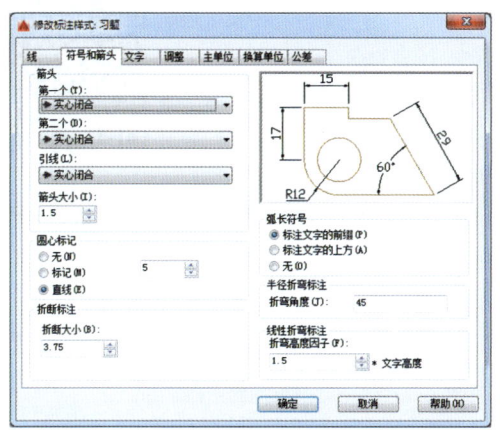

图 8-22　"修改标注样式：习题"对话框　　　图 8-23　"文字样式"对话框

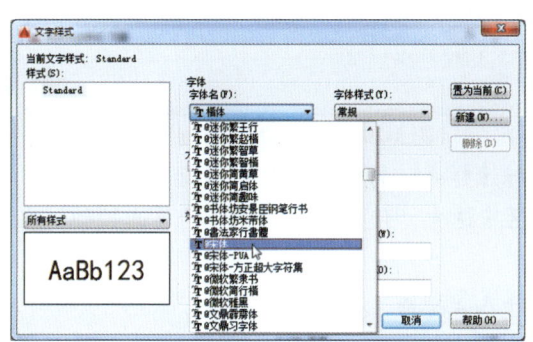

图 8-24　选择"宋体"选项　　　图 8-25　选择"洋红"选项

步骤 07　在"文字"选项卡中，在"文字高度"数值框中输入 5，单击"修改标注样式：习题"右下角的"确定"按钮，如图 8-26 所示。

步骤 08　返回"标注样式管理器"对话框，单击"置为当前"和"关闭"按钮，完成标注文字的设置，效果如图 8-27 所示。

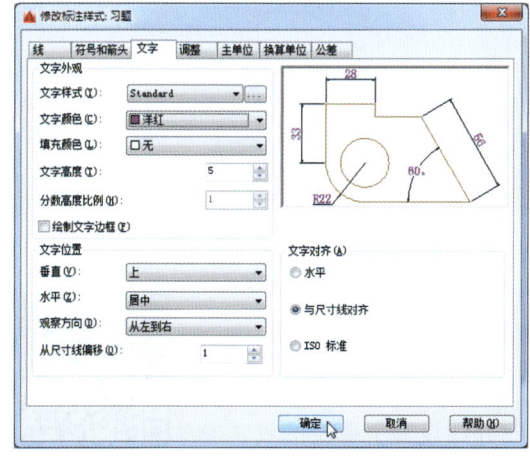
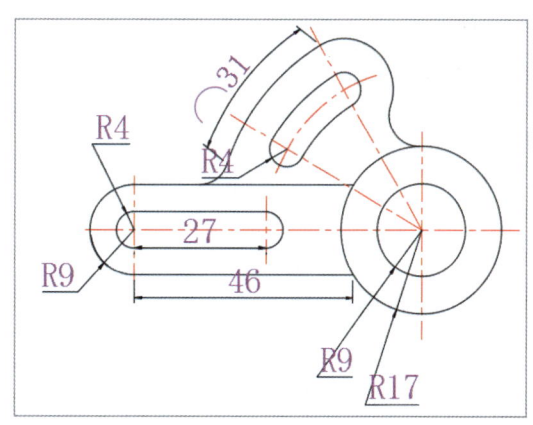

图 8-26　在"文字高步"数值框中输入 5　　　图 8-27　设置标注文字效果

8.1.7 设置标注比例

在标注图形时，标注的尺寸整体偏小或偏大，用户可以使用"调整"选项来设置标注的比例。下面介绍设置标注比例的操作方法。

步骤 01　打开素材图形（素材\第 8 章\转阀.dwg），如图 8-28 所示。

步骤 02　在命令行中输入 DIMSTYLE（标注样式）命令，并按【Enter】键确认，弹出"标注样式管理器"对话框，如图 8-29 所示。

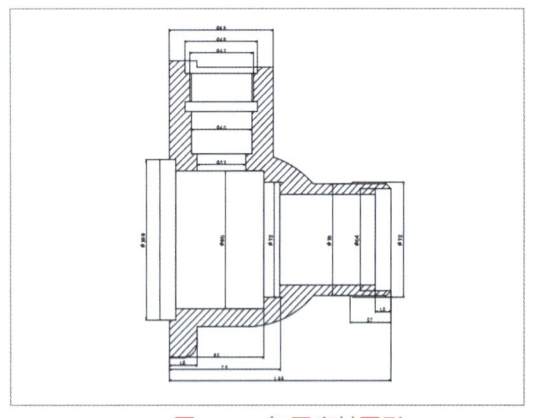
图 8-28　打开素材图形

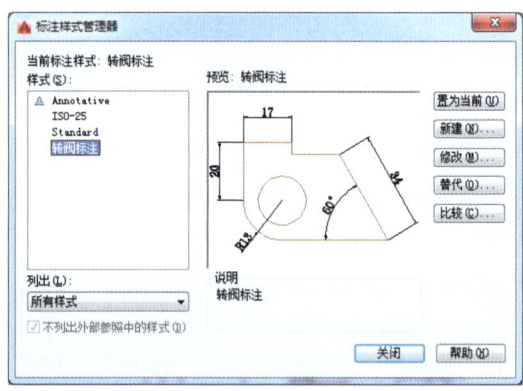
图 8-29　"标注样式管理器"对话框

步骤 03　单击"修改"按钮，弹出"修改标注样式：转阀标注"对话框，在"调整"选项卡的"标注特征比例"选项区中选中"使用全局比例"的单选按钮，在右侧设置为 1，如图 8-30 所示。

步骤 04　单击"确定"按钮，返回"标注样式管理器"对话框，单击"关闭"按钮，设置标注文字的比例，效果如图 8-31 所示。

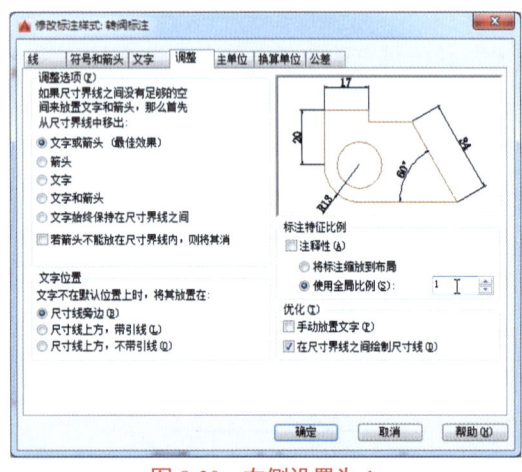
图 8-30　右侧设置为 1

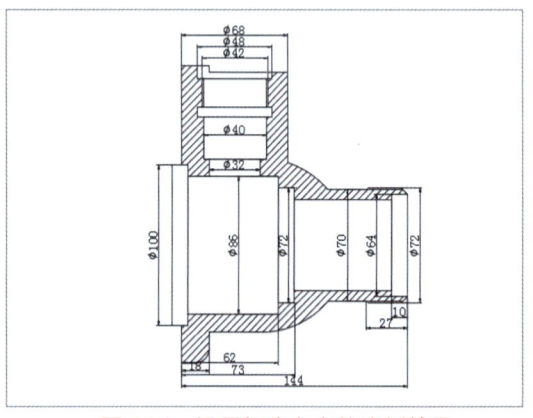
图 8-31　设置标注文字的比例效果

8.1.8　设置主单位

在"修改标注样式：ISO-25"对话框中，切换至"换算单位"选项卡，用户可以设置主单位的格式与精度等属性。下面介绍设置主单位的具体操作方法。

第 8 章　创建图形的标注样式

步骤 01　打开素材图形（素材\第 8 章\台阶螺钉.dwg），如图 8-32 所示。

步骤 02　在命令行中输入 DIMSTYLE（标注样式）命令，并按【Enter】键确认，弹出"标注样式管理器"对话框，如图 8-33 所示。

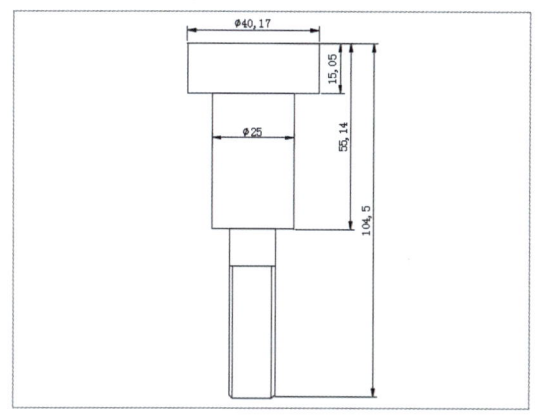

图 8-32　打开素材图形

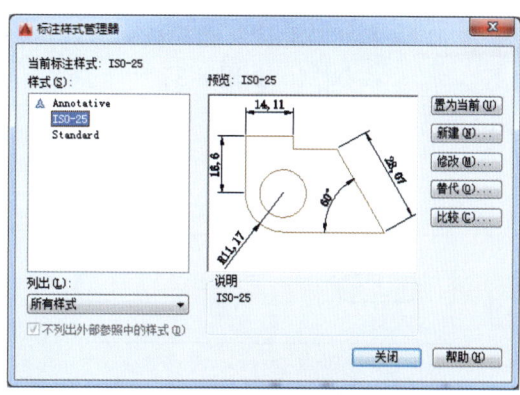

图 8-33　"标注样式管理器"对话框

步骤 03　单击"修改"按钮，弹出"修改标注样式：ISO-25"对话框，切换至"主单位"选项卡，在"线性标注"选项区中，单击"精度"右侧的下拉按钮，在弹出的列表框中选择 0 选项，如图 8-34 所示。

步骤 04　依次单击"确定"和"关闭"按钮，完成主单位的设置，效果如图 8-35 所示。

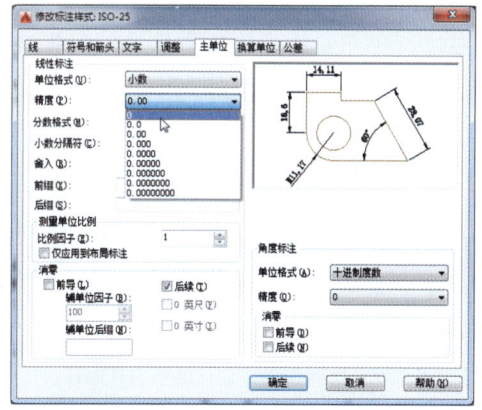

图 8-34　在列表框中选择 0 选项

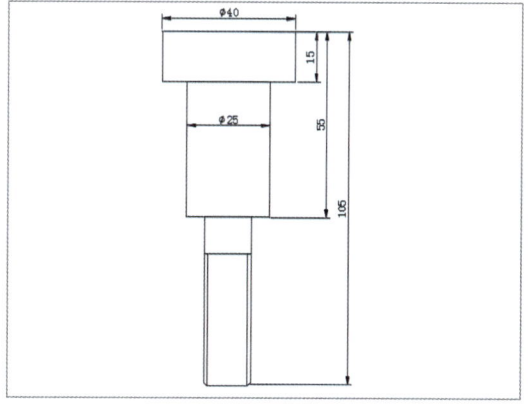

图 8-35　设置标注主单位

8.2　标注机械图形尺寸

在 AutoCAD 2016 中，设置好标注样式后即可使用该样式标注对象。常用的长度型尺寸标注主要有线性标注、对齐标注、基线标注和半径标注等类型。本节主要介绍标注机械图形尺寸的操作方法。

8.2.1　使用线性标注

在 AutoCAD 2016 中，线性尺寸标注主要用来标注当前坐标系 XY 平面中两点之间的距离。用户可以直接指定标注定义点，也可以通过指定标注对象的方法来定义标注点。下面介绍使用线性标注的操作方法。

步骤 01 打开素材图形（素材\第 8 章\侧折叠配件.dwg），如图 8-36 所示。

步骤 02 在"功能区"选项板的"注释"选项卡中，单击"标注"面板上的"线性"按钮，如图 8-37 所示。

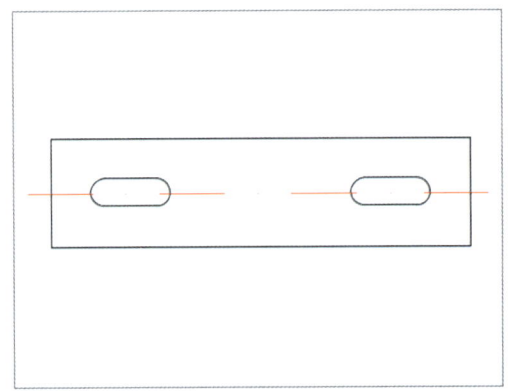

图 8-36　打开素材图形

图 8-37　单击"线性"按钮

步骤 03 根据命令行提示进行操作，在绘图区中最下方的直线左侧单击鼠标左键并向右拖曳，至合适端点上再次单击鼠标左键，确定两点之间的标注线段，如图 8-38 所示。

步骤 04 向下拖曳鼠标至合适位置后单击鼠标左键，即可创建线性尺寸标注，效果如图 8-39 所示。

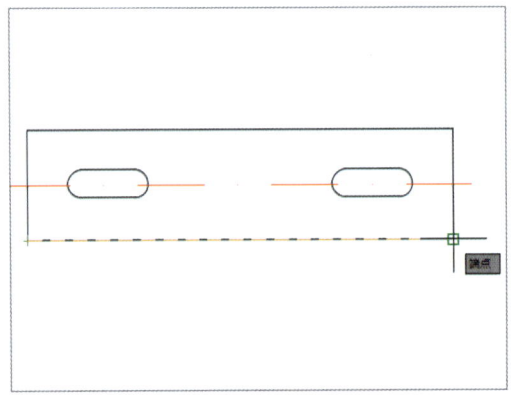

图 8-38　确定两点之间的标注线段

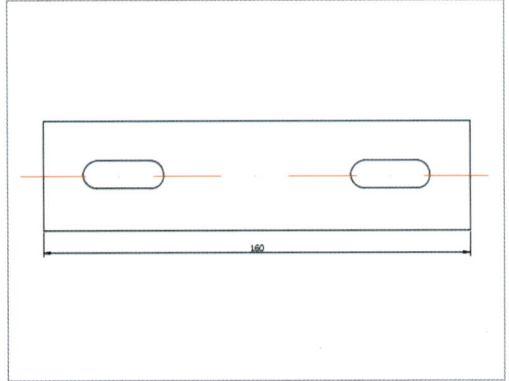

图 8-39　创建线性尺寸标注效果

> ▶ **专家指点**
>
> 用户还可以通过以下 3 种方法调用"线性"命令。
> （1）在命令行中输入 DIMLINEAR（线性）命令。
> （2）在命令行中输入 DLI（线性）命令。
> （3）显示菜单栏，单击"标注"|"线性"命令。

8.2.2 使用对齐标注

在机械制图过程中，经常需要标注倾斜线段的实际长度，当用户需要得到线段的实际长度，而线段的倾斜角度未知时，就需要使用 AutoCAD 2016 提供的对齐标注功能。下面介绍使用对齐标注的操作方法。

步骤 01 打开素材图形（素材\第 8 章\合接头.dwg），如图 8-40 所示。

步骤 02 在"功能区"选项板的"注释"选项卡中，单击"标注"面板上的"线性"下拉按钮，在弹出的列表框中单击"已对齐"按钮，如图 8-41 所示。

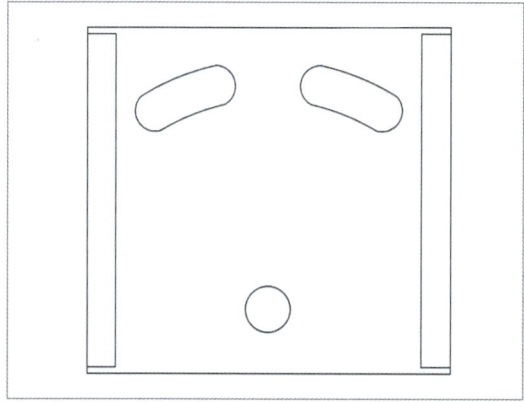

图 8-40　打开素材图形

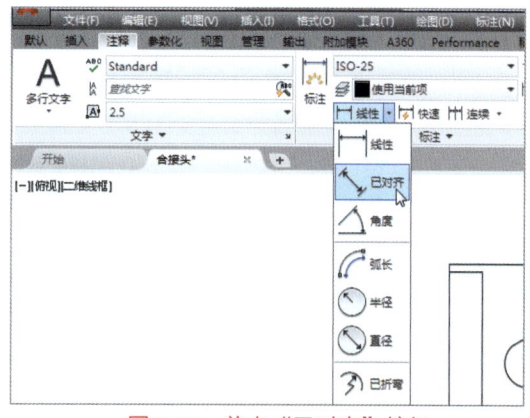

图 8-41　单击"已对齐"按钮

步骤 03 根据命令行提示进行操作，在绘图区中合适的端点上单击鼠标左键，向右下方拖曳鼠标至合适端点上再单击鼠标左键，确定两点之间的标注线段，如图 8-42 所示。

步骤 04 将鼠标指针向左下方拖曳至合适位置后单击鼠标左键，即可创建对齐尺寸标注，效果如图 8-43 所示。

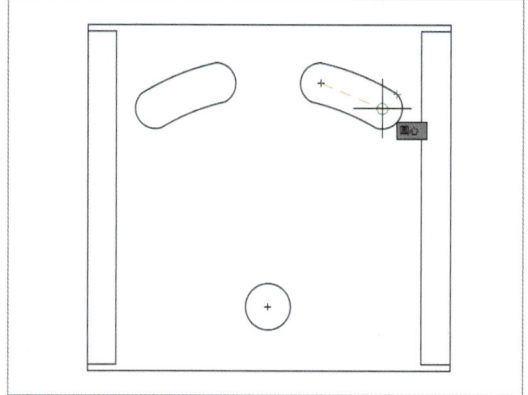

图 8-42　确定两点之间的标注线段

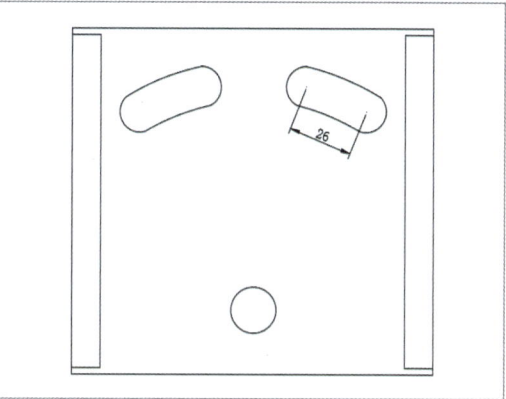

图 8-43　创建对齐尺寸标注效果

▶ **专家指点**

用户还可以通过以下两种方法调用"对齐"命令。
（1）在命令行中输入 DIMALIGNED（对齐）命令。
（2）显示菜单栏，单击"标注"|"对齐"命令。

8.2.3 使用基线标注

使用"线性"或"角度"命令标注完第一个尺寸标注后,以此标注为基准,调用"基线"标注命令继续标注其他图形的位置尺寸。下面介绍使用基线标注的操作方法。

步骤 01 打开素材图形(素材\第 8 章\限位板.dwg),如图 8-44 所示。

步骤 02 在"功能区"选项板中的"注释"选项卡中,单击"标注"面板上的"连续"按钮,在弹出的列表框中单击"基线"按钮,如图 8-45 所示。

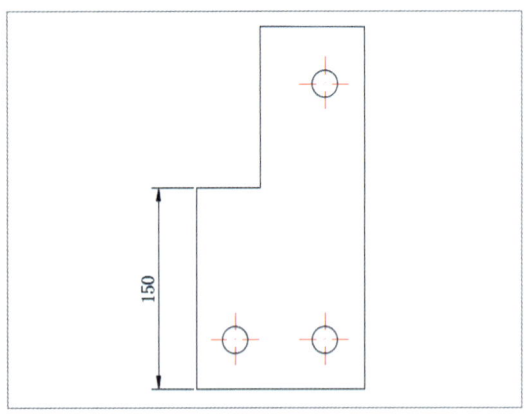

图 8-44 打开素材图形

图 8-45 单击"基线"按钮

步骤 03 根据命令行的提示进行操作,选择下边线的尺寸标注为基准标注,如图 8-46 所示。

步骤 04 执行操作后,向上引导光标,在绘图区中合适的端点上单击鼠标左键,再按【Esc】键退出,即可创建基线尺寸标注,效果如图 8-47 所示。

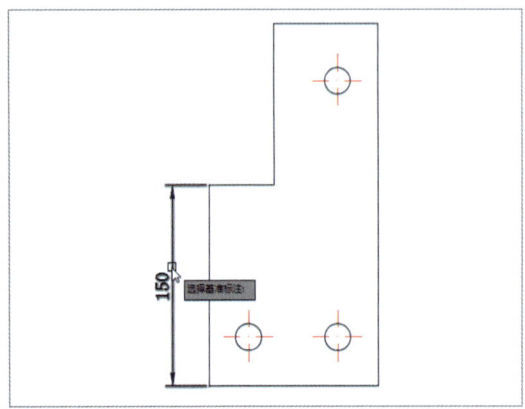

图 8-46 选择基准标注

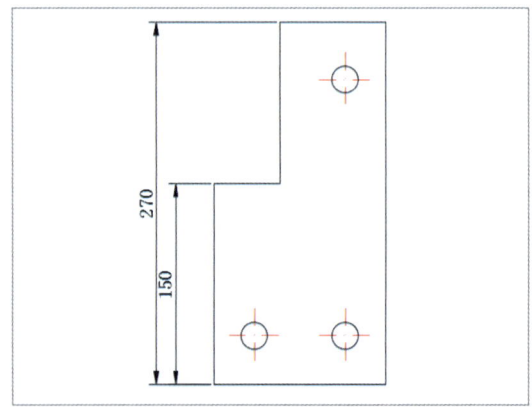

图 8-47 创建基线尺寸标注效果

▶ **专家指点**

用户还可以通过以下两种方法调用"基线"命令。
(1)在命令行中输入 DIMBASELINE 命令,按【Enter】键确认。
(2)显示菜单栏,单击"标注"|"基线"命令。

8.2.4 使用半径标注

在 AutoCAD 2016 中，标注半径就是标注圆或圆弧的半径尺寸。下面介绍使用半径标注的操作方法。

步骤 01 打开素材图形（素材\第 8 章\保险杆内管头.dwg），如图 8-48 所示。

步骤 02 在"功能区"选项板的"注释"选项卡中，单击"标注"面板上的"线性"按钮，在弹出的列表框中单击"半径"按钮 ⊙，如图 8-49 所示。

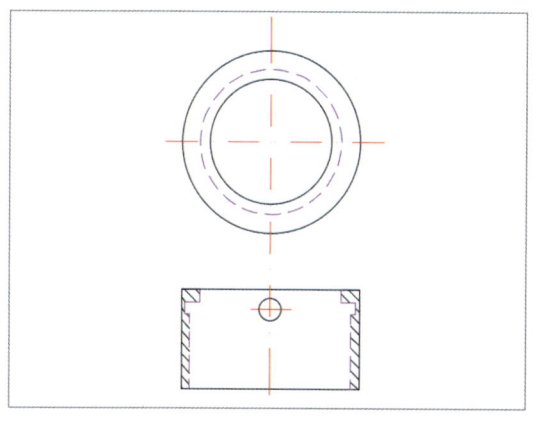

图 8-48 打开素材图形

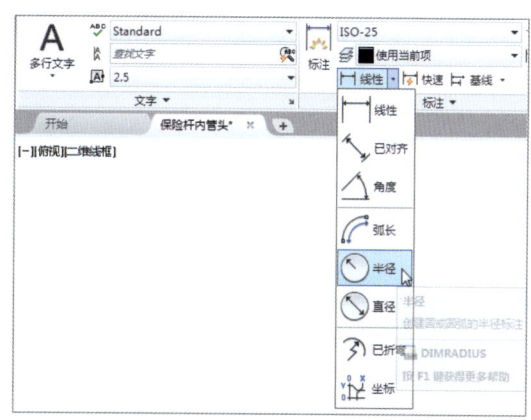

图 8-49 单击"半径"按钮

步骤 03 在绘图区中选择外侧圆形为标注对象，如图 8-50 所示。

步骤 04 向下拖曳鼠标至合适位置后单击鼠标左键，即可创建半径尺寸标注，效果如图 8-51 所示。

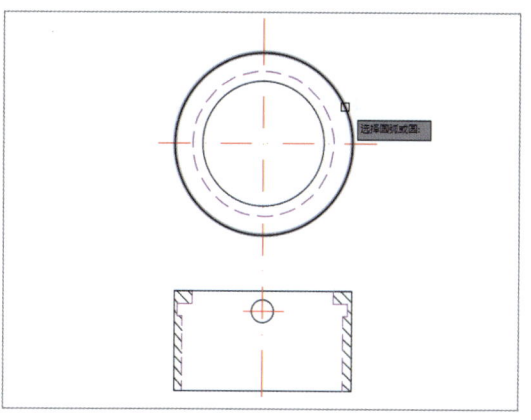

图 8-50 选择外侧圆形为标注对象

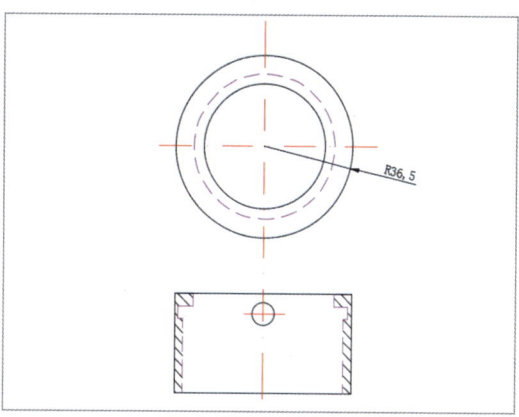

图 8-51 创建半径尺寸标注

▶ **专家指点**

用户还可以通过以下两种方法，调用"半径"命令。
（1）在命令行输入 DIMRADIUS 命令，按【Enter】键确认。
（2）显示菜单栏，单击"标注"|"半径"命令。

8.2.5 使用直径标注

在 AutoCAD 2016 中，直径标注用于测量选定圆或圆弧的直径，并显示前面带有直径符号的标注文字。下面介绍使用直径标注的操作方法。

步骤 01 打开素材图形（素材\第 8 章\锁紧螺帽.dwg），如图 8-52 所示。

步骤 02 在"功能区"选项板的"注释"选项卡中，单击"标注"面板上的"半径"按钮，在弹出的列表框中单击"直径"按钮⊘，如图 8-53 所示。

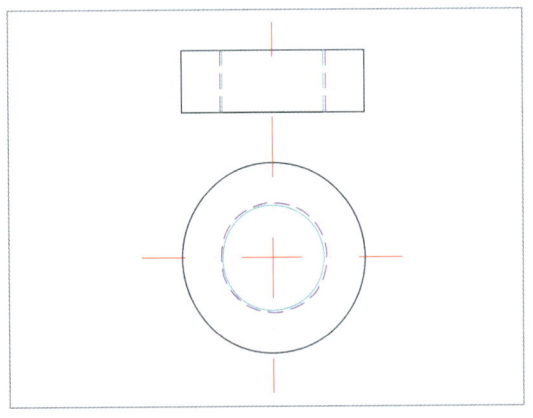

图 8-52 打开素材图形

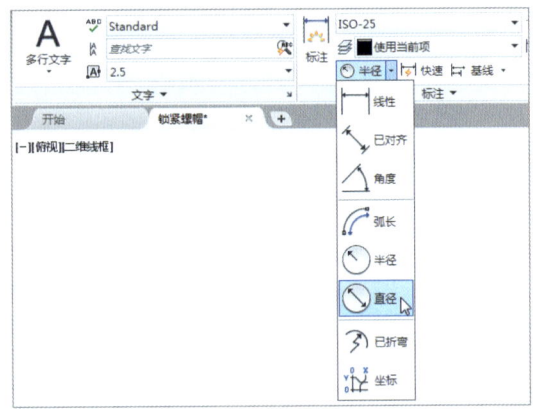

图 8-53 单击"直径"按钮

步骤 03 根据命令行的提示进行操作，在绘图区选择外侧圆形为标注对象，如图 8-54 所示。

步骤 04 向右拖曳鼠标至合适位置后单击鼠标左键，即可创建直径尺寸标注，效果如图 8-55 所示。

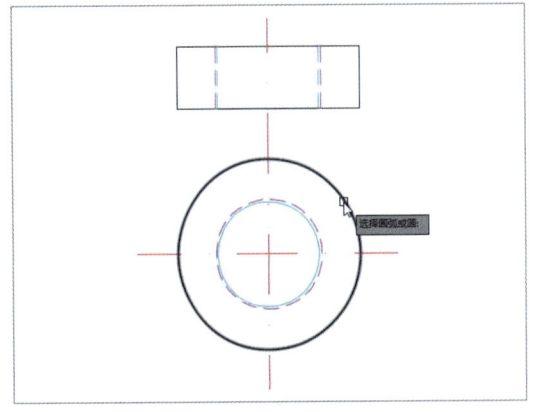

图 8-54 选择外侧圆形为标注对象

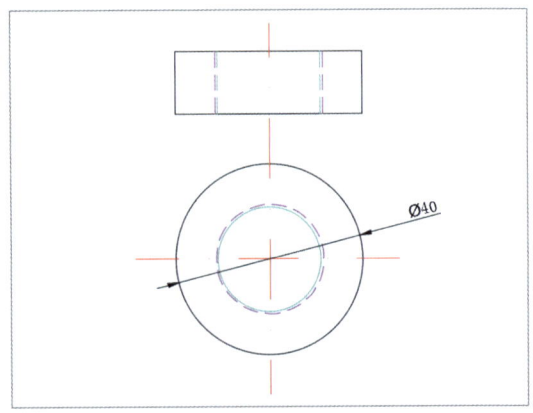

图 8-55 创建直径尺寸标注的效果

> ▶ **专家指点**
>
> 用户还可以通过以下两种方法调用"半径"命令。
> （1）在命令行中输入 DIMDIAMETER 命令，按【Enter】键确认。
> （2）单击"标注"|"直径"命令。

8.2.6 使用弧长标注

在 AutoCAD 2016 中，弧长尺寸标注主要用于测量和显示圆弧的长度，在默认情况下，弧长标注将显示一个圆弧号。下面介绍使用弧长标注的操作方法。

步骤 01　打开素材图形（素材\第8章\偏心轮.dwg），如图 8-56 所示。

步骤 02　在"功能区"选项板的"注释"选项卡中，单击"标注"面板上的"直径"按钮，在弹出的列表框中单击"弧长"按钮，如图 8-57 所示。

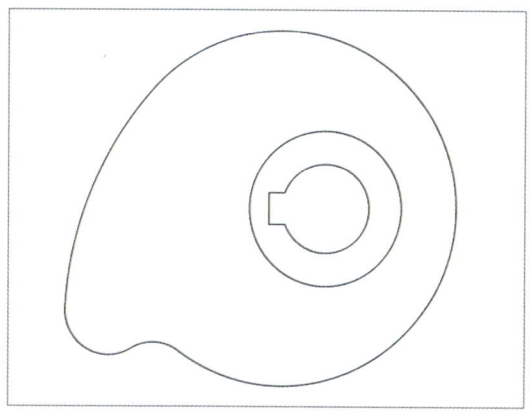

图 8-56　打开素材图形

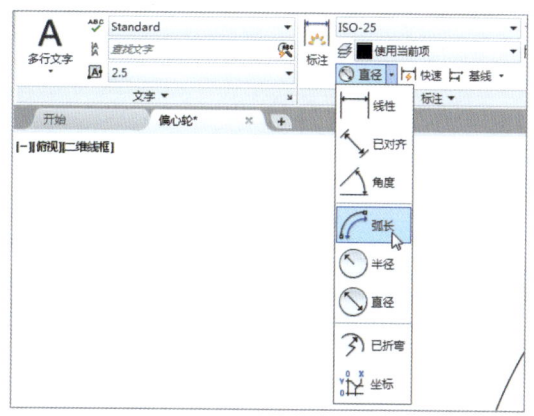

图 8-57　单击"弧长"按钮

步骤 03　根据命令行的提示进行操作，在绘图区选择需要标注尺寸的圆弧，如图 8-58 所示。

步骤 04　向上拖曳鼠标至合适位置后单击鼠标左键，即可创建弧长尺寸标注，效果如图 8-59 所示。

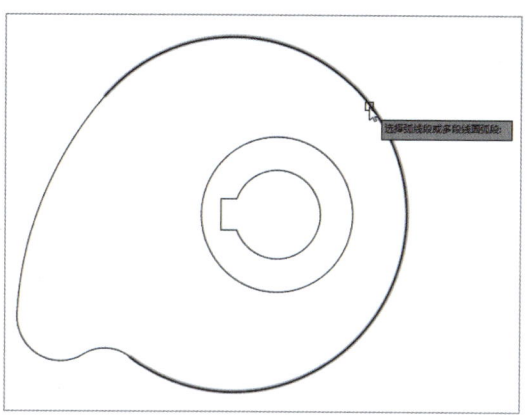

图 8-58　选择需要标注尺寸的圆弧

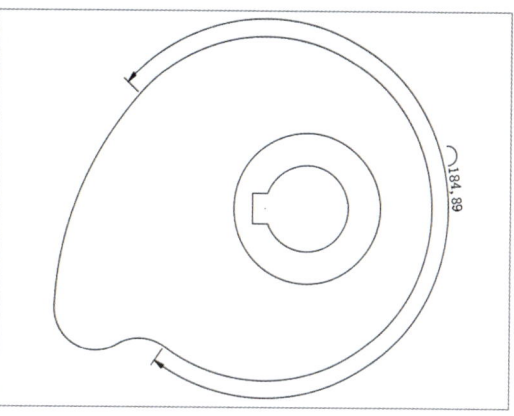

图 8-59　创建弧长尺寸标注

> ▶ 专家指点
>
> 用户还可以通过以下两种方法调用"弧长"命令。
> （1）在命令行中输入 DIMARC 命令，按【Enter】键确认。
> （2）显示菜单栏，单击"标注"|"弧长"命令。

8.2.7 使用圆心标记

在 AutoCAD 2016 中，圆心标记用于在圆或圆弧的圆心处作一个"十"标记。下面介绍使用圆心标记的操作方法。

步骤 01 打开素材图形（素材\第 8 章\拉环.dwg），如图 8-60 所示。

步骤 02 单击"功能区"选项板中的"注释"选项卡，在"标注"面板上单击中间的下拉按钮，在展开的面板上单击"圆心标记"按钮 ⊕，如图 8-61 所示。

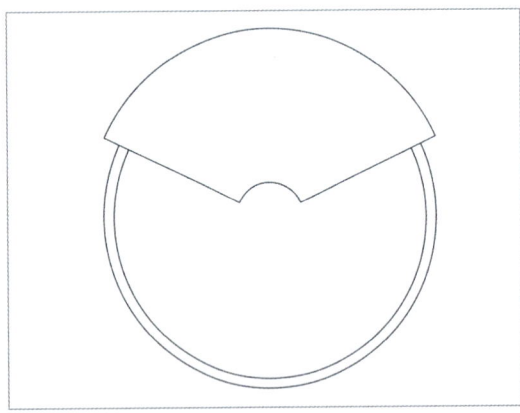

图 8-60 打开素材图形

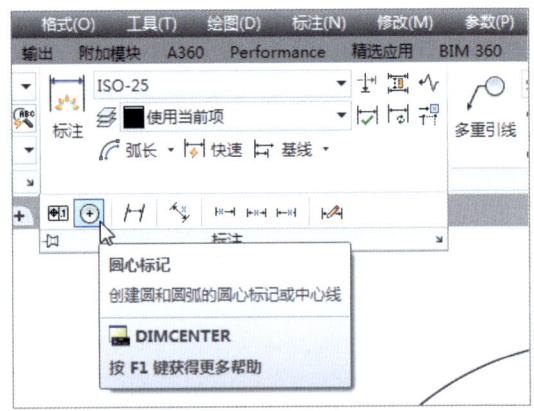

图 8-61 单击"圆心标记"按钮

> ▶ 专家指点
>
> 用户还可以通过以下两种方法调用"圆心标记"命令。
> （1）在命令行中输入 DIMCENTER（圆心标记）命令，按【Enter】键确认。
> （2）显示菜单栏，单击"标注"|"圆心标记"命令。

步骤 03 在绘图区中选择需要标记的圆，如图 8-62 所示。

步骤 04 执行操作后即可创建圆心标记，效果如图 8-63 所示。

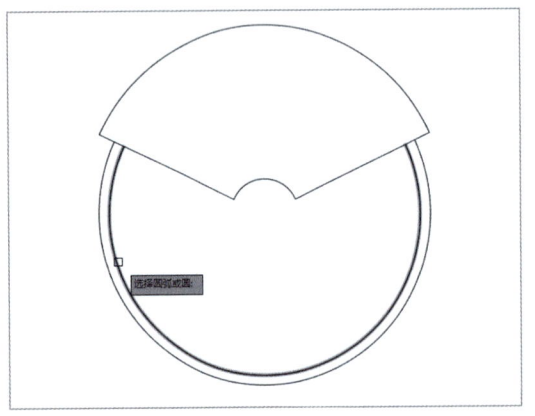

图 8-62 选择需要标记的圆

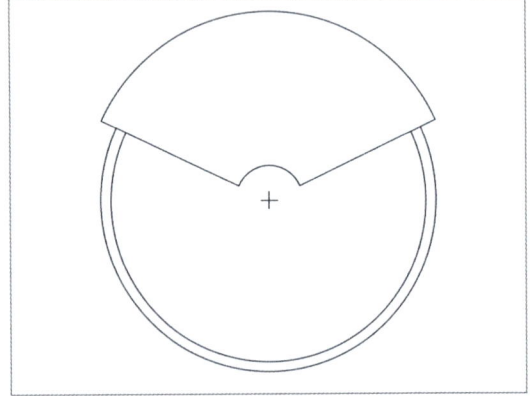

图 8-63 创建圆心标记的效果

本章小节

本章首先介绍了新建与设置标注样式的方法,主要包括新建标注样式、修改尺寸线、设置标注箭头的大小和样式、设置标注文字、设置标注比例以及设置主单位等内容;然后介绍了标注机械图形尺寸的方法,主要包括线性标注、对齐标注、基线标注、半径标注、直径标注以及弧长标注等内容。希望读者学完本章以后,可以熟练掌握 AutoCAD 2016 的各种尺寸标注技巧,标注机械图形文件。

课后习题

鉴于本章知识的重要性,为了帮助读者更好地掌握所学知识,本节将通过上机习题,帮助读者进行简单的知识回顾和补充。

本习题需要掌握快速标注图形尺寸的操作方法,效果如图 8-64 所示。

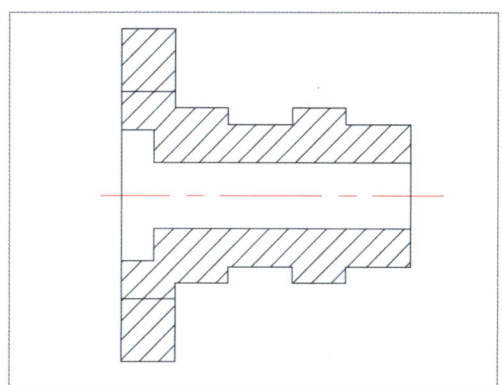 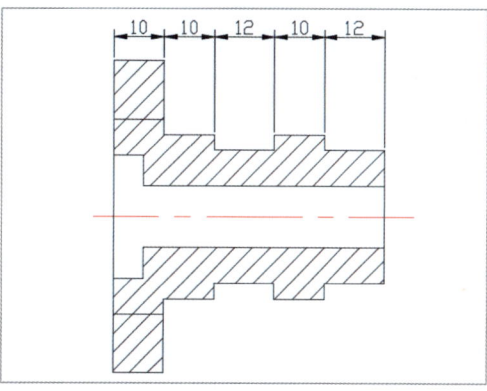

图 8-64　素材文件与效果文件

第 9 章　使用三维绘图环境

【本章导读】

在机械制图中，三维绘图的应用十分广泛。在绘制三维图形之前，需要先掌握三维坐标系的显示方法、使用视觉样式显示模型、使用相机观察三维模型以及使用漫游与飞行观察三维模型等内容，熟练掌握模型的显示方式，可以帮助用户更好的设计模型样式。本章主要向读者介绍使用三维绘制环境的操作技巧。

【本章重点】

- ➢ 创建坐标系与动态观察
- ➢ 使用视觉样式显示模型
- ➢ 使用相机观察三维模型
- ➢ 使用漫游与飞行观察三维模型

9.1　创建坐标系与动态观察

三维设计需要在三维坐标系中进行，在三维空间中，坐标系的使用方法与二维空间类似。在 AutoCAD 2016 中，其默认的坐标系为世界坐标系，用户可以根据绘图的需要，创建自定义的坐标系，视图就是指在三维模型空间中观察模型的方向，对于三维模型，用户可以从任何方向进行观察，即通过设置不同的三维观察视点，可以观察模型的不同侧面效果，本节主要介绍应用三维坐标系与动态观察的操作方法。

9.1.1　创建用户坐标系

用户坐标系表示了当前坐标系的坐标轴和坐标原点位置，也表示了相对于当前的 UCS 的 X、Y 平面的视图方向。下面介绍创建用户坐标系的操作方法。

步骤 01　打开素材图形（素材\第 9 章\带轮.dwg），如图 9-1 所示。

步骤 02　单击"状态栏"上的"切换工作空间"按钮，在弹出的列表框中选择"三维建模"选项，如图 9-2 所示。

步骤 03　切换至"三维建模"工作界面，在"功能区"选项板中，切换至"常用"选项卡，单击"坐标"面板中的"原点"按钮，如图 9-3 所示。

步骤 04　根据命令行的提示进行操作，在绘图区任意指定一点，单击鼠标左键即可创建用户坐标系，如图 9-4 所示。

第 9 章　使用三维绘图环境

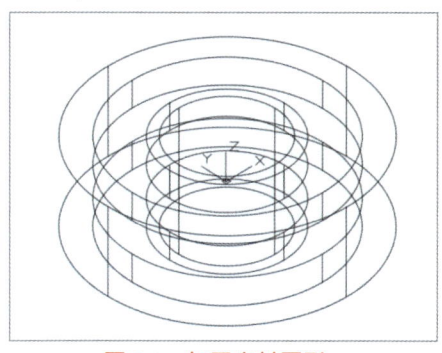

图 9-1　打开素材图形

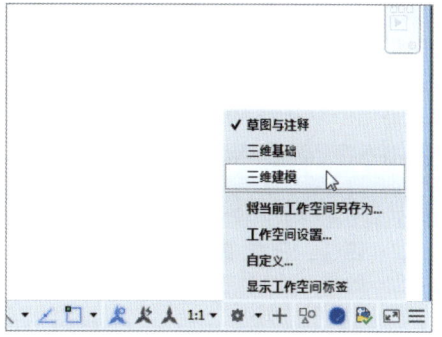

图 9-2　选择"三维建模"选项

图 9-3　单击"原点"按钮

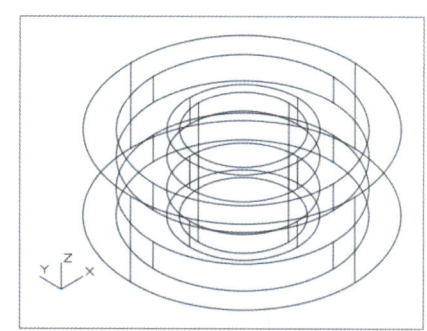

图 9-4　创建用户坐标系

> ▶ 专家指点
>
> 除了运用上述方法可以调用"新建坐标系"命令外，还有以下两种常用的方法。
> （1）单击"工具"|"新建 UCS"|"原点"命令。
> （2）在命令行中输入 UCS（坐标系）命令，按【Enter】键确认。

9.1.2　创建世界坐标系

三维世界坐标系是在二维世界坐标系的基础上增加 Z 轴而形成的，三维世界坐标系是其他三维坐标系的基础，不能对其进行重新定义。下面介绍创建世界坐标系的操作方法。

步骤 01　打开素材图形（素材\第 9 章\外舌止动垫圈.dwg），如图 9-5 所示。

步骤 02　单击快速访问工具栏中"工作空间"右侧的下拉按钮，在弹出的下拉列表中选择"三维建模"选项，如图 9-6 所示，切换至"三维建模"工作界面。

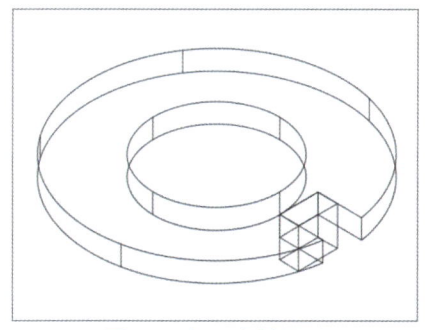

图 9-5　打开素材图形

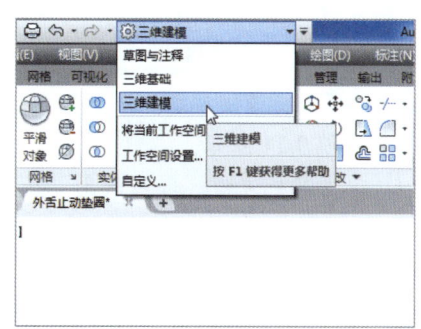

图 9-6　选择"三维建模"选项

步骤 03 在"功能区"选项板中切换至"常用"选项卡,单击"坐标"面板中的"UCS,世界"按钮,如图 9-7 所示。

步骤 04 执行上述操作后,即可创建世界坐标系,效果如图 9-8 所示。

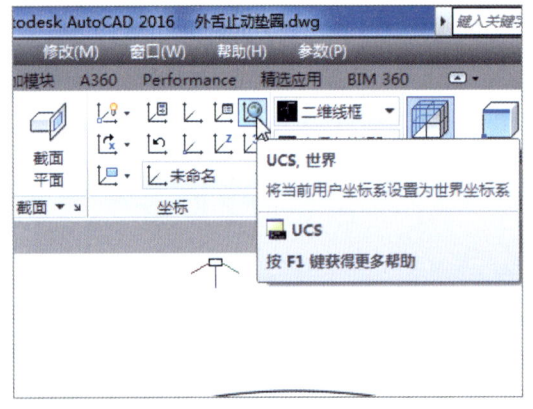

图 9-7 单击"UCS,世界"按钮

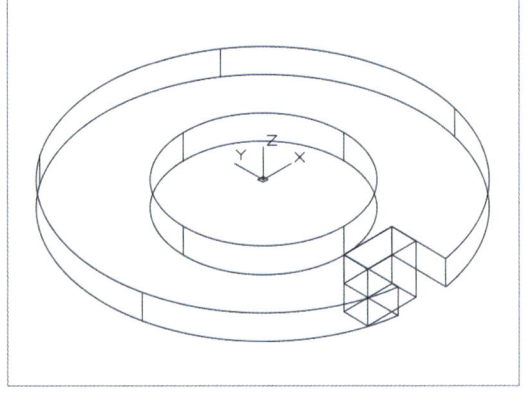

图 9-8 创建世界坐标系

9.1.3 使用"视点"命令

在 AutoCAD 2016 中,使用"视点"命令可以为当前视口设置视点,该视点均是相对于 WCS 坐标系的。下面介绍使用"视点"命令的操作方法。

步骤 01 打开素材图形(素材\第 9 章\顶尖.dwg),如图 9-9 所示。

步骤 02 在命令行中输入"-VPOINT"(视点)命令,如图 9-10 所示。

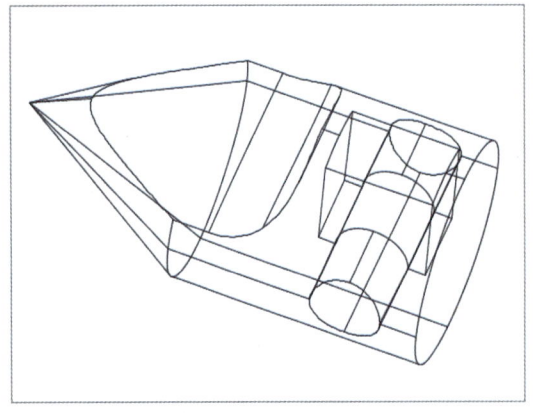

图 9-9 打开素材图形

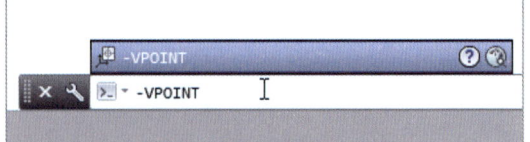

图 9-10 输入"-VPOINT"

步骤 03 按【Enter】键确认,根据命令行的提示进行操作,捕捉图形底面上的圆心点,如图 9-11 所示。

步骤 04 单击鼠标左键,即可使用"视点"命令设置视点,如图 9-12 所示。

▶ 专家指点

在 AutoCAD 2016 中,用户可以通过单击菜单栏中的"视图"|"三维视图"|"视点"命令,来运行"视点"命令。

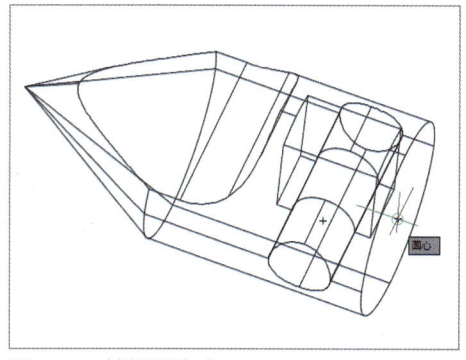
图 9-11 捕捉圆心点

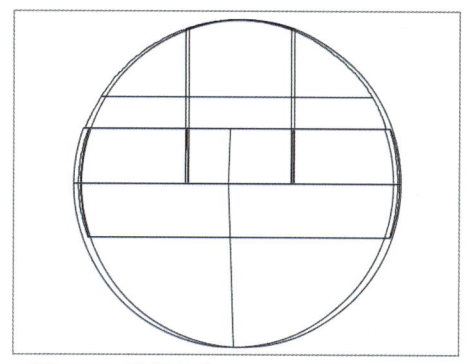
图 9-12 设置视点

9.1.4 使用"视点预设"命令

用户可以在"视点预置"对话框中设置当前视口的视点。下面介绍使用对话框设置视点的操作方法。

步骤 01 打开素材图形（素材\第 9 章\大链轮.dwg），如图 9-13 所示。

步骤 02 在命令行中输入 DDVPOINT（视点预设）命令，按【Enter】键确认，弹出"视点预设"对话框，如图 9-14 所示。

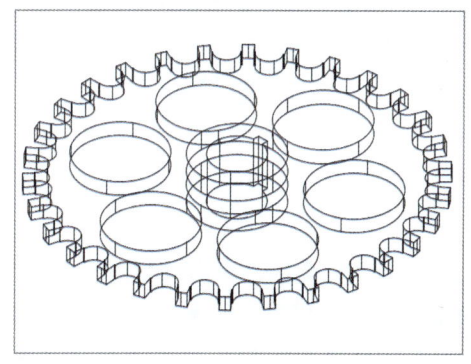
图 9-13 打开素材图形

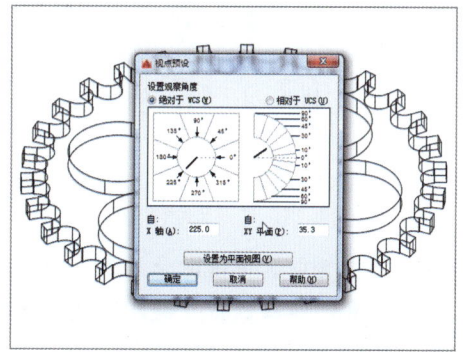
图 9-14 弹出"视点预设"对话框

步骤 03 设置"X 轴"为 270、"XY 平面"为 90，依次单击"设置为平面视图"和"确定"按钮，如图 9-15 所示。

步骤 04 执行操作后即可使用对话框设置视点，如图 9-16 所示。

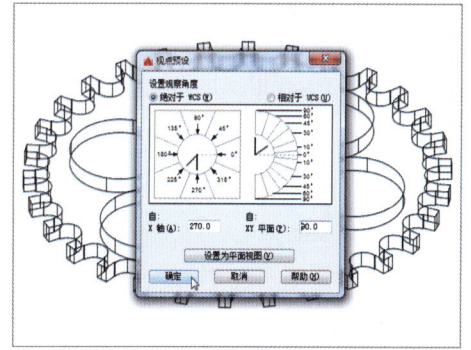
图 9-15 单击"确定"按钮

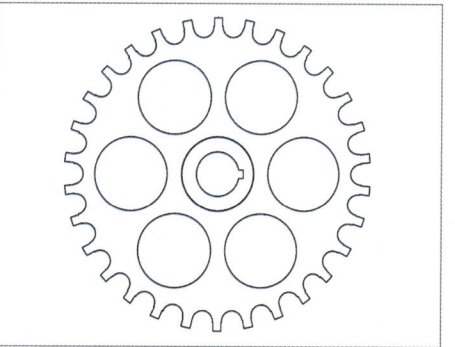
图 9-16 对话框设置视点

> ▶ 专家指点
>
> 在建模过程中，一般仅使用三维动态观察器来观察方向，而在最终输入渲染或着色模型时，使用 DDVPOINT 命令或 "-VOPINT" 命令指定精确的查看方向。

9.1.5　三维动态观察模型

在三维建模空间中使用三维动态观察器，可以动态、交互且直观地显示三维模型，从而实时地控制和改变当前视口中创建的三维视图。下面介绍三维动态观察模型的操作方法。

步骤 01　打开素材图形（素材\第 9 章\端盖.dwg），如图 9-17 所示。

步骤 02　在"功能区"选项板中切换至"视图"选项卡，单击"导航"面板中的"动态观察"按钮，如图 9-18 所示。

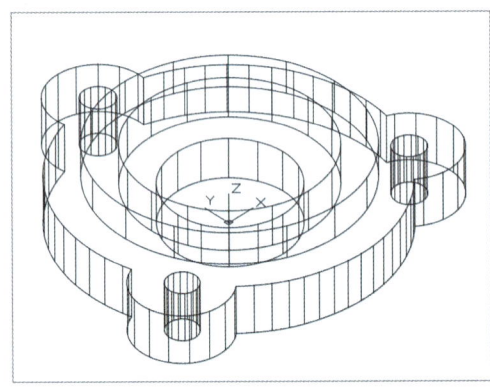
图 9-17　打开素材图形

图 9-18　单击"动态观察"按钮

步骤 03　在绘图区中出现受约束的动态观察光标，单击鼠标左键向右拖曳至合适位置，释放鼠标左键即可使用受约束动态观察三维模型，效果如图 9-19 所示。

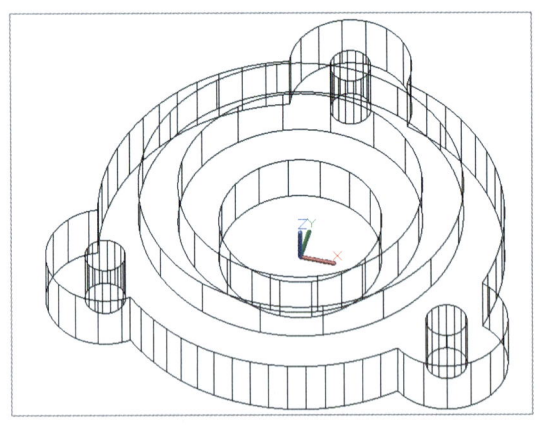
图 9-19　使用受约束动态观察三维模型

> ▶ 专家指点
>
> 用户还可以通过在命令行中输入 3DORBIT 命令（受约束的动态观察），按【Enter】键确认，也可以约束动态观察来运行"动态观察"命令。

动态观察包括受约束动态观察、自由动态观察和连续动态观察 3 种方式，下面分别进行介绍。

（1）受约束的动态观察：受约束的动态观察可以查看整个图形，进入受约束的动态观察状态时，光标在视图中显示为两条线围绕着的小球体，拖曳鼠标可以沿 X 轴、Y 轴和 Z 轴约束三维动态观察。

（2）自由动态观察：自由动态观察视图时显示一个导航球，它用小圆分成 4 个区域。导航球的中心成为目标点，使用三维动态观察器后，被观察的目标保持静止不动，而视点可以绕目标点在三维空间转动。

（3）连续动态观察：使用连续动态观察可以连续、动态地观察图形，当光标在绘图区时单击鼠标左键，并沿任何方向拖曳鼠标都可以使对象沿着拖曳的方向开始旋转。

9.1.6 三维标准视图观察模型

在 AutoCAD 2016 中，用户可以按照标准设置的三维视图观察模型，下面介绍三维标准视图观察模型的操作方法。

步骤 01 打开素材图形（素材\第 9 章\弹片.dwg），如图 9-20 所示。

步骤 02 在"功能区"选项板中切换至"可视化"选项卡，单击"视图"面板中的"视图"◇下拉按钮，在弹出的下拉列表中选择"前视"选项，如图 9-21 所示。

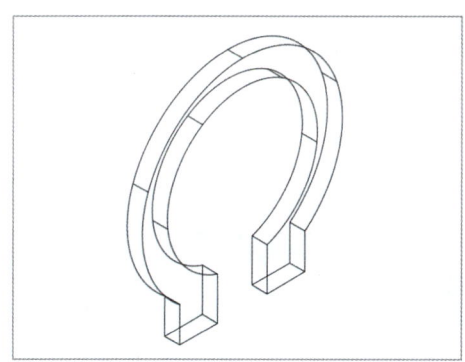

图 9-20　打开素材图形

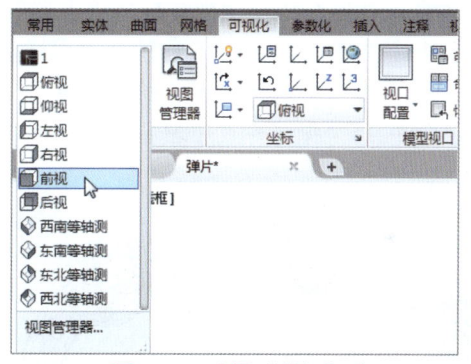

图 9-21　选择"前视"选项

步骤 02 执行上述操作后即可使用三维标准视图的"前视"视图观察图形对象，如图 9-22 所示。

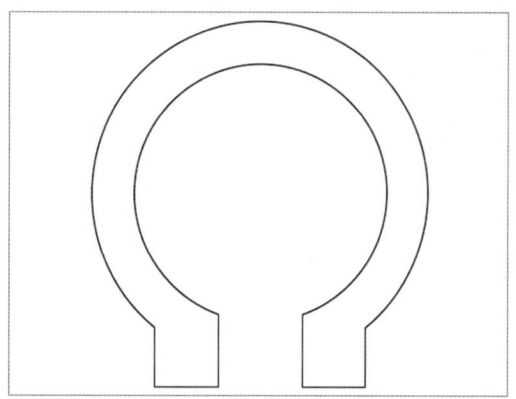

图 9-22　三维标准视图

> **专家指点**
> 三维标准视图是系统自身创建的特殊视点，它们包含了 6 个平面视图和 4 个等轴测视图，分别是"俯视""仰视""左视""右视""前视""后视""西南等轴测""东南等轴测""东北等轴测"以及"西北等轴测"。用户可以通过选择不同的标准视图，实现三维视图与二维视图之间的相互转换，从而达到全方位观察图形对象的要求。

9.2 使用视觉样式显示模型

视觉样式用来控制视口中模型的显示效果，用户可以通过更改视觉样式的特性控制其效果，应用了视觉样式或更改了其设置时，关联的视口会自动更新以反映这些更改。"视觉样式管理器"选项板能显示图形中可用的所有视觉样式。本节主要介绍使用视觉样式显示模型的操作方法。

9.2.1 使用视觉样式管理器

在 AutoCAD 2016 中，用户可以通过"视觉样式管理器"选项板，设置选定样式的面、环境和边等参数的相关信息，以进一步对视觉样式进行管理。下面介绍使用视觉样式管理器的操作方法。

步骤 01　打开素材图形（素材\第 9 章\珠环.dwg），如图 9-23 所示。

步骤 02　在"功能区"选项板中切换至"可视化"选项卡，单击"视觉样式"面板中的"视觉样式管理器"按钮，如图 9-24 所示。

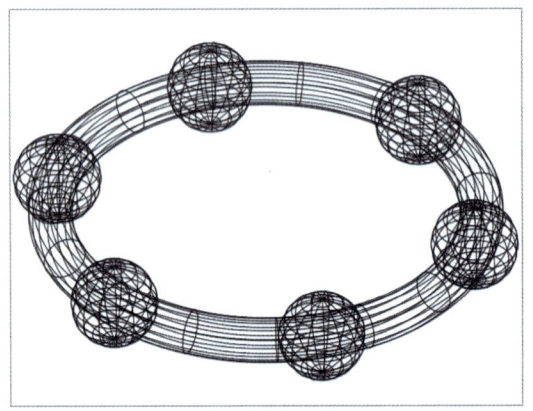

图 9-23　打开素材图形　　　　图 9-24　单击"视觉样式管理器"按钮

步骤 03　弹出"视觉样式管理器"面板，在其中可对视觉样式进行管理，如图 9-25 所示。

在"视觉样式管理器"面板中，各主要选项的含义如下所述。

➢ **"图形中的可用视觉样式"列表框**：显示图形中可用的视觉样式样例图像。选定的视觉样式的面设置、环境设置和边设置将显示在设置面板中，选定的视觉样式显示黄色边框，名称显示在面板的底部。

➢ **"创建新的视觉样式"按钮**：单击该按钮，弹出"创建新的视觉样式"对话

第 9 章　使用三维绘图环境

框，用户可以输入名称和说明。

> **"将选定的视觉样式应用于当前视口"按钮**：应用于当前视口的视觉样式。
> **"将选定的视觉样式输出到工具选项板"按钮**：为选定的视觉样式创建工具并将其置于活动工具选项板上。
> **"删除选定的视觉样式"按钮**：可以从图形中删除视觉样式。注意：默认视觉样式或正在使用的视觉样式无法被删除。

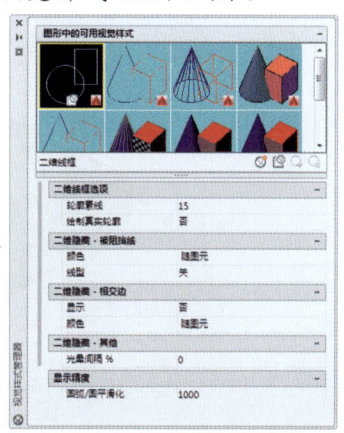

图 9-25　"视觉样式管理器"面板

9.2.2 使用二维线框显示模型

在 AutoCAD 2016 中，用户可以使用"二维线框"命令用直线和曲线表示边界的对象，光栅、OLE 对象、线型和线宽均是可见的。下面介绍使用二维线框显示模型的操作方法。

步骤 01　打开素材图形（素材\第 9 章\连接盘.dwg），如图 9-26 所示。

步骤 02　显示菜单栏，选择菜单栏中的"视图"|"视觉样式"|"二维线框"命令，以二维线框样式显示实体图形，效果如图 9-27 所示。

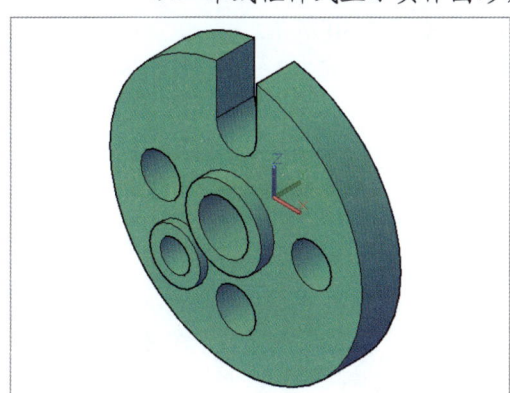

图 9-26　打开素材图形

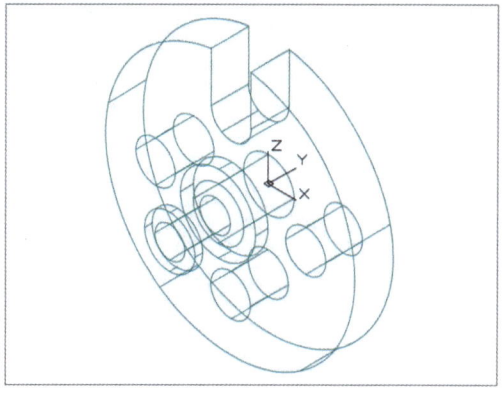

图 9-27　二维线框显示实体

▶ **专家指点**

切换至"可视化"选项卡，单击"视觉样式"面板中"视觉样式"右侧的下拉按钮，在弹出的下拉列表中选择"二维线框"选项，也可以使用二维线框显示模型。

9.2.3 使用概念显示模型

在 AutoCAD 2016 中,使用"概念"命令可以着色多边形平面间的对象,并使对象的边平滑化。下面介绍使用概念显示模型的操作方法。

步骤 01 打开素材图形(素材\第 9 章\轴底座.dwg),如图 9-28 所示。

步骤 02 显示菜单栏,选择菜单栏中的"视图"|"视觉样式"|"概念"命令,以概念样式显示实体图形,效果如图 9-29 所示。

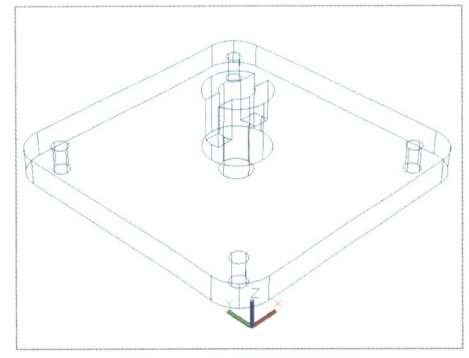
图 9-28 打开素材图形

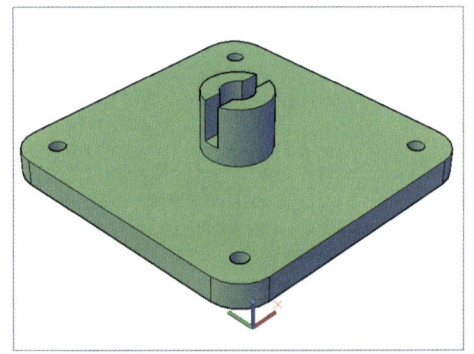
图 9-29 概念样式显示实体

▶ 专家指点

切换至"可视化"选项卡,单击"视觉样式"面板中"视觉样式"右侧的下拉按钮,在弹出的下拉列表中选择"概念"选项,也可以使用概念显示模型。

9.2.4 使用真实显示模型

在 AutoCAD 2016 中,"真实"命令是指着色多边形平面间的对象,使对象的边平滑化,并显示已附着到对象的材质。下面介绍使用真实显示模型的操作方法。

步骤 01 打开素材图形(素材\第 9 章\支架.dwg),如图 9-30 所示。

步骤 02 显示菜单栏,选择菜单栏中的"视图"|"视觉样式"|"真实"命令,以真实样式显示实体图形,效果如图 9-31 所示。

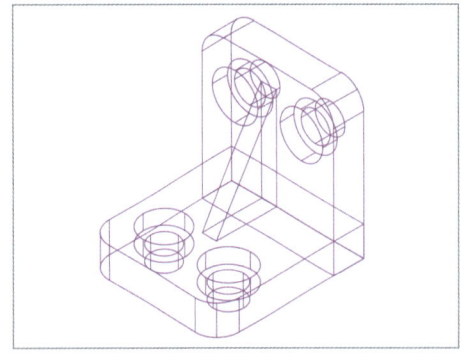
图 9-30 打开素材图形

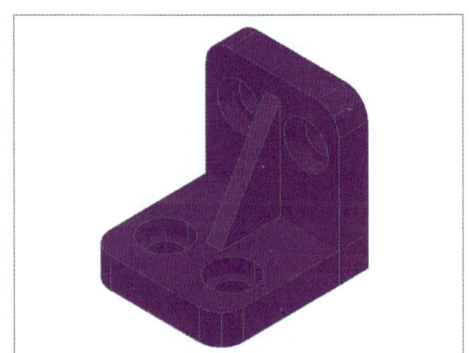
图 9-31 真实样式显示实体

> ▶ 专家指点
>
> 切换至"可视化"选项卡,单击"视觉样式"面板中"视觉样式"右侧的下拉按钮,在弹出的下拉列表中选择"真实"选项,也可以使用真实显示模型。

9.3 使用相机观察三维模型

AutoCAD 2016 中,用户可以在三维模型空间中设置相机和目标的位置,以创建并保存对象的三维透视图。本节主要介绍创建与修改相机操作模型的操作方法。

在 AutoCAD 2016 中,用户可以在图形中打开或关闭相机并使用夹点来编辑相机的位置、目标或焦距。相机有以下 4 个属性:

➢ 目标:通过指定视图中心的坐标来定义要观察的点。
➢ 焦距:定义相机镜头的比例特性。焦距越大,视野越窄。
➢ 位置:定义要观察三维模型的起点。
➢ 前向和后向剪裁平面:指定剪裁平面的位置。剪裁平面是定义(或剪裁)视图的边界。在相机视图中,将隐藏相机与前向剪裁平面之间的所有对象。同样隐藏后向剪裁平面与目标之间的所有对象。

9.3.1 创建相机观察模型

在 AutoCAD 2016 中,创建相机观察模型的操作很简单,下面介绍具体操作方法。

步骤 01 打开素材图形(素材\第 9 章\摇杆.dwg),如图 9-32 所示。
步骤 02 在命令行中输入 CAMERA(创建相机)命令,如图 9-33 所示。

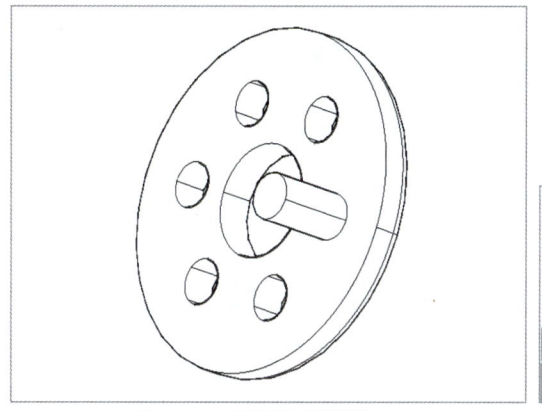

图 9-32 打开素材图形

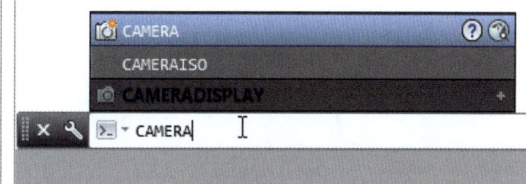

图 9-33 在命令行中输入 CAMERA 命令

步骤 03 按【Enter】键确认,根据命令行提示进行操作,在绘图区出现一个相机光标,在绘图区中右下方的合适位置上单击鼠标左键,确定相机位置,如图 9-34 所示。

步骤 04 在机械图形上方合适的端点上单击鼠标左键,即可确定目标位置,如图 9-35 所示。

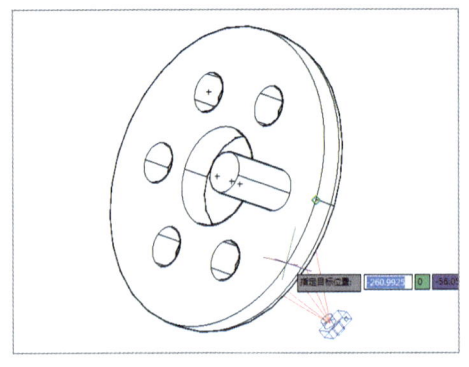
图 9-34　确定相机位置

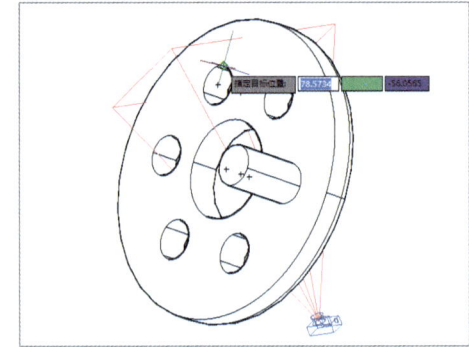
图 9-35　确定目标位置

步骤 05　在命令行的提示下，输入 LO（位置）选项，如图 9-36 所示。

步骤 06　按【Enter】键确认，在命令行中输入（-106,308,1060），如图 9-37 所示。

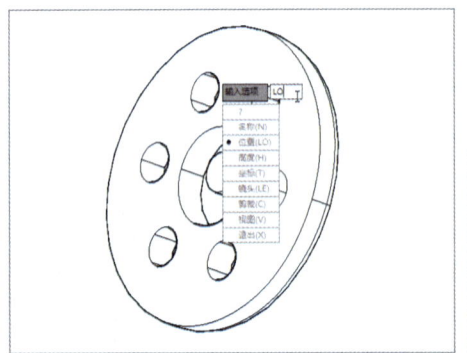
图 9-36　在命令行中输入 LO

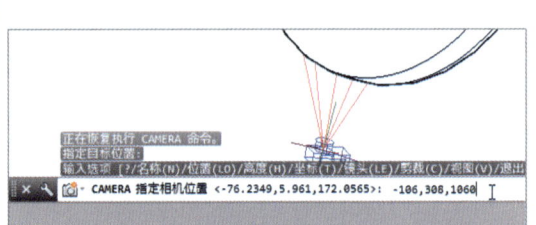
图 9-37　在命令行中输入相应的参数

步骤 07　连续按两次【Enter】键确认即可创建相机，并在绘图区中出现一个相机光标，如图 9-38 所示。

步骤 08　在相机光标图形上，单击鼠标左键，弹出"相机预览"对话框，在对话框中观察三维模型，如图 9-39 所示。

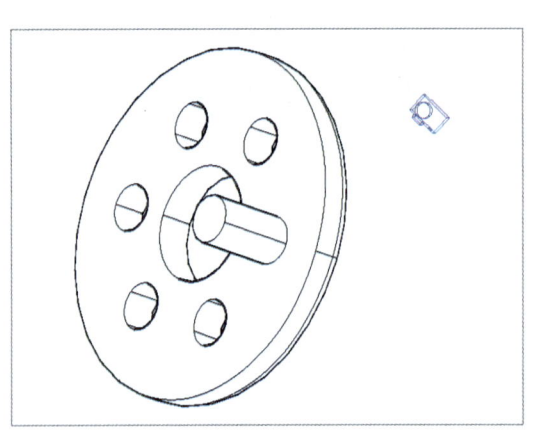
图 9-38　创建相机

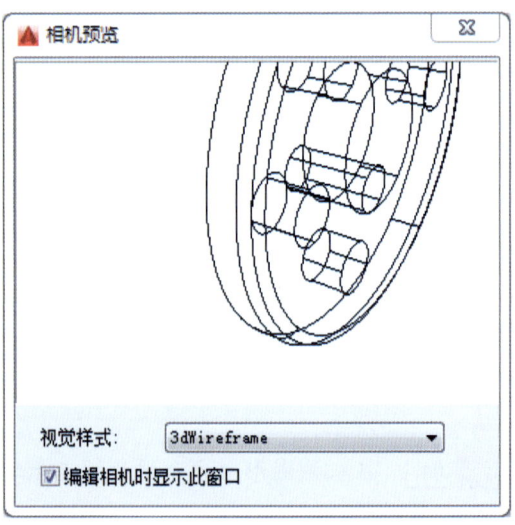
图 9-39　使用相机预览观察三维模型

9.3.2 修改相机观察模型

在 AutoCAD 2016 中，用户可以通过定义相机的位置和目标来修改相机的属性。下面介绍修改相机观察模型的操作方法。

步骤 01 打开素材图形（素材\第 9 章\皮带轮.dwg），如图 9-40 所示。

步骤 02 在相机图形上单击鼠标左键，弹出"相机预览"对话框，在"视图"选项卡中，单击"选项板"面板中的"特性"按钮，弹出"特性"面板，如图 9-41 所示。

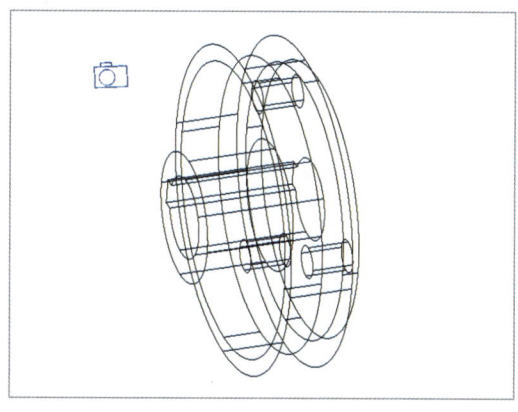

图 9-40 打开素材图形

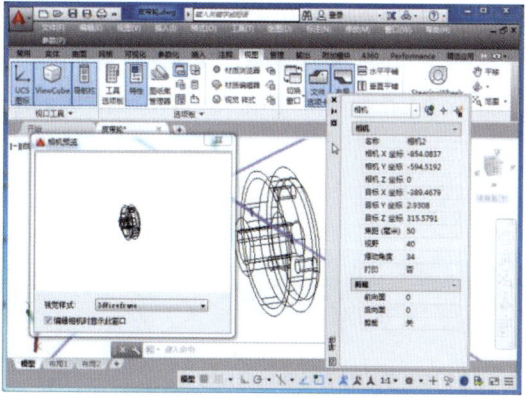

图 9-41 "特性"面板

步骤 03 在"特性"面板的"相机"选项区中，设置"相机 X 坐标"为-400、"相机 Y 坐标"为-250、"相机 Z 坐标"为 5，如图 9-42 所示。

步骤 04 按【Enter】键确认，即可修改相机的位置，效果如图 9-43 所示。

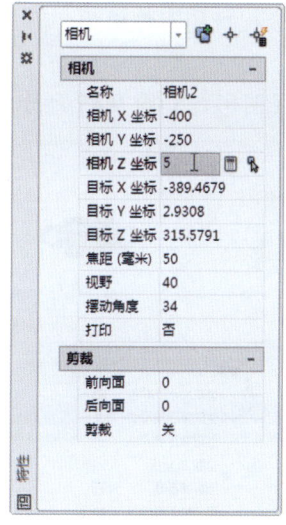

图 9-42 设置相应参数

图 9-43 修改相机位置

9.4 使用漫游与飞行观察三维模型

使用 AutoCAD 2016 的漫游和飞行功能，可以在三维空间中模拟漫游和飞行效果。本节主要介绍使用漫游与飞行观察三维模型的操作方法。

9.4.1 使用漫游观察三维模型

漫游工具可以动态地改变观察点相对于观察对象之间的视距和回旋角度。下面将介绍使用漫游工具的操作方法。

步骤 01　打开素材图形（素材\第 9 章\卡锁.dwg），如图 9-44 所示。

步骤 02　在命令行中输入 3DWALK（漫游）命令，如图 9-45 所示。

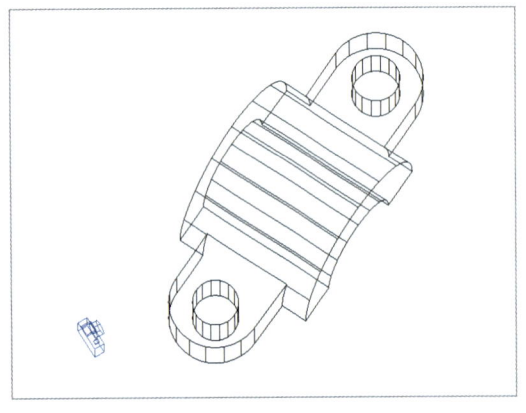

图 9-44　打开素材图形

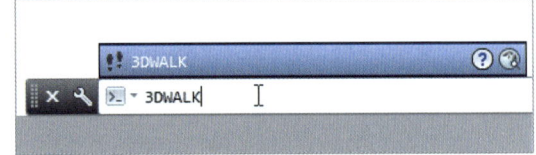

图 9-45　在命令行中输入 3DWALK 命令

步骤 03　按【Enter】键确认，弹出"漫游和飞行-更改为透视视图"对话框，单击"修改"按钮，如图 9-46 所示。

步骤 04　弹出"定位器"面板，该面板上显示漫游的路径图形，如图 9-47 所示。

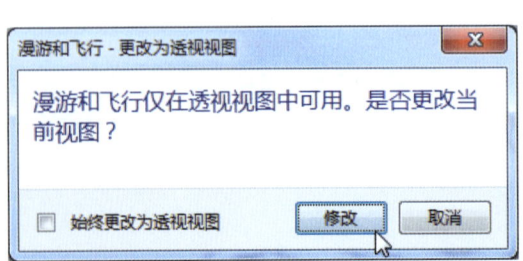

图 9-46　单击"修改"按钮

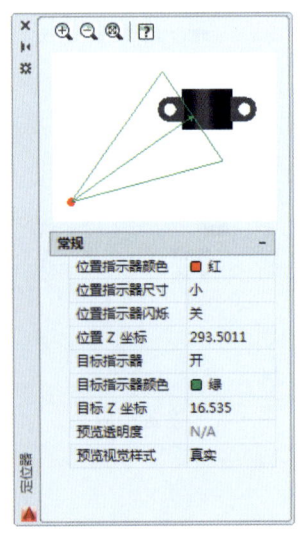

图 9-47　显示漫游的路径图形

在"定位器"面板中各选项含义如下所述。
- ➢ **"放大"按钮**：放大"定位器"面板中显示的内容。
- ➢ **"缩小"按钮**：缩小"定位器"面板中显示的内容。
- ➢ **"范围缩放"按钮**：缩放到"定位器"面板中显示内容的范围。
- ➢ **"预览"显示区**：显示在模型中的当前位置。
- ➢ **位置指示器颜色**：设定显示当前位置的点的颜色。
- ➢ **位置指示器尺寸**：设定指示器的尺寸。
- ➢ **位置指示器闪烁**：打开或关闭闪烁效果。
- ➢ **位置 Z 坐标**：指定指示器的 Z 坐标值。
- ➢ **目标指示器**：显示视图目标。
- ➢ **目标指示器颜色**：用于指定目标指示器的颜色。
- ➢ **目标 Z 坐标**：用于指定目标位置指示器的 Z 坐标值。
- ➢ **预览透明度**：设定预览窗口的透明度。
- ➢ **预览视觉样式**：设定预览的视觉样式。

步骤 05 在"定位器"面板中的指示器上，单击鼠标左键并向右拖曳，如图 9-48 所示。

步骤 06 在合适位置上释放鼠标，绘图区中的三维图形跟随鼠标移动，即可运用漫游观察三维模型，如图 9-49 所示。

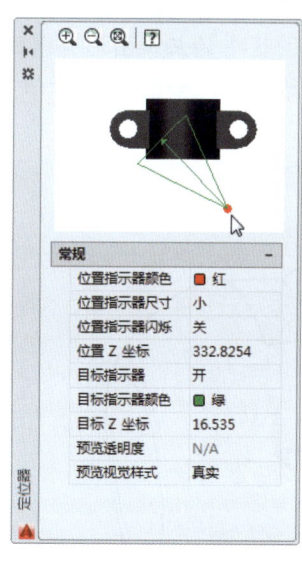
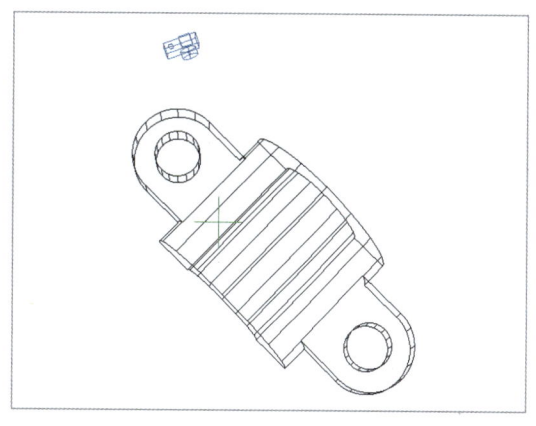

图 9-48　单击鼠标左键并拖曳　　　　　图 9-49　运用漫游观察三维模型

9.4.2　使用飞行观察三维模型

使用飞行工具可以指定任意距离和观察角度观察模型，下面将介绍使用飞行工具的操作方法。

步骤 01 打开素材图形（素材\第 9 章\阀芯.dwg），如图 9-50 所示。

步骤 02 在命令行中输入 3DFLY（飞行）命令，按【Enter】键确认，弹出"漫游和飞行-更改为透视视图"对话框，单击"修改"按钮，如图 9-51 所示。

▶ **专家指点**

除了上述方法可以调用"飞行"命令外,还有以下两种常用的方法。
(1)在"功能区"选项板中,切换至"渲染"选项卡,单击"动画"面板中间的下拉按钮,在展开的面板中单击"飞行"按钮 ✈。
(2)单击"视图"|"漫游和飞行"|"飞行"命令。

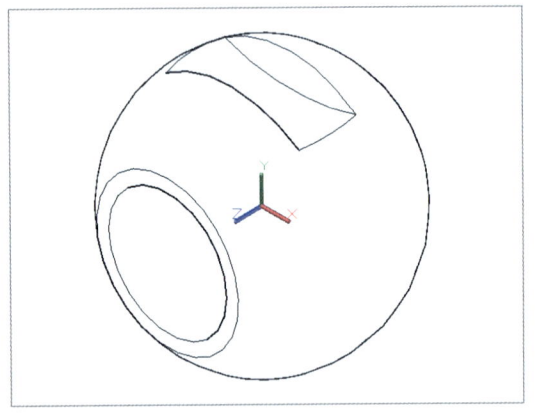

图 9-50 打开素材图形

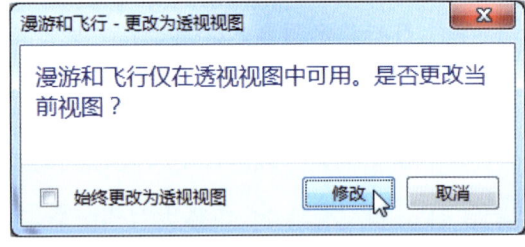

图 9-51 单击"修改"按钮

步骤 03 弹出"定位器"面板,该面板上显示飞行的路径图形,如图 9-52 所示。

步骤 04 在"定位器"面板中的指示器上,拖曳鼠标,绘图区中的三维图形会跟随"定位器"面板中的指示器移动,即可飞行观察三维图形,如图 9-53 所示。

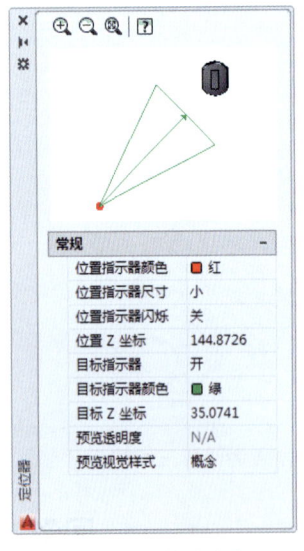

图 9-52 拖曳鼠标

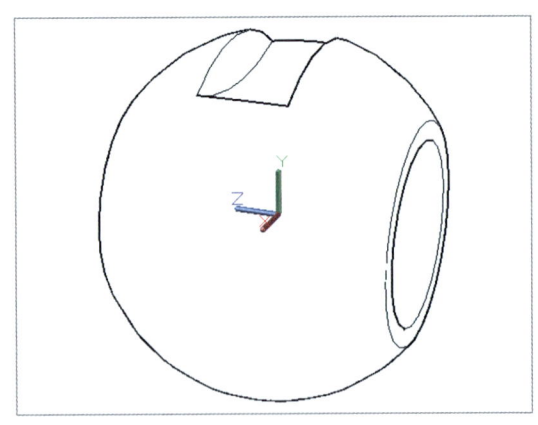

图 9-53 飞行观察三维模型

本章小节

本章首先介绍了创建坐标系的方法,比如在三维视图中创建用户坐标系与世界坐标系，然后介绍了三维动态观察模型的方法；接着介绍了使用视觉样式显示模型的方法，包含3种方式，第一种是二维线框显示模型，第二种是使用概念显示模型，第三种是使用真实显示模型，这3种显示方式在三维建模中经常会使用到；最后介绍了使用相机观察三维模型、使用漫游与飞行观察三维模型的操作方法。通过本章内容的学习，希望读者熟练掌握三维绘图环境的基本应用，以及三维模型的各种显示模式。

课后习题

鉴于本章知识的重要性，为了帮助读者更好地掌握所学知识，本节将通过上机习题，帮助读者进行简单的知识回顾和补充。

本习题需要掌握三维动态观察模型的操作方法，效果如图9-54所示。

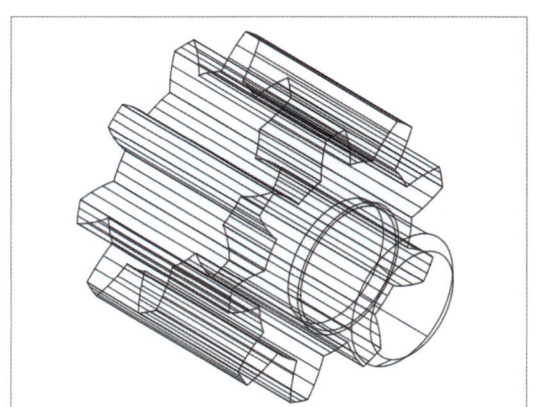 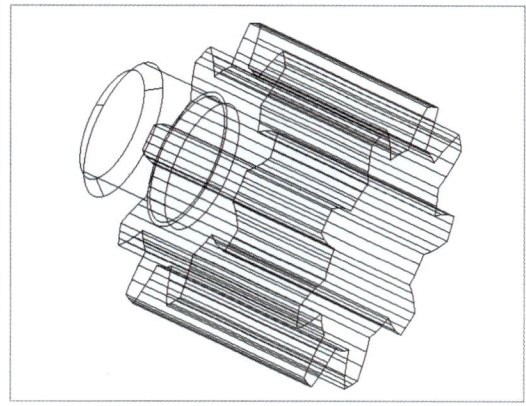

图 9-54　素材文件与效果文件

第 10 章 创建三维机械模型

【本章导读】

三维模型具有线框和表面模型所没有的特征，其内部是实心的。在 AutoCAD 2016 中，除了绘制基本三维面和实体模型的方法之外，还提供了绘制旋转、平移、直纹和边界表面的方法，可以将满足一定条件的两个或多个二维对象转换为三维对象。本章主要介绍创建三维机械模型的操作方法。

【本章重点】

- 创建三维实体对象
- 编辑三维实体对象
- 布尔运算三维实体对象

10.1 创建三维实体对象

在 AutoCAD 2016 中，用户可以在"三维建模"界面中的"建模"面板中单击相应的按钮，以创建出基本三维实体，主要包括拉伸实体、旋转实体、长方体、楔体、球体、圆柱体以及圆锥体等。本节主要介绍创建三维实体对象的操作方法。

10.1.1 创建拉伸实体

在 AutoCAD 2016 中，使用"拉伸"命令可以将二维图形对象沿 Z 轴或某个方向拉伸成实体对象，拉伸的对象被称为断面。下面介绍创建拉伸实体的操作方法。

步骤 01 打开素材图形（素材\第 10 章\槽轮.dwg），如图 10-1 所示。

步骤 02 在"功能区"选项板的"常用"选项卡中，单击"建模"面板中的"拉伸"按钮，如图 10-2 所示。

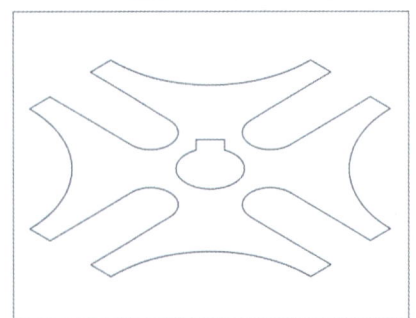

图 10-1 打开素材图形

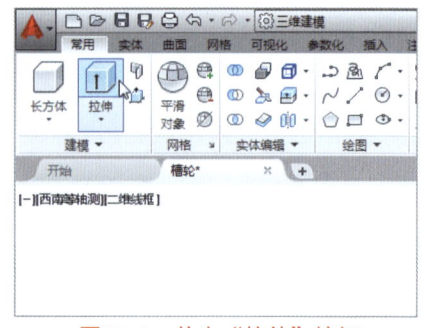

图 10-2 单击"拉伸"按钮

步骤 03　根据命令行提示进行操作,选择需要拉伸的对象,如图 10-3 所示。
步骤 04　按【Enter】键确认,向上引导光标,输入 40,按【Enter】键确认,即可拉伸实体,效果如图 10-4 所示。

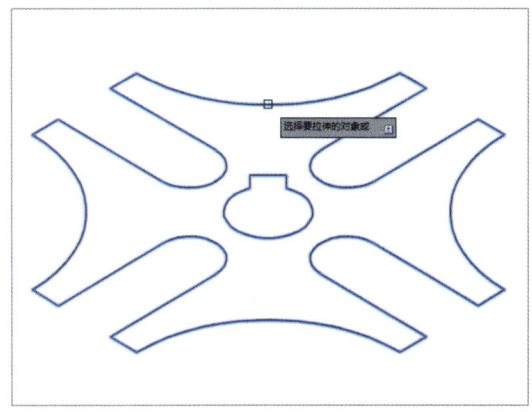

图 10-3　选择拉伸对象　　　　　　　图 10-4　拉伸实体

> ▶ 专家指点
>
> 还有以下两种常用的方法可以调用"拉伸"命令。
> (1)输入 EXTRUDE 命令。
> (2)单击"绘图"|"建模"|"拉伸"命令。

10.1.2　创建旋转实体

使用"旋转"命令可以通过绕轴旋转开放或闭合对象来创建实体或曲面,以旋转对象定义实体或曲面轮廓。下面介绍创建旋转实体的操作方法。

步骤 01　打开素材图形(素材\第 10 章\内胎.dwg),如图 10-5 所示。
步骤 02　在"功能区"选项板的"常用"选项卡中,单击"建模"面板中"拉伸"的下拉按钮,在弹出的列表框中,单击"旋转"按钮,如图 10-6 所示。

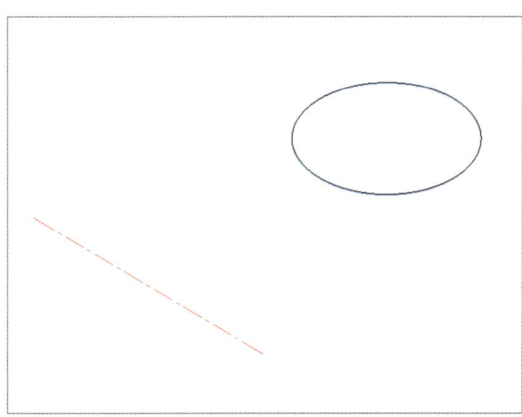

图 10-5　打开素材图形　　　　　　　图 10-6　单击"旋转"按钮

步骤 03　根据命令行的提示进行操作,选择右侧圆为旋转对象,如图 10-7 所示,按【Enter】键确认。

步骤 04　在左侧直线的两个端点上依次单击鼠标左键，指定旋转轴，输入旋转角度为360，按【Enter】键确认，即可创建旋转实体，如图10-8所示。

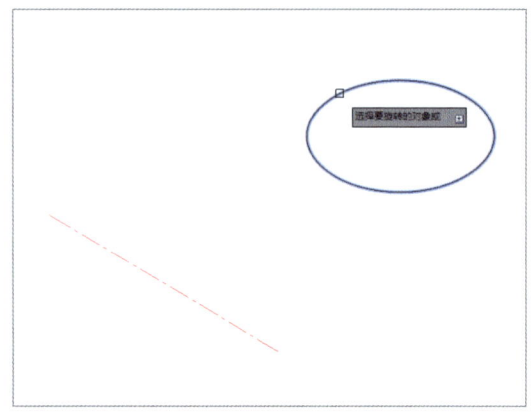

图 10-7　选择旋转对象

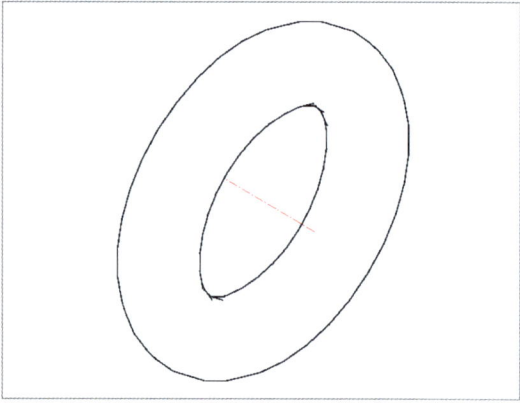

图 10-8　创建旋转实体

▶ 专家指点

还有以下两种常用的方法可以调用"旋转"命令。
（1）输入 REVOLVE 命令。
（2）单击"绘图"|"建模"|"旋转"命令。

10.1.3　创建三维直线

三维空间中的直线是创建三维实体或曲线模型的基础，下面介绍创建三维直线的方法。

步骤 01　打开素材图形（素材\第10章\阀体接头.dwg），如图10-9所示。

步骤 02　在命令行中输入 L（直线）命令，按【Enter】键确认，根据命令行的提示进行操作，捕捉右下角点，如图10-10所示。

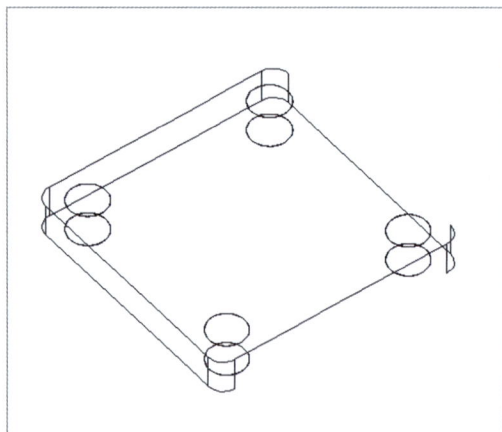

图 10-9　打开素材图形

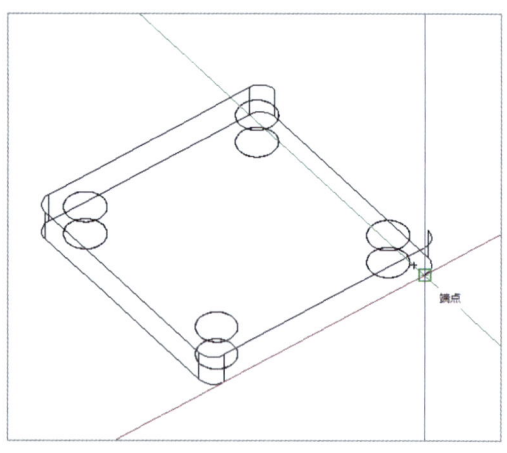

图 10-10　捕捉右下角点

步骤 03　单击鼠标左键确认，捕捉左下角点，按【Enter】键确认，即可绘制三维直线，如图10-11所示。

步骤 04 用同样的方法，绘制另一条三维直线，如图 10-12 所示。

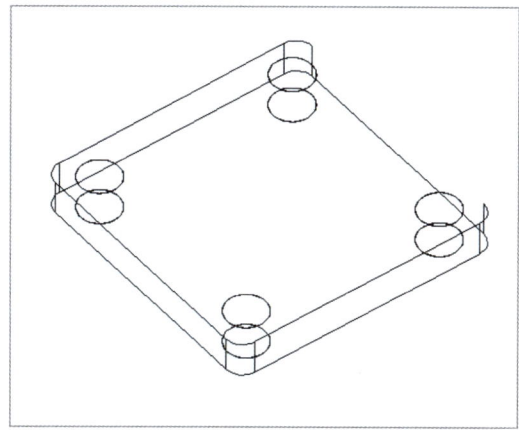

图 10-11　绘制三维直线

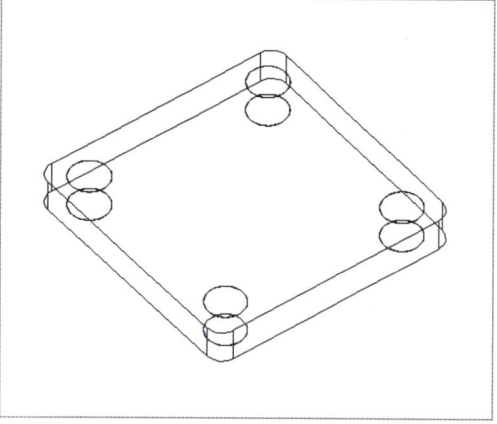

图 10-12　绘制另一条三维直线

▶ 专家指点

三维空间中的基本直线包括直线、线段、射线以及构造线等类型，它是点沿一个或两个方向无限延伸的结果。

10.1.4　创建长方体

使用"长方体"命令，可以创建具有规则实体模型形状的长方体或正方体等实体，如创建零件的底座、支撑板、建筑墙体及家具等。下面介绍绘制长方体的操作方法。

步骤 01　打开素材图形（素材\第 10 章\盒体.dwg），如图 10-13 所示。

步骤 02　在"功能区"选项板的"常用"选项卡中，单击"建模"面板中的"长方体"按钮，如图 10-14 所示。

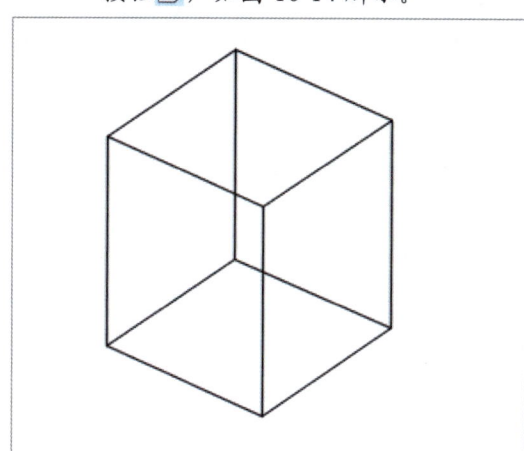

图 10-13　打开素材图形

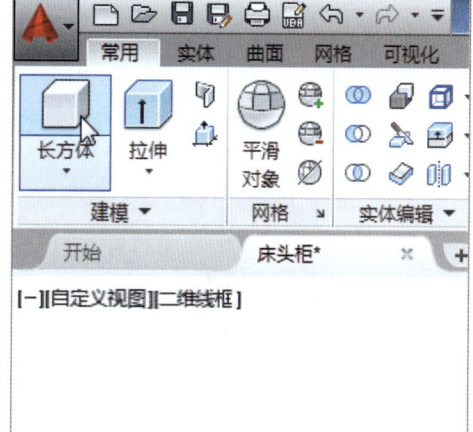

图 10-14　单击"长方体"按钮

步骤 03　在命令行的提示下，输入长方体的一个角点坐标为（0,0,0），按【Enter】键确认，输入另一个角点坐标为（@400, -400, 30），按【Enter】键确认，如图 10-15 所示。

步骤 04　执行操作后，即可创建长方体，如图 10-16 所示。

```
命令：*取消*
命令：*取消*
命令：*取消*
命令：*取消*
命令：*取消*
命令：*取消*
命令：
命令：
命令：_box
指定第一个角点或 [中心(C)]：0,0,0
BOX 指定其他角点或 [立方体(C)
长度(L)]：@400,-400,30
```

图 10-15　输入坐标

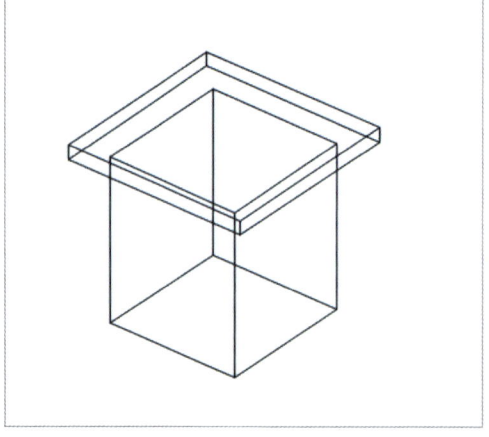

图 10-16　创建长方体

▶ 专家指点

还有以下两种常用的方法可以调用"长方体"命令。
（1）输入 BOX 命令。
（2）单击"绘图" | "建模" | "长方体"命令。

10.1.5　创建球体

球体是由三维空间中的一个点（即球心）到距离相等的所有点的集合形成的实体，在绘制球体时，通过改变曲面轮廓线系统变量控制球体的显示。下面介绍创建球体的操作方法。

步骤 01　打开素材图形（素材\第 10 章\车轮.dwg），如图 10-17 所示。

步骤 02　在"功能区"选项板中切换至"常用"选项卡，单击"建模"面板中的"长方体"下拉按钮，在弹出的下拉列表中单击"球体"按钮，如图 10-18 所示。

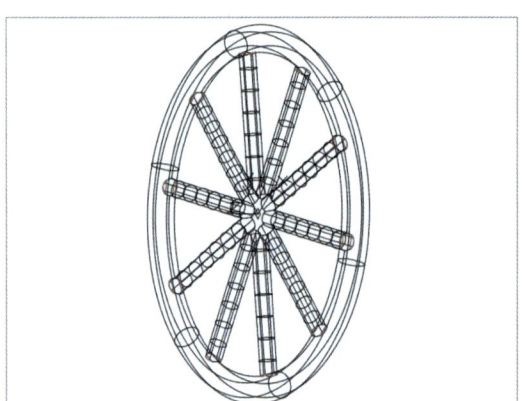

图 10-17　打开素材图形

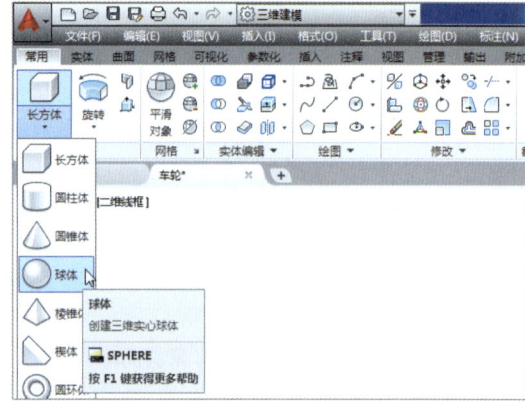

图 10-18　单击"球体"按钮

步骤 03　根据命令行的提示，输入球体的中心点坐标为（0,0,0）并按【Enter】键确认，指定球体的中心点，如图 10-19 所示。

步骤 04　输入半径值为 25，按【Enter】键确认，完成创建球体的操作，效果如图 10-20 所示。

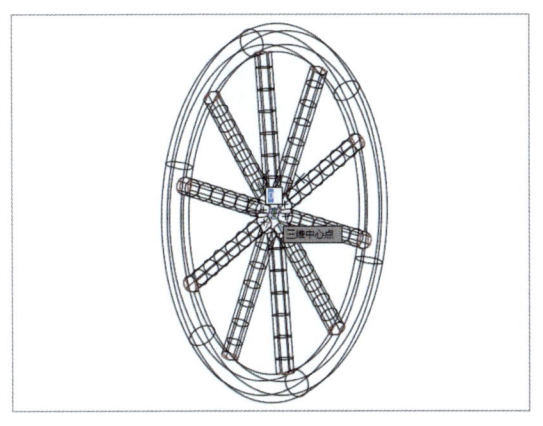

图 10-19　指定球体中心点

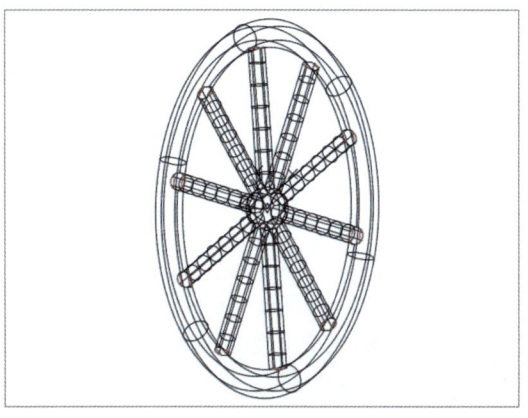

图 10-20　完成创建球体操作

10.1.6　创建圆柱体

在 AutoCAD 2016 中，要构造具有特定细节的圆柱体，需要先使用 PLINE（多段线）命令创建二维轮廓，然后执行 EXTRUDE（拉伸）命令沿 Z 轴定义高度。下面介绍创建圆柱体的操作方法。

步骤 01　打开素材图形（素材\第 10 章\支撑板.dwg），如图 10-21 所示。

步骤 02　在"功能区"选项板的"常用"选项卡中，单击"建模"面板中"长方体"的下拉按钮，在弹出的列表框中单击"圆柱体"按钮，如图 10-22 所示。

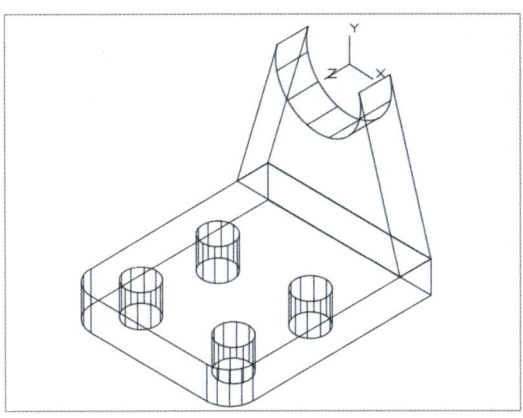

图 10-21　打开素材图形

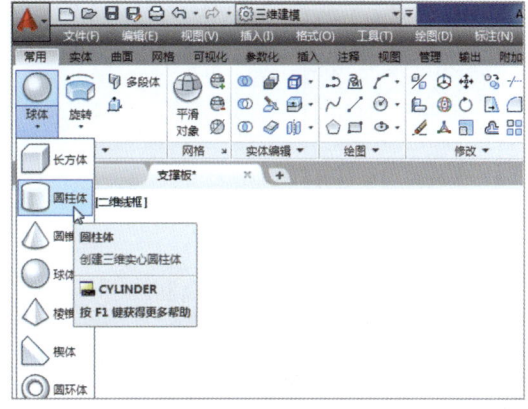

图 10-22　单击"圆柱体"按钮

▶ 专家指点

还有以下两种常用的方法可以调用"圆柱体"命令。

（1）输入 CYLINDER 命令。

（2）单击"绘图"｜"建模"｜"圆柱体"命令。

步骤 03 根据命令行的提示进行操作,输入(0,0,0),按【Enter】键确认,输入 10.5 并确认,输入 20,如图 10-23 所示,按【Enter】键确认。

步骤 04 执行操作后即可绘制圆柱体,如图 10-24 所示。

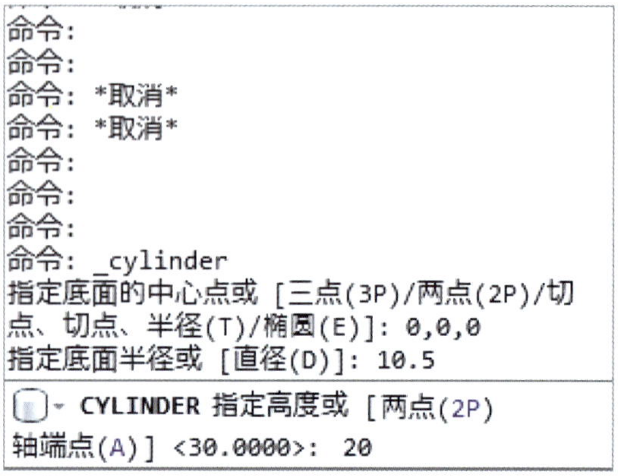

图 10-23　输入 20

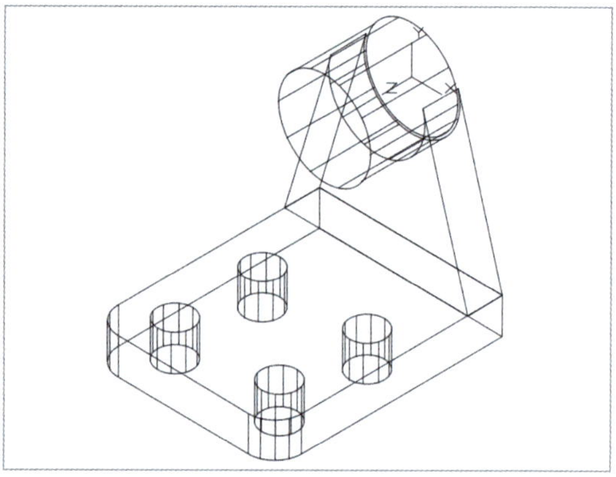

图 10-24　绘制圆柱体

10.1.7 创建圆锥体

在创建圆锥体时,底面半径的默认值始终是先前输入的任意实体的底面半径值。用户可以通过在命令行中选择相应的选项,来定义圆锥面的底面。下面介绍创建圆锥体的方法。

步骤 01 打开素材图形(素材\第 10 章\接头.dwg),如图 10-25 所示。

步骤 02 在"功能区"选项板的"常用"选项卡中,单击"建模"面板中"长方体"的下拉按钮,在弹出的列表框中单击"圆锥体"按钮△,如图 10-26 所示。

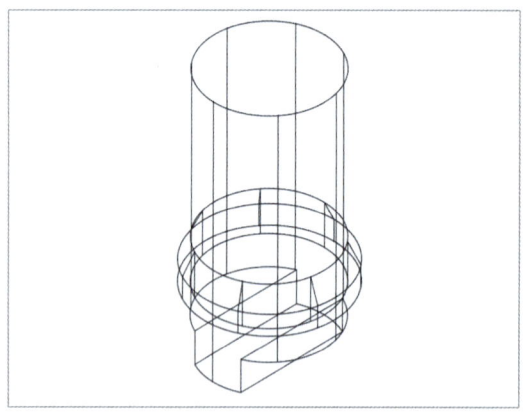

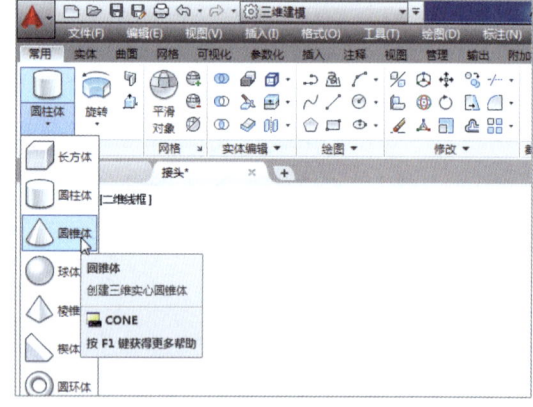

图 10-25　打开素材图形

图 10-26　单击"圆锥体"按钮

步骤 03 在命令行的提示下,捕捉最上方的圆心点,如图 10-27 所示,输入底面半径为 12,按【Enter】键确认。

步骤 04 输入圆锥体高度为 20 并确认,即可创建圆锥体,如图 10-28 所示。

第 10 章　创建三维机械模型

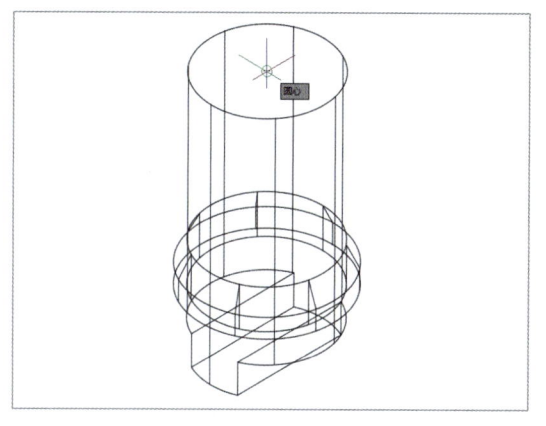

图 10-27　捕捉圆心点

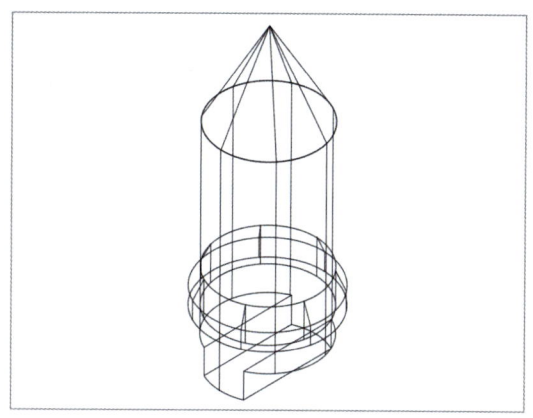

图 10-28　创建圆锥体

10.2　编辑三维实体对象

在 AutoCAD 2016 中，用户创建好实体模型后，可以对其进行三维移动、三维旋转、三维对齐、三维镜像、三维加厚以及三维阵列等基本编辑。本节将向读者介绍编辑基本三维模型的相关知识。

10.2.1　移动三维实体

使用"三维建模"界面中的"移动"命令，可以调整模型在三维空间中的位置。下面介绍移动三维实体的操作方法。

步骤 01　打开素材图形（素材\第 10 章\支撑板模型.dwg），如图 10-29 所示。

步骤 02　在"功能区"选项板中切换至"常用"选项卡，单击"修改"面板中的"三维移动"按钮，如图 10-30 所示。

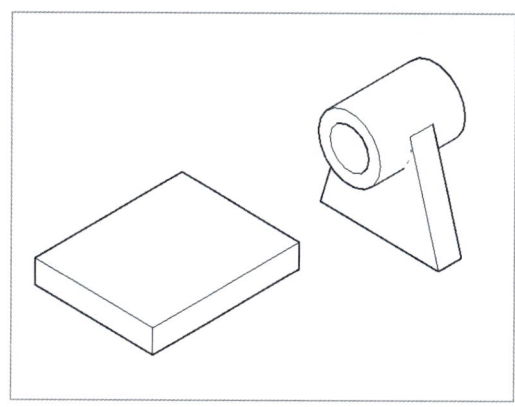

图 10-29　打开素材图形

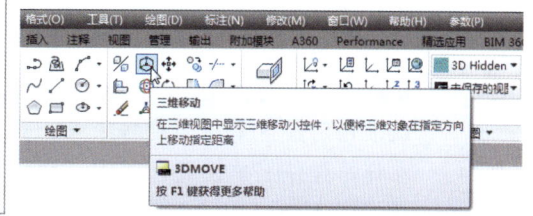

图 10-30　单击"三维移动"按钮

步骤 03　根据命令行的提示，在绘图区中选择左侧图形为移动对象，按【Enter】键确认，在图形右下角上端点处单击鼠标左键，确认移动基点，如图 10-31 所示。

步骤 04　捕捉右侧图形最右边的端点，单击鼠标左键，完成移动三维实体模型的操作，效果如图 10-32 所示。

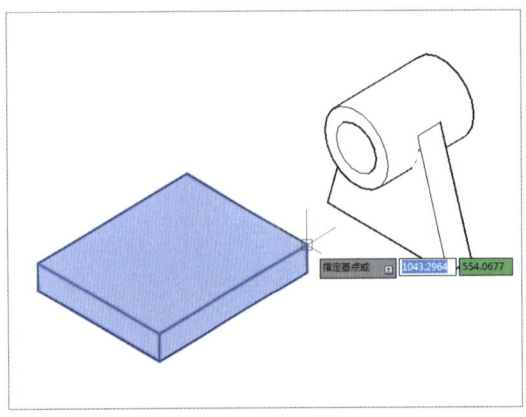

图 10-31　确认移动基点

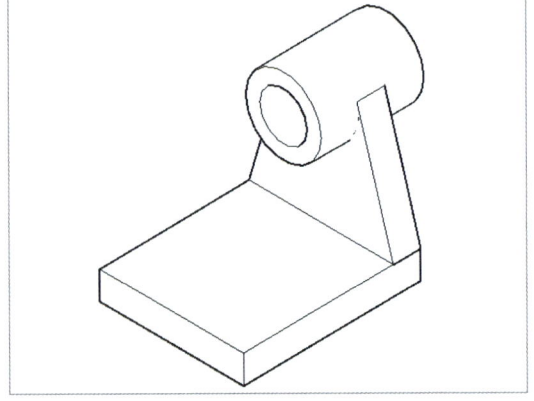

图 10-32　完成移动三维实体模型操作

10.2.2　旋转三维实体

在创建或编辑三维模型时，使用"三维旋转"命令可以自由地旋转三维对象或将旋转约束到轴。下面介绍旋转三维实体的操作方法。

步骤 01　打开素材图形（素材\第 10 章\连接件.dwg），如图 10-33 所示。

步骤 02　在"功能区"选项板中切换至"常用"选项卡，单击"修改"面板中的"三维旋转"按钮 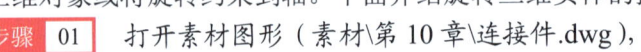，如图 10-34 所示。

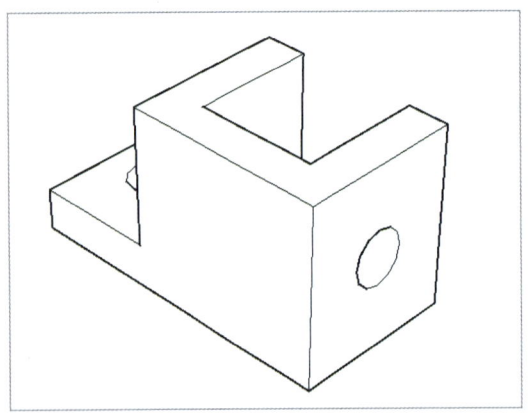

图 10-33　打开素材图形

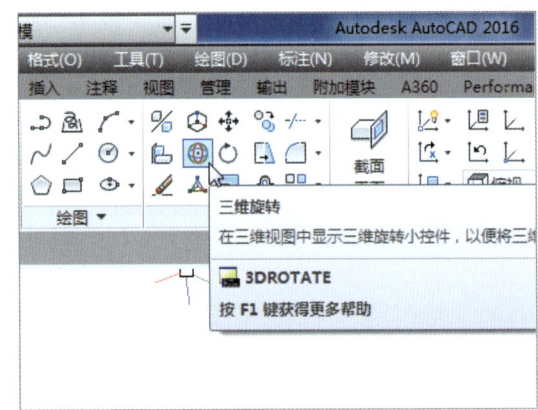

图 10-34　单击"三维旋转"按钮

步骤 03　根据命令行的提示，在绘图区中选择所有图形为旋转对象，按【Enter】键确认，指定最下角点为旋转基点，如图 10-35 所示。

步骤 04　在旋转控件上单击蓝色圆圈，指定 Z 轴为旋转轴，输入旋转角度为 180，按【Enter】键确认，完成旋转三维实体模型的操作，效果如图 10-36 所示。

第 10 章　创建三维机械模型

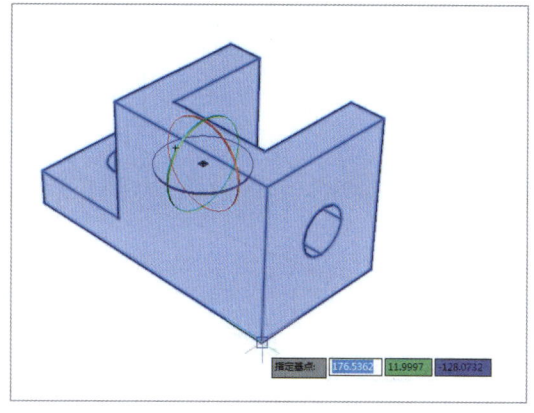
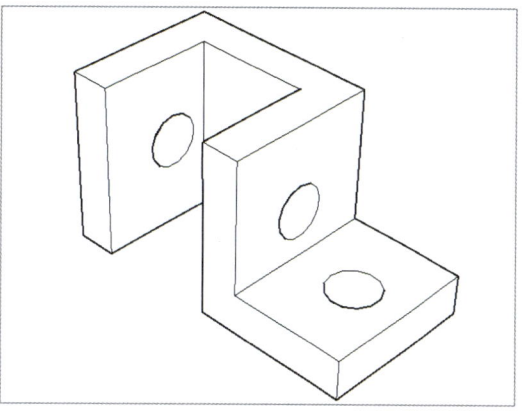

图 10-35　指定旋转基点　　　　　　　　图 10-36　完成旋转三维实体模型操作

> ▶ 专家指点
>
> 还有以下两种常用的方法可以调用"三维旋转"命令。
> （1）在命令行中输入 3DROTATE（三维旋转）命令，按【Enter】键确认。
> （2）单击菜单栏中的"修改"|"三维操作"|"三维旋转"命令。

10.2.3　镜像三维实体

镜像三维模型的方法与镜像二维平面图形的方法类似，通过指定的平面即可对选择的三维模型进行镜像处理。下面介绍镜像三维实体的操作方法。

步骤 01　打开素材图形（素材\第 10 章\箱体.dwg），如图 10-37 所示。

步骤 02　在"功能区"选项板中切换至"常用"选项卡，单击"修改"面板中的"三维镜像"按钮，如图 10-38 所示。

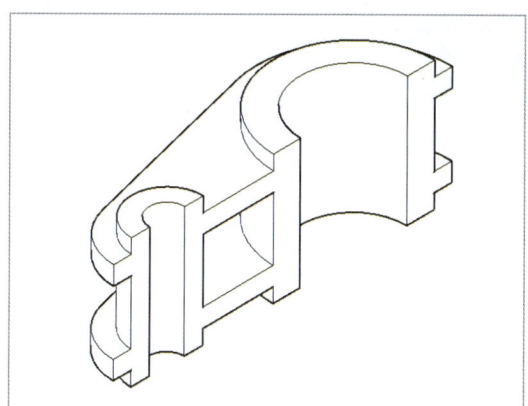

图 10-37　打开素材图形　　　　　　　　图 10-38　单击"三维镜像"按钮

步骤 03　根据命令行的提示，在绘图区中选择实体为镜像对象，按【Enter】键确认，输入"ZX（ZX 平面）"选项，如图 10-39 所示。

步骤 04　按【Enter】键确认，在绘图区实体对象左下角点（即镜像平面上的一点）上单击鼠标左键，并按【Enter】键确认，完成镜像实体模型的操作，效果如图 10-40 所示。

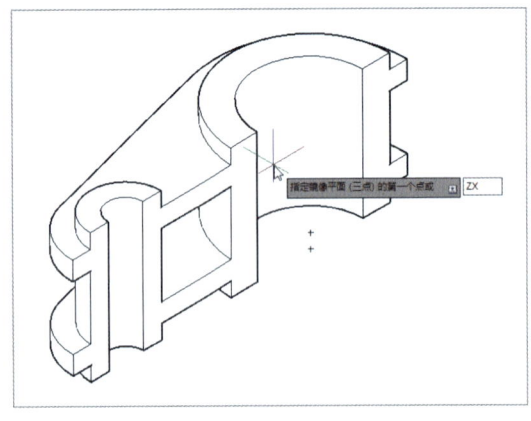
图 10-39　输入"ZX"选项

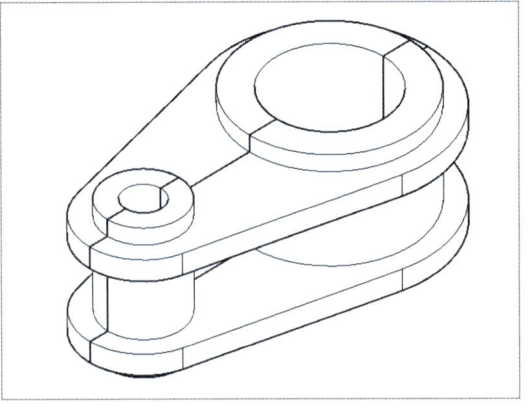
图 10-40　完成镜像三维实体操作

10.2.4　对齐三维实体

使用"三维对齐"命令，可以通过移动、旋转或倾斜对象来使该对象与另一个对象对齐。下面介绍对齐三维实体的操作方法。

步骤 01　打开素材图形（素材\第 10 章\底座模型.dwg），如图 10-41 所示。

步骤 02　在"功能区"选项板中切换至"常用"选项卡，单击"修改"面板中的"三维对齐"按钮 ，如图 10-42 所示。

▶ 专家指点

在命令行中输入 3DARRAY（三维对齐）命令，也可以对实体进行三维对齐操作。

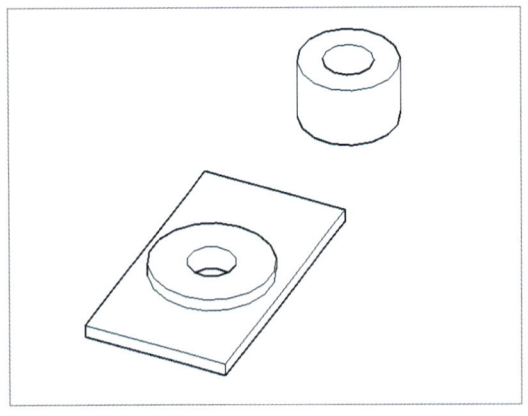
图 10-41　打开素材图形

图 10-42　单击"三维对齐"按钮

步骤 03　根据命令行的提示进行操作，在绘图区中，选择右上侧的圆柱体为对齐对象，如图 10-43 所示。

步骤 04　按【Enter】键确认，捕捉圆柱体底部的圆心点，如图 10-44 所示。

第 10 章　创建三维机械模型

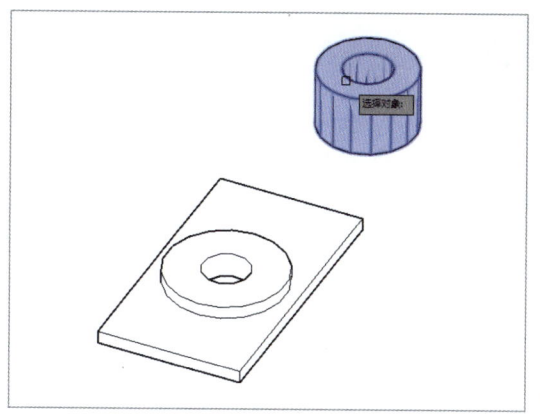

图 10-43　选择对齐对象

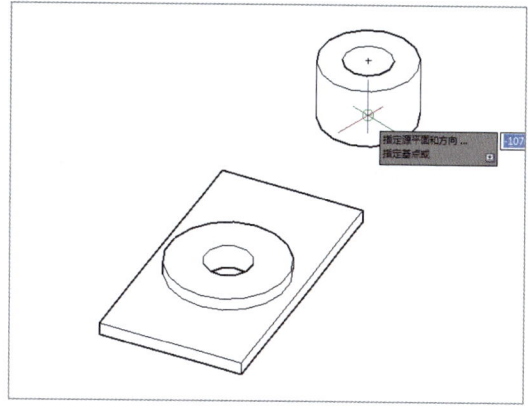

图 10-44　捕捉圆柱体底部圆心点

步骤 05　按【Enter】键确认，在圆柱体上部的圆心点上单击鼠标左键，如图 10-45 所示。

步骤 06　按【Enter】键确认，完成对齐三维实体的操作，效果如图 10-46 所示。

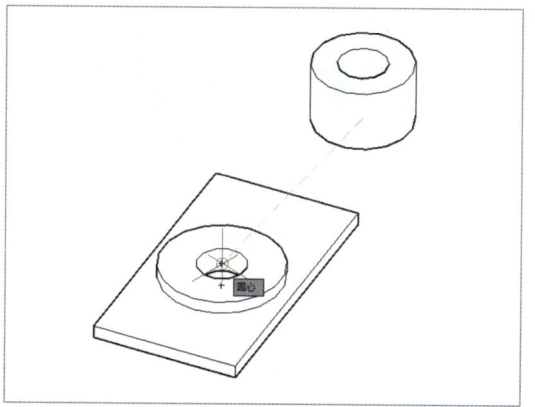

图 10-45　单击圆柱体上部圆心

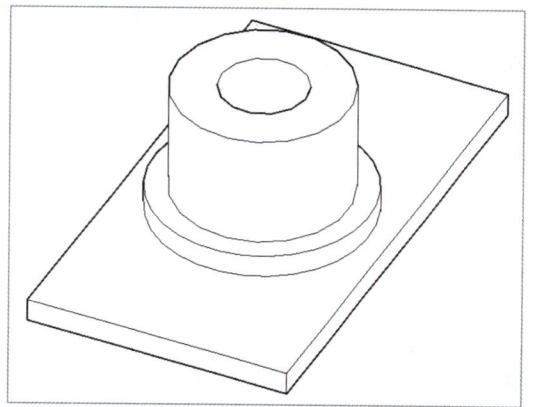

图 10-46　完成对齐三维实体的操作

10.2.5　分解三维实体

创建的每一个实体都是一个整体，若要对创建的实体中的某一部分进行编辑操作，可以将实体先进行分解再进行编辑。下面介绍分解三维实体的操作方法。

步骤 01　打开素材图形（素材\第 10 章\变速器.dwg），如图 10-47 所示。

步骤 02　在"功能区"选项板中切换至"常用"选项卡，单击"修改"面板中下侧的下拉按钮，在弹出的列表框中单击"分解"按钮 ，如图 10-48 所示。

步骤 03　根据命令行的提示下进行操作，选择所有对象为分解对象，如图 10-49 所示。

步骤 04　按【Enter】键确认，即可分解对象，查看分解效果，如图 10-50 所示。

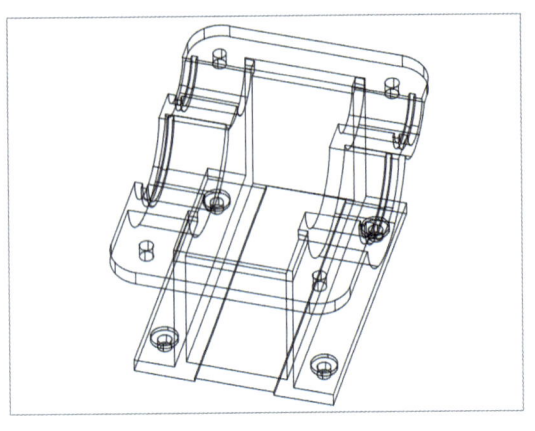

图 10-47　打开素材图形

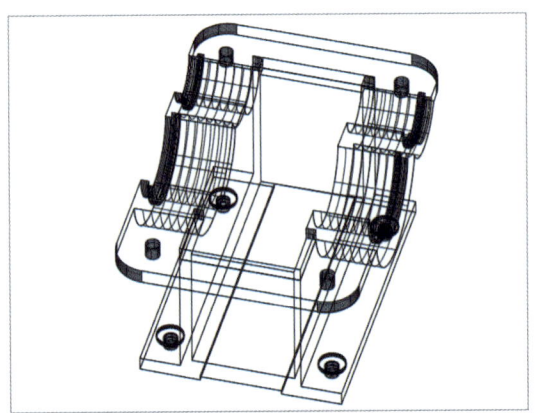

图 10-48　单击"分解"按钮

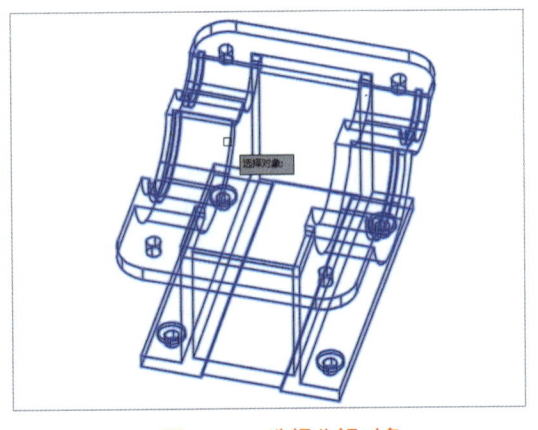

图 10-49　选择分解对象

图 10-50　查看分解效果

> ▶ 专家指点
>
> 　　用户还可以通过在命令行中输入 EXPLODE（分解）命令，然后按【Enter】键确认操作，这样也可以对图形进行分解操作。

10.2.6　加厚三维实体

　　使用"加厚"命令，可以通过加厚曲面将任何曲面类型创建成三维实体。下面介绍加厚三维实体的操作方法。

步骤 01　打开素材图形（素材\第 10 章\支墩支架.dwg），如图 10-51 所示。

步骤 02　在"功能区"选项板的"常用"选项卡中，单击"实体编辑"面板中的"加厚"按钮 ，如图 10-52 所示。

步骤 03　根据命令行的提示进行操作，在绘图区中，选择最上方的圆柱曲面为加厚对象，如图 10-53 所示。

步骤 04　按【Enter】键确认，根据命令行的提示，输入 50，并按【Enter】键确认，即可加厚三维实体，效果如图 10-54 所示。

第 10 章　创建三维机械模型

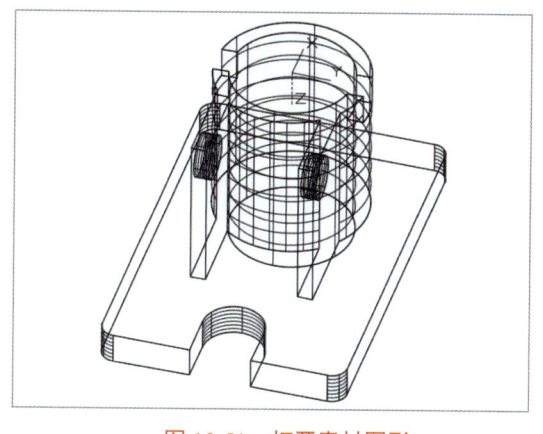

图 10-51　打开素材图形

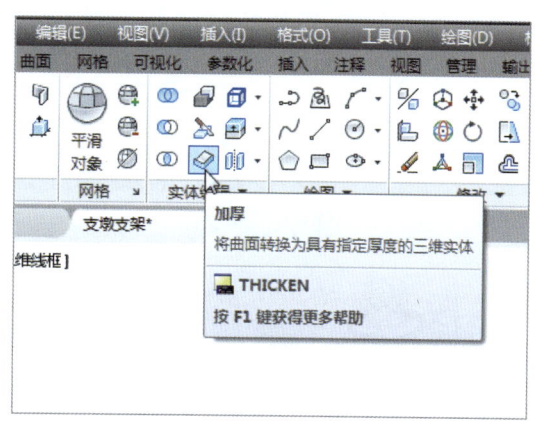

图 10-52　单击"加厚"按钮

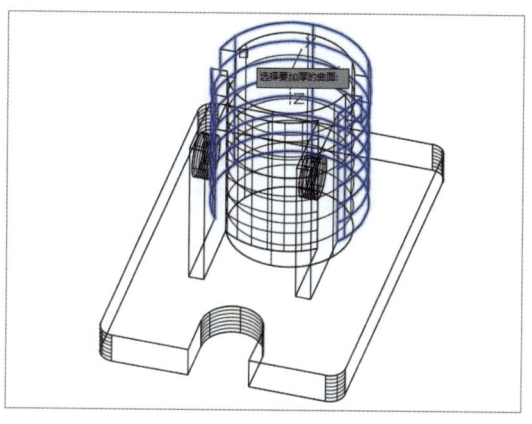

图 10-53　选择加厚对象

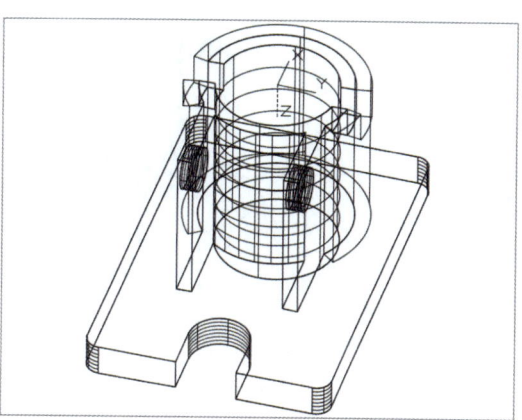

图 10-54　加厚三维实体

▶ 专家指点

还有以下两种常用的方法可以调用"加厚"命令。
（1）在命令行中输入 THICKEN（加厚）命令，按【Enter】键确认。
（2）单击菜单栏中的"修改"｜"三维操作"｜"加厚"命令。

10.2.7　抽壳三维实体

使用"抽壳"命令，可将实体以指定的厚度形成一个空的薄层，同时还允许将某些指定面排除在壳外。下面介绍抽壳三维实体对象的操作方法。

步骤 01　打开素材图形（素材\第 10 章\支撑架肋板.dwg），如图 10-55 所示。

步骤 02　在"功能区"选项板中切换至"常用"选项卡，单击"实体编辑"面板中的"分割"按钮右侧的下拉按钮，在弹出的列表框中单击"抽壳"按钮，如图 10-56 所示。

步骤 03　根据命令行的提示，在绘图区中选择右上方的圆柱体为抽壳对象，如图 10-57 所示。

步骤 04　按【Enter】键确认，再输入抽壳偏移距离为 8，按 3 次【Enter】键确认，完成抽壳三维实体的操作，效果如图 10-58 所示。

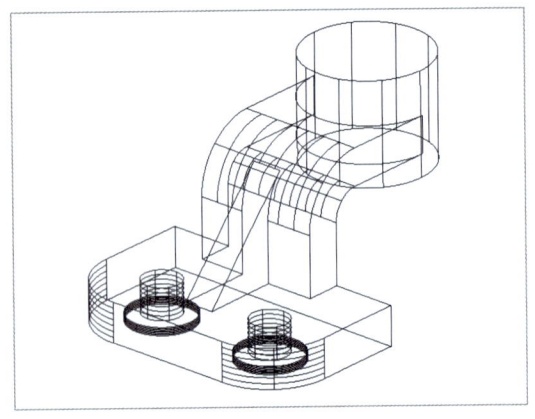
图 10-55　打开素材图形

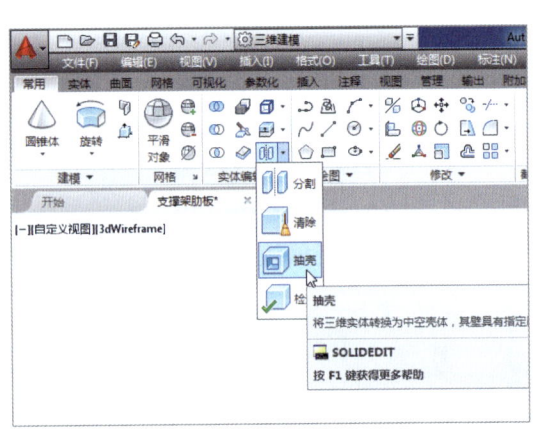
图 10-56　单击"抽壳"按钮

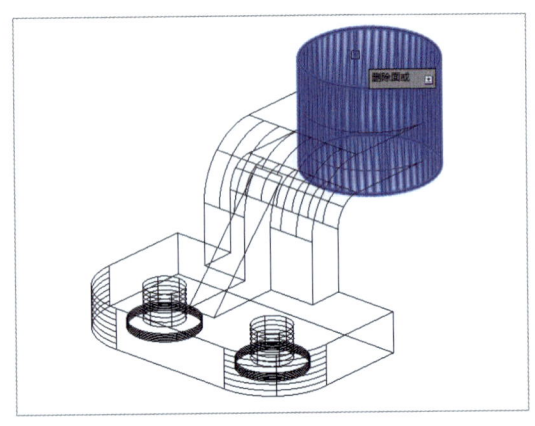
图 10-57　选中抽壳对象

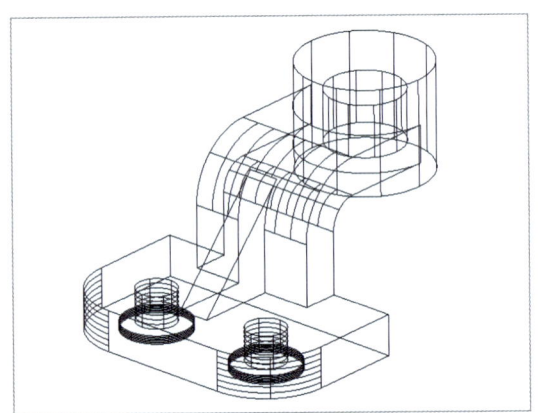
图 10-58　完成抽壳操作

10.3　布尔运算三维实体对象

在 AutoCAD 2016 中，对三维实体进行编辑时，除了可以编辑实体边和面外，还可以对三维实体对象进行布尔运算。本节主要介绍布尔运算三维实体对象的操作方法。

10.3.1　并集三维实体

并集运算是通过组合多个实体生成一个新的实体，如果组合一些不相交的实体，并显示效果看起来还是多个实体，但实际却是一个对象。下面介绍并集三维实体的操作方法。

步骤 01　打开素材图形（素材\第 10 章\支架模型.dwg），如图 10-59 所示。

步骤 02　在"功能区"选项板中切换至"常用"选项卡，单击"实体编辑"面板中的"实体，并集"按钮，如图 10-60 所示。

第 10 章　创建三维机械模型

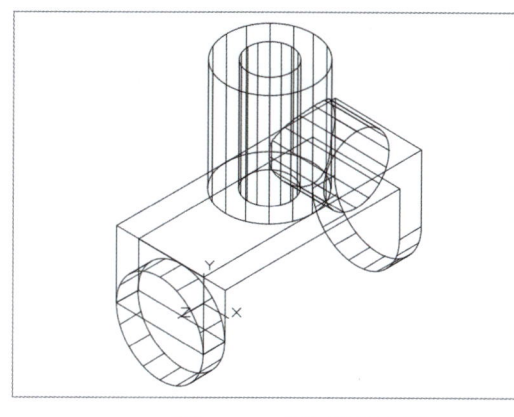

图 10-59　打开素材图形

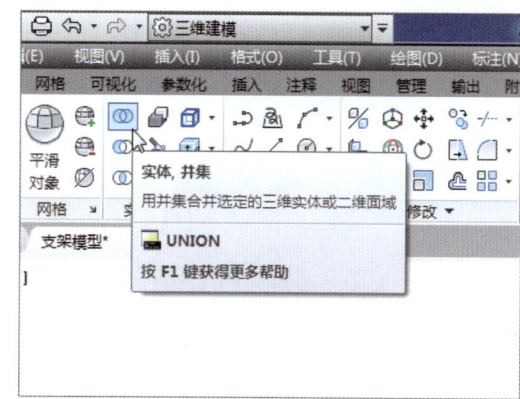

图 10-60　单击"实体，并集"按钮

步骤 03　根据命令行的提示，在绘图区中选择所有图形作为并集对象，如图 10-61 所示。

步骤 04　按【Enter】键确认，完成三维实体的并集运算，效果如图 10-62 所示。

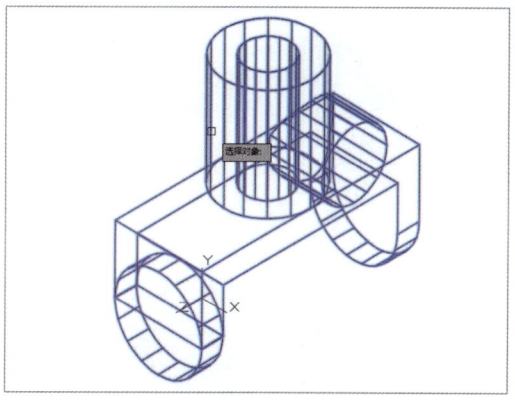

图 10-61　选择并集对象

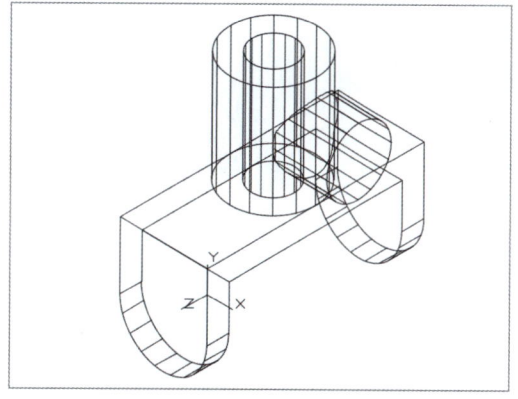

图 10-62　完成三维实体并集运算

10.3.2　差集三维实体

差集运算就是将一个对象从另一个对象中减去从而形成新的组合对象。下面介绍差集运算三维实体对象的操作方法。

步骤 01　打开素材图形（素材\第 10 章\外舌止动垫圈.dwg），如图 10-63 所示。

步骤 02　在"功能区"选项板中切换至"常用"选项卡，单击"实体编辑"面板中的"实体，差集"按钮，如图 10-64 所示。

▶ 专家指点

还有以下两种常用的方法可以调用"差集"命令。
（1）在命令行中输入 SUBTRACT（差集）命令，按【Enter】键确认。
（2）单击菜单栏中的"修改"|"实体编辑"|"差集"命令。

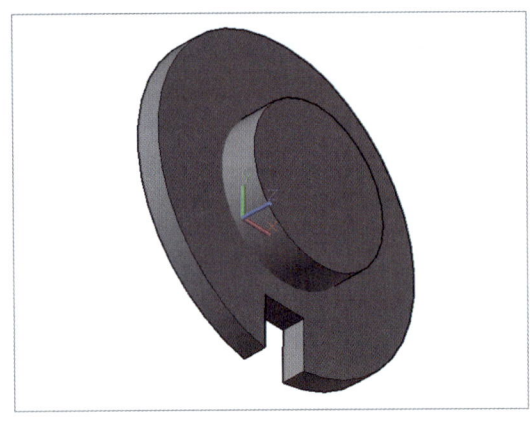

图 10-63 打开素材图形

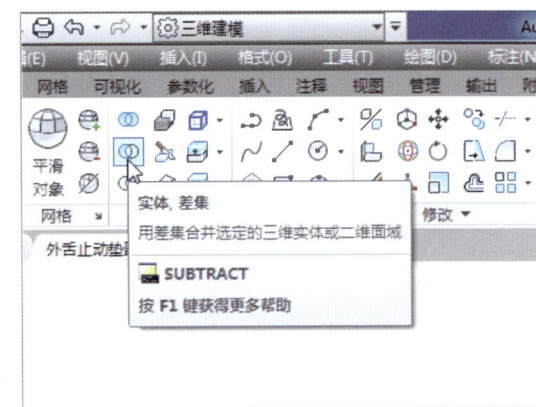

图 10-64 单击"实体，差集"按钮

步骤 03 根据命令行的提示，在绘图区中选择底部模型，如图 10-65 所示。

步骤 04 按【Enter】键确认，再选择上部的圆柱体作为要减去的对象，如图 10-66 所示。

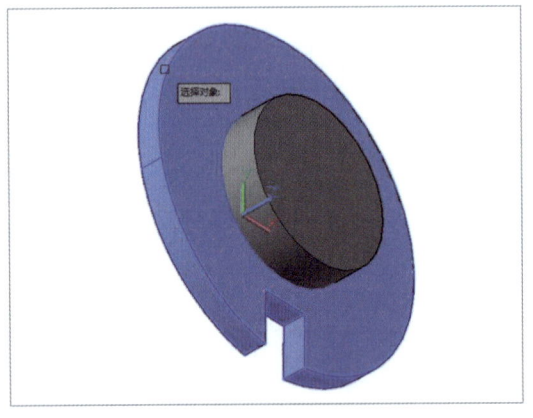

图 10-65 选择底部模型

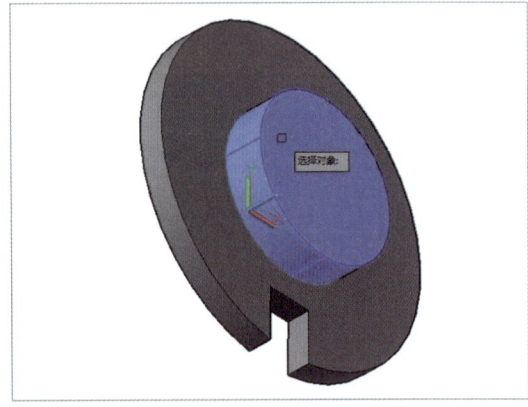

图 10-66 选择要减去的对象

步骤 05 按【Enter】键确认，完成三维实体的差集运算，效果如图 10-67 所示。

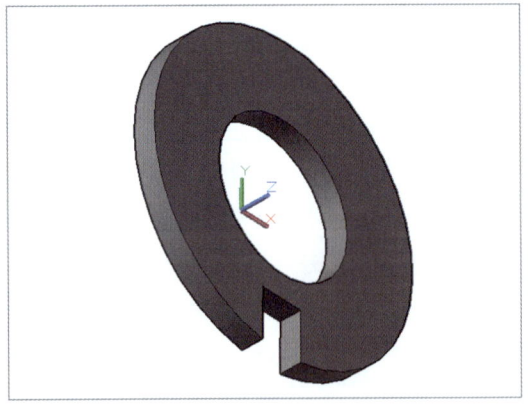

图 10-67 完成三维实体差集运算

10.3.3 交集三维实体

执行交集运算可获取两相交实体的公共部分,从而获得新的实体,该运算是差集运算的逆运算。下面介绍交集运算三维实体对象的操作方法。

步骤 01 打开素材图形(素材\第 10 章\深沟球轴承.dwg),如图 10-68 所示。

步骤 02 在"功能区"选项板中切换至"常用"选项卡,单击"实体编辑"面板中的"实体,交集"按钮⊚,如图 10-69 所示。

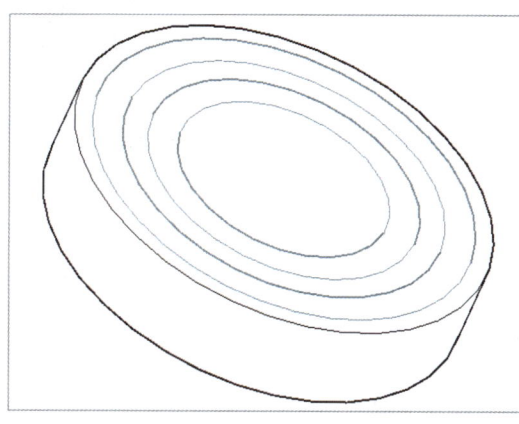

图 10-68 打开素材图形

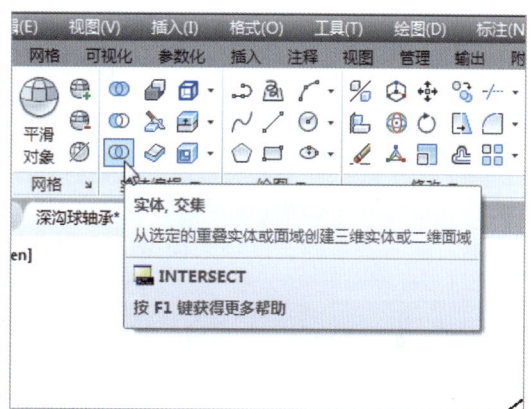

图 10-69 单击"实体,交集"按钮

步骤 03 根据命令行的提示,在绘图区中选择所有模型为交集对象,如图 10-70 所示。

步骤 04 按【Enter】键确认,完成三维实体的交集运算,效果如图 10-71 所示。

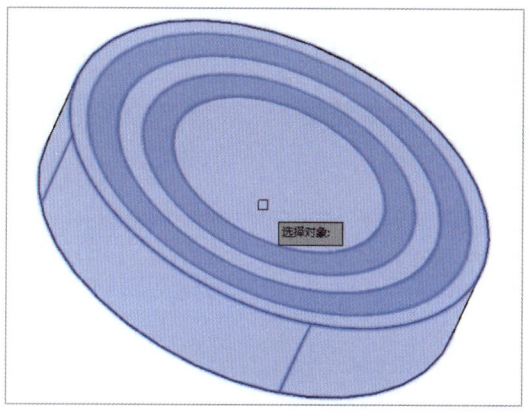

图 10-70 选择交集对象

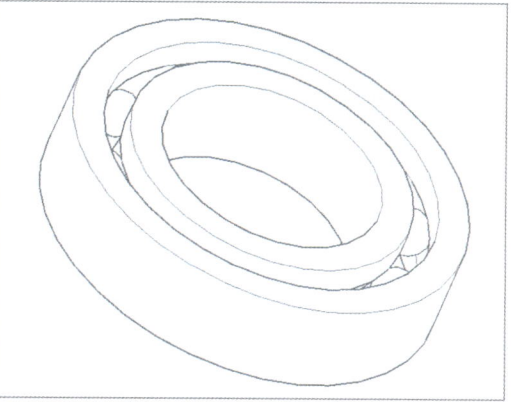

图 10-71 完成三维实体交集运算

> ▶ 专家指点
>
> 还有以下两种常用的方法可以调用"交集"命令。
> (1)在命令行中输入 INTERSECT(交集)命令,按【Enter】键确认。
> (2)单击菜单栏中的"修改"|"实体编辑"|"交集"命令。

本章小节

本章首先介绍了创建三维实体对象的方法，主要包括创建拉伸实体、旋转实体、三维直线、长方体、球体、圆柱体以及圆锥体等内容；然后介绍了编辑三维实体对象的方法，主要包括三维实体对象的移动、旋转、镜像、对齐、分解、加厚以及抽壳等内容；最后介绍了布尔运算三维实体对象的方法，主要包括并集运算、差集运算以及交集运算等内容。通过本章的学习，希望读者熟练掌握三维实体对象的创建与编辑技巧。

课后习题

鉴于本章知识的重要性，为了帮助读者更好地掌握所学知识，本节将通过上机习题，帮助读者进行简单的知识回顾和补充。

本习题需要掌握三维阵列模型的操作方法，效果如图 10-72 所示。

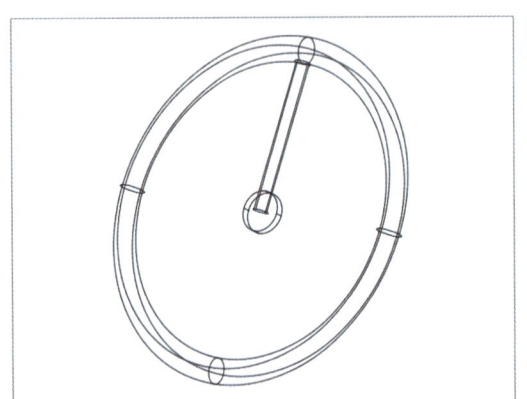 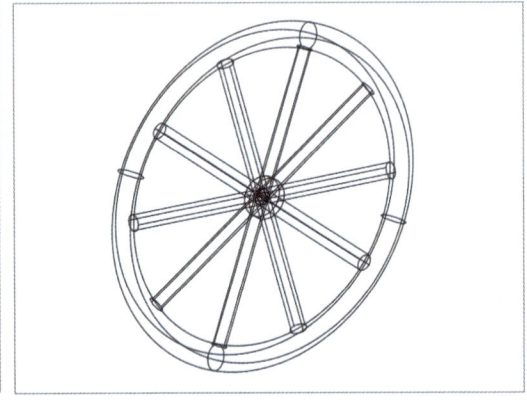

图 10-72　素材文件与效果文件

第 11 章 渲染与打印三维模型

【本章导读】

渲染是指给三维图形对象加上颜色和材质因素，再配以灯光、背景和场景等辅助因素，更加真实地表达图形的外观和纹理。渲染图形后，其表面将会显示出明暗色彩和光照效果等。在图纸设计完成后，就需要通过打印机将图形输出到图纸上，用户可以通过图纸空间或布局空间打印输出设计好的图形。本章主要介绍渲染与打印三维模型的方法。

【本章导读】

- ➢ 设置三维材质与贴图
- ➢ 设置模型光源并渲染
- ➢ 输出与打印图形图纸

11.1 设置三维材质与贴图

为了给渲染提供更多的真实效果，可以在模型的表面应用材质，如地板和塑料，也可以在渲染时将材质贴到对象上。本节主要介绍设置三维材质与贴图的操作方法。

11.1.1 设置模型材质

在 AutoCAD 2016 中，材质由许多特性来定义，可用选项取决于选定的材质类型。下面介绍创建材质的操作方法。

步骤 01 打开素材图形（素材\第 11 章\文具盒.dwg），如图 11-1 所示。
步骤 02 在命令行中输入 MATERIALS（材质）命令，如图 11-2 所示。

图 11-1 打开素材图形

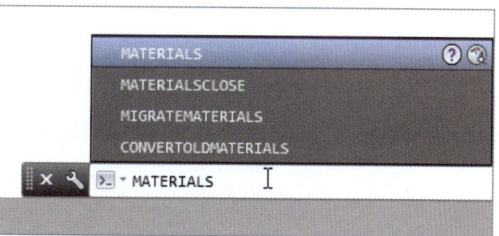

图 11-2 输入命令

步骤 03　按【Enter】键确认，弹出"材质浏览器"面板，单击"在文档中创建新材质"按钮，如图 11-3 所示。

步骤 04　在弹出的快捷选项中，选择"新建常规材质"选项，在"材质浏览器"面板上显示新建的材质球，并弹出"材质编辑器"面板，在"颜色"右侧的文本框中单击鼠标左键，如图 11-4 所示。

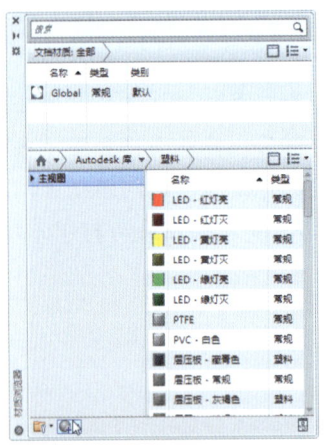
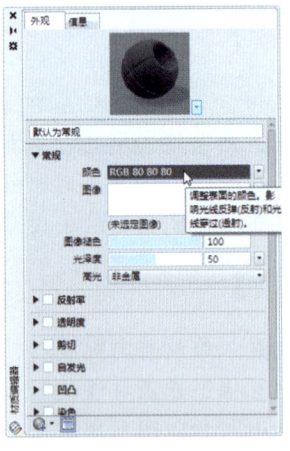

图 11-3　单击"创建新材质"按钮　　　　图 11-4　单击鼠标左键

步骤 05　弹出"选择颜色"对话框，设置"颜色"为 41，如图 11-5 所示，并单击"确定"按钮。

步骤 06　返回"材质编辑器"面板，设置"光泽度"为 80，如图 11-6 所示。

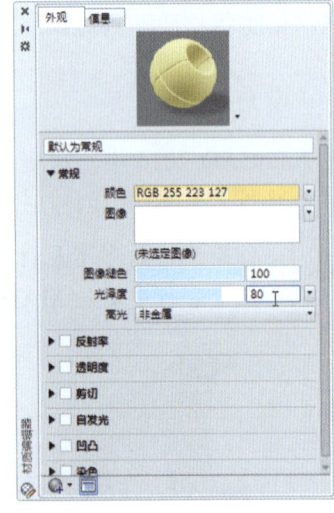

图 11-5　设置颜色　　　　图 11-6　设置光泽度

步骤 07　在绘图区选择图形为赋予对象，在"材质浏览器"面板中新建的材质球上单击鼠标右键，在弹出的快捷菜单中选择"指定给当前选择"选项，如图 11-7 所示。

步骤 08　关闭"材质浏览器"面板，即可完成创建并赋予材质，效果如图 11-8 所示。

第 11 章　渲染与打印三维模型

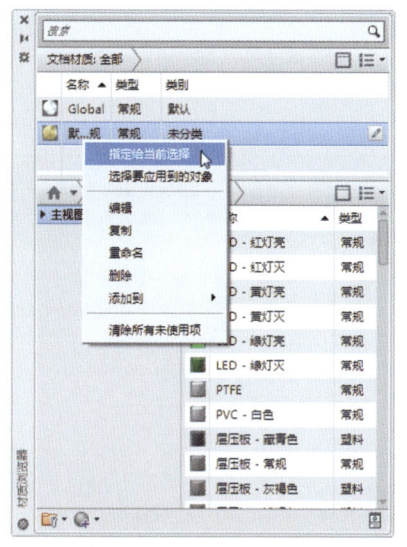

图 11-7　选择"指定给当前选择"选项

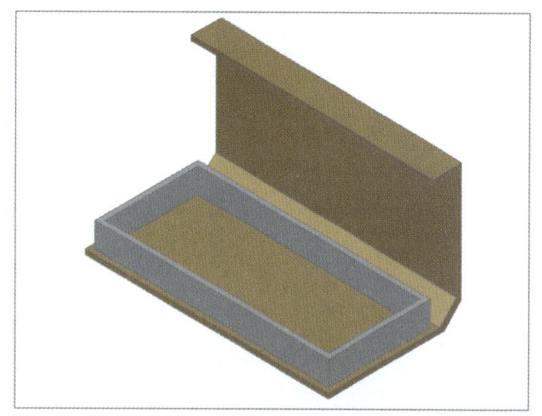

图 11-8　创建并赋予材质

11.1.2　设置三维贴图

贴图是增加材质复杂性的一种，贴图具有多种级别的贴图设置和特性，下面将介绍设置三维漫射贴图的方法。

步骤 01　打开素材图形（素材\第 11 章\机床主轴.dwg），如图 11-9 所示。

步骤 02　在"功能区"选项板中切换至"可视化"选项卡，单击"材质"面板中的"材质浏览器"按钮，如图 11-10 所示。

图 11-9　打开素材图形

图 11-10　单击"材质浏览器"按钮

步骤 03　弹出"材质浏览器"面板，在"材质 1"材质球上单击鼠标右键，在弹出的快捷菜单中选择"编辑"选项，如图 11-11 所示。

步骤 04　弹出"材质编辑器"面板，在"常规"选项组的"图像"右侧空白处单击鼠标左键，弹出"材质编辑器打开文件"对话框，在其中选择合适的文件，如图 11-12 所示。

191

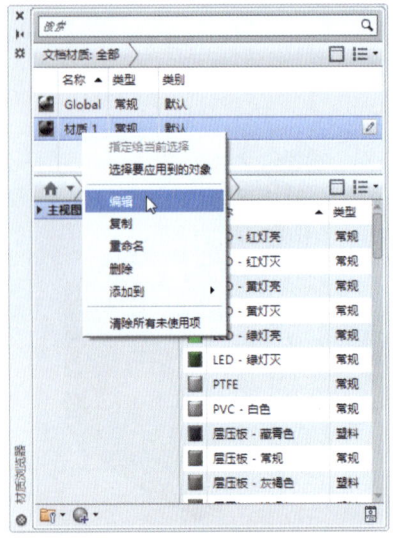

图 11-11 选择"编辑"选项

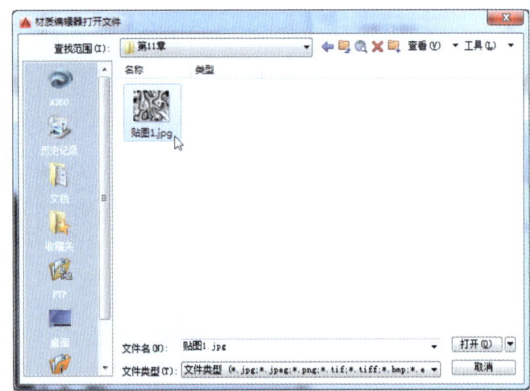

图 11-12 选择合适的文件

> ▶ **专家指点**
>
> 漫射贴图可以对材质的颜色指定相应的纹理,设置漫射贴图后,贴图的颜色将替换材质的漫射颜色。

步骤 05 单击"打开"按钮,即可设置漫射贴图,关闭"材质编辑器"面板,在绘图区选择模型对象,为其赋予新创建的漫射贴图材质,效果如图 11-13 所示。

图 11-13 赋予新的漫射贴图材质

11.2 设置模型光源并渲染

光源功能在渲染三维实体对象时经常用到,光源由强度和颜色两个因素决定,其主要作用是照亮模型,使三维实体在渲染过程中显示出光照效果,从而充分体现出立体感。本节主要介绍设置模型光源并渲染三维模型的操作方法。

第 11 章　渲染与打印三维模型

11.2.1　创建模型光源

光源由强度和颜色两个因素决定,其主要作用是照亮模型,使三维实体在渲染过程中显示出光照效果,从而充分体现出立体感。下面介绍创建模型光源的操作方法。

步骤 01　打开素材图形(素材\第 11 章\弯月型支架.dwg),如图 11-14 所示。

步骤 02　在"功能区"选项板中切换至"可视化"选项卡,单击"光源"面板中的"创建光源"右侧的下拉按钮,在弹出的下拉列表中单击"点"按钮,如图 11-15 所示。

图 11-14　打开素材图形

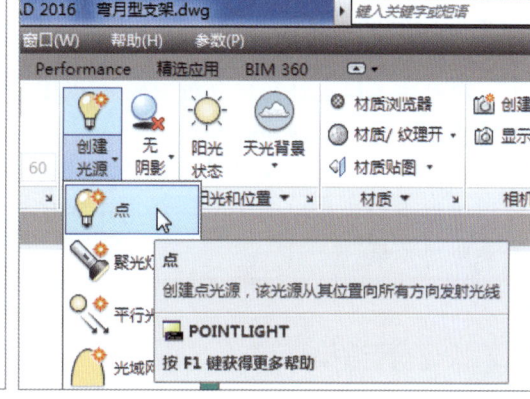

图 11-15　单击"点"按钮

步骤 03　在弹出的"光源—视口光源模式"对话框中单击"关闭默认光源(建议)"按钮,如图 11-16 所示。

步骤 04　根据命令行的提示,输入光源位置坐标为(-4000,-4600,0),如图 11-17 所示。

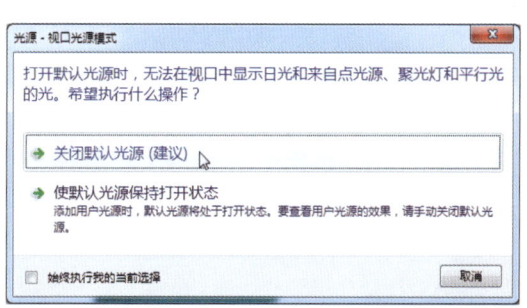

图 11-16　单击"关闭默认光源(建议)"按钮

图 11-17　输入光源位置坐标

步骤 05　按【Enter】键确认,再输入 I(强度因子)选项并确认,输入强度因子为 1.5,如图 11-18 所示。

步骤 06　连续按两次【Enter】键确认,完成点光源的创建,效果如图 11-19 所示。

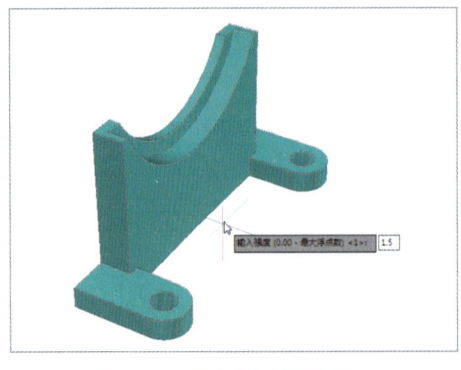 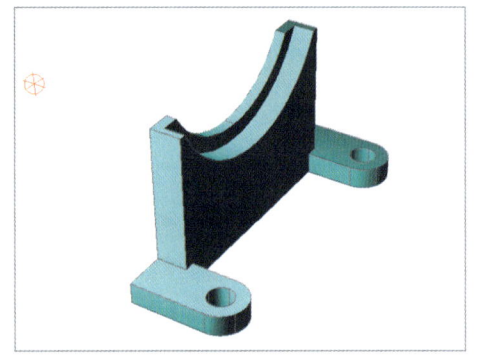

图 11-18　输入强度因子为 1.5　　　　图 11-19　完成点光源的创建

> ▶ 专家指点
>
> 　　用户还可以通过在命令行中输入 POINTLIGHT（点光源）命令，然后按【Enter】键，确认操作，也可以创建光源点。
> 　　添加光源可为场景提供真实外观，光源可增强场景的清晰度和三维感。使用点光源可以模拟由灯泡发出的光，一般用于在场景中添加充足光照效果或者模拟真实世界的点光源照明效果。

11.2.2　设置渲染环境

　　在 AutoCAD 2016 中，通过渲染可以将物体的光照效果、材质效果以及环境效果等都完美地表现出来。下面介绍设置渲染环境的操作方法。

步骤 01　打开素材图形（素材\第 11 章\O 型密封垫圈.dwg），如图 11-20 所示。

步骤 02　在"功能区"选项板中切换至"可视化"选项卡，单击"渲染"面板中的下拉按钮，在展开的面板上单击"渲染环境和曝光"按钮，如图 11-21 所示。

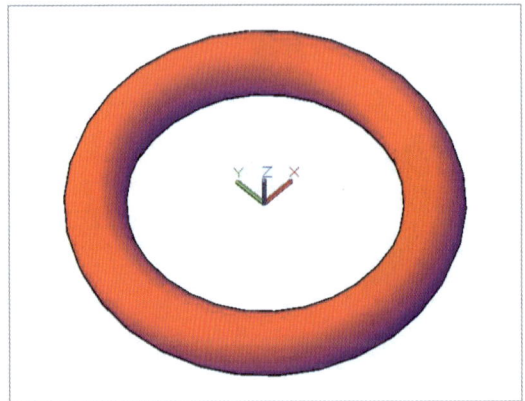 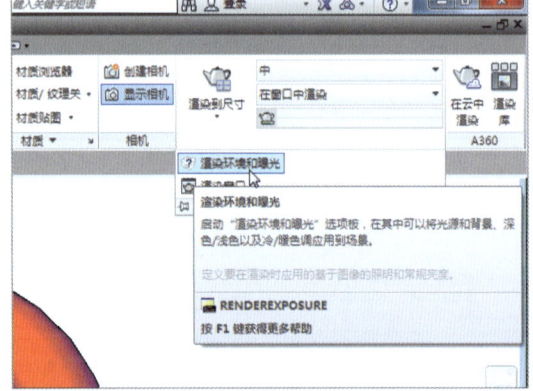

图 11-20　打开素材图形　　　　图 11-21　单击相应按钮

步骤 03　弹出"渲染环境和曝光"面板，设置"环境"为"开"，在"基于图像的照明"列表框中选择"冷光"选项，如图 11-22 所示。

步骤 04　在"曝光"选项区中，设置"曝光"值为 20，如图 11-23 所示，即可设置渲染环境和曝光参数。

第 11 章　渲染与打印三维模型

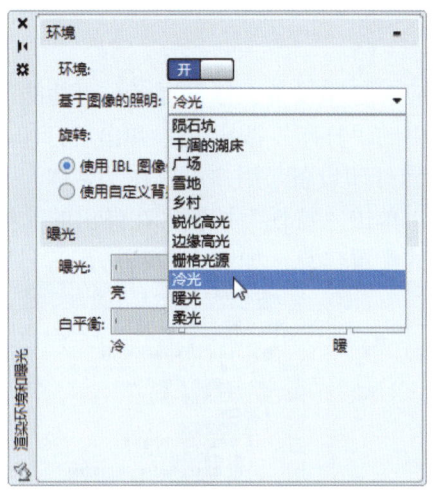

图 11-22　选择"冷光"选项

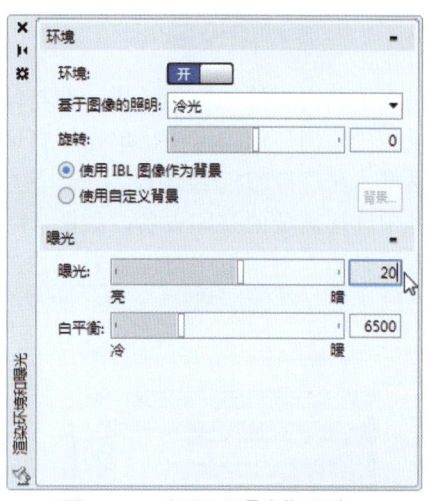

图 11-23　设置"曝光"值为 20

11.2.3　渲染三维模型

在 AutoCAD 2016 中，当用户完成三维模型的绘制后，接下来可以对模型进行渲染操作，下面介绍渲染三维模型的操作方法。

步骤 01　打开素材图形（素材\第 11 章\音箱.dwg），如图 11-24 所示。

步骤 02　在命令行中输入 RENDER（渲染）命令，按【Enter】键确认，打开"渲染"窗口，其中显示了渲染的图形对象，效果如图 11-25 所示。

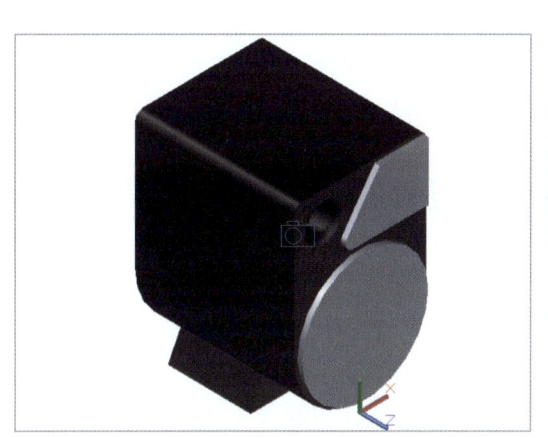

图 11-24　打开素材图形

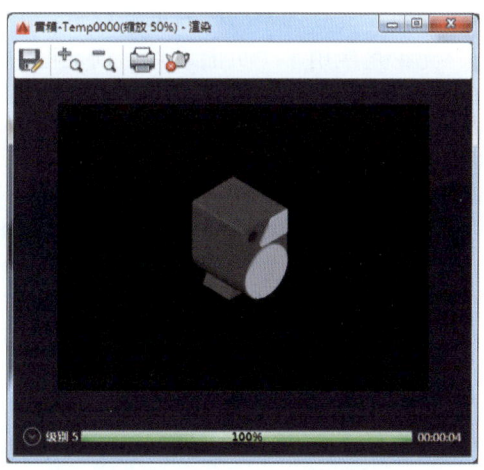

图 11-25　显示了渲染的图形

11.3　设置与打印图形图纸

创建完图形之后，通常要打印到图纸上，也可以生成一份电子图纸，以便从互联网上进行访问。打印的图形可以包含图形的单一视图，或者更为复杂的视图排列。为了使用户更好地掌握图形输出的方法和技巧，本节将介绍打印图形的一些相关知识。

11.3.1　设置打印设备

为了获得更好的打印效果，在打印之前，应对打印设备进行设置。在"功能区"选项板的"输出"选项卡中，单击"打印"面板中的"打印"按钮，弹出"打印-模型"对话框，在"打印机/绘图仪"选项区中可以设置打印设备，用户可以在"名称"下拉列表框中选择需要的打印设备，如图 11-26 所示。单击"特性"按钮，在弹出的"绘图仪配置编辑器"对话框中可以查看或修改打印机的配置信息，如图 11-27 所示。

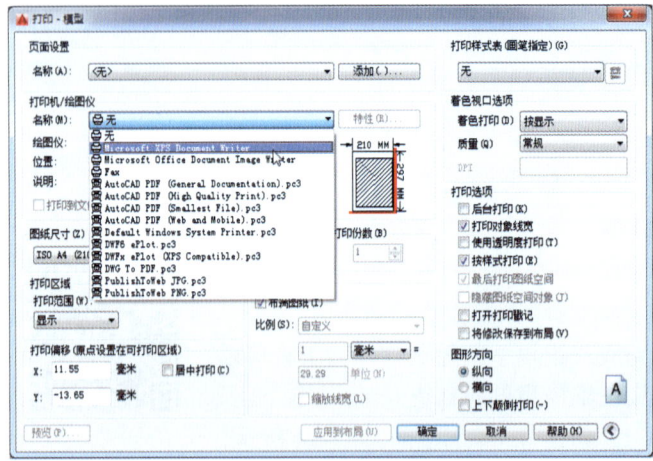　　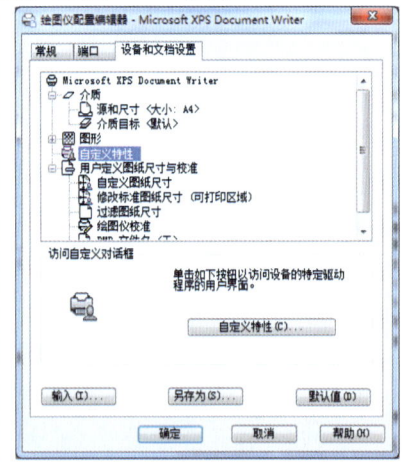

图 11-26　选择打印机　　　　　　　　图 11-27　查看或修改配置信息

"打印-模型"对话框中指定的任何设置都可以通过单击"页面设置"选项区中的"添加"按钮，保存为新的命名页面设置。

无论是应用了"页面设置"列表框中的页面设置，还是单独更改了设置，"打印-模型"对话框中指定的任何设置都可以保存到布局空间中，以供下次打印时使用。

▶ 专家指点

用户可以用以下两种方法调用"打印"命令。
（1）在命令行中输入 PLOT（打印）命令，按【Enter】键确认。
（2）单击"菜单浏览器"按钮，在弹出的下拉菜单中，单击"打印"|"打印"命令。

11.3.2　设置图纸尺寸

打开"打印—模型"对话框，在"图纸尺寸"选项区的下拉列表中，用户可以选择标准图纸的大小，还可以根据打印图纸的需要，进行自定义图纸尺寸设置。

在"功能区"选项板中切换至"输出"选项卡，单击"打印"面板中的"页面设置管理器"按钮，如图 11-28 所示。弹出"页面设置管理器"对话框，单击"修改"按钮，如图 11-29 所示。

弹出"页面设置-模型"对话框，在"打印机/绘图仪"选项区中，单击"名称"右侧的下拉按钮，在弹出的列表框中，选择合适的选项，如图 11-30 所示。

单击"图纸尺寸"右侧的下拉按钮，在弹出的列表框中，选择合适的图纸尺寸，如图 11-31 所示。单击"确定"按钮，返回到"页面设置管理器"对话框，单击"关闭"按钮，即可设置图纸打印尺寸。

第 11 章　渲染与打印三维模型

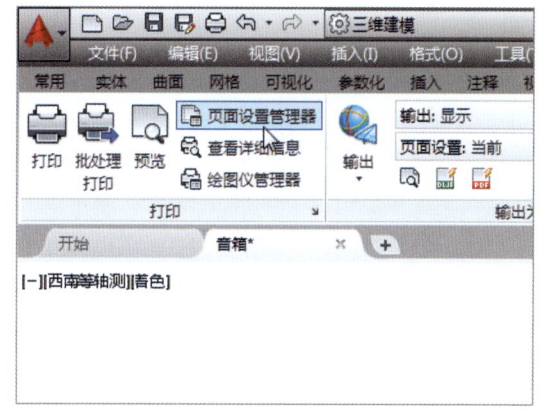

图 11-28　单击相应按钮

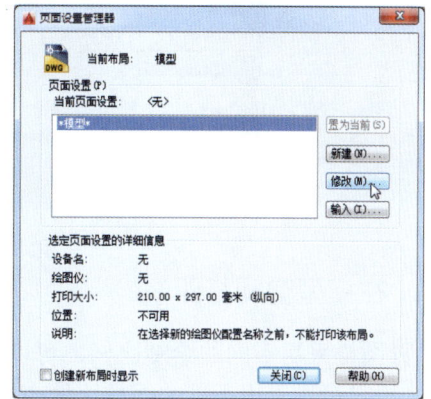

图 11-29　单击"修改"按钮

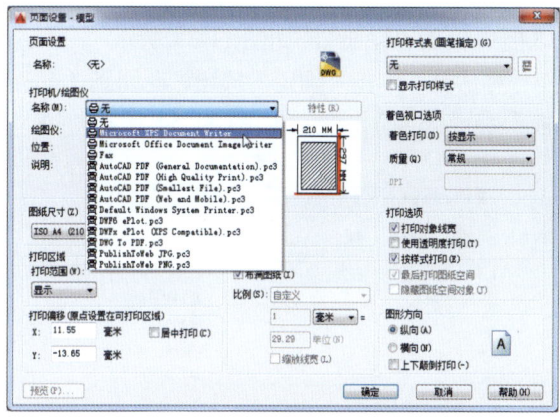

图 11-30　选择打印机

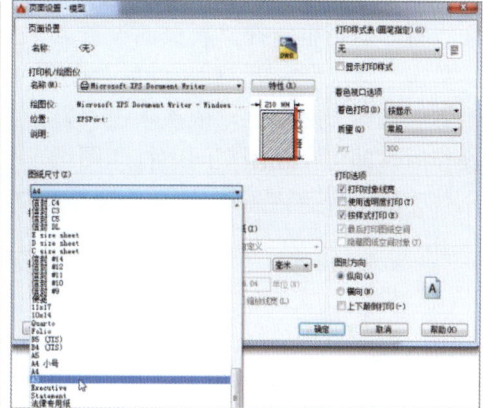

图 11-31　选择图纸尺寸

> ▶ 专家指点
>
> "页面设置管理器"对话框可以控制每个新布局的页面布局、打印设备、图纸尺寸以及其他设置。页面设置是打印设备和其他用于确定最终输出的外观和格式的设置集合，这些设置存储在图形文件中，可以修改并应用于其他布局。

11.3.3　设置打印区域

由于 AutoCAD 的绘图界限没有限制，所以在打印图形时，必须设置图形的打印范围，这样可以更准确地打印需要的图形。

AutoCAD 的绘图界限没有限制，在打印前必须设置图形的打印区域，以便更准确地打印图形。在"打印区域"选项区中的"打印范围"列表框中，包括"窗口""范围""图形界限"和"显示"4 个选项，如图 11-32 所示。

在"打印范围"列表框中，各选项含义如下。

- ➢ **窗口**：打印指定窗口内图形对象。
- ➢ **范围**：打印包含对象图形的部分。
- ➢ **图形界限**：选择该选项，只打印设定图形界限内的所有对象。
- ➢ **显示**：选择该选项，可以打印当前显示的图形对象。

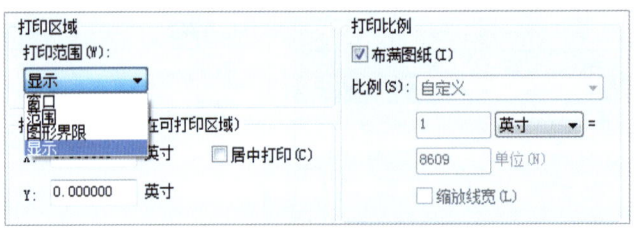

图 11-32 "打印范围"列表框

11.3.4 在模型空间打印

如果图样采用不同的绘制比例，可以使用在图纸空间打印图形，在图纸空间的虚拟图纸上，用户可以采用不同的缩放比例布置多个图形，然后按 1∶1 的比例输出图形即可。

在"功能区"选项板中，切换至"输出"选项卡，在"打印"面板中单击"页面设置管理器"按钮 ，弹出"页面设置管理器"对话框，单击"新建"按钮，弹出"新建页面设置"对话框，在"新页面设置名"文本框中输入"壁画"，如图 11-33 所示。

单击"确定"按钮，弹出"页面设置-模型"对话框，单击"确定"按钮，返回到"页面设置管理器"对话框，依次单击"置为当前"和"关闭"按钮，如图 11-34 所示，执行操作后，即可在模型空间中打印图纸。

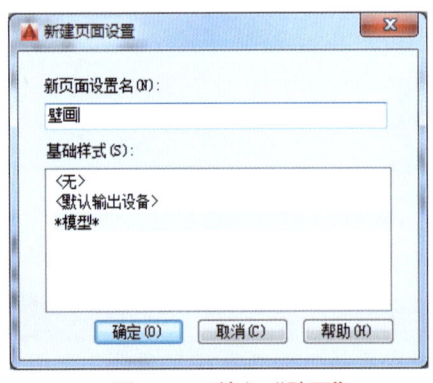

图 11-33 输入"壁画"

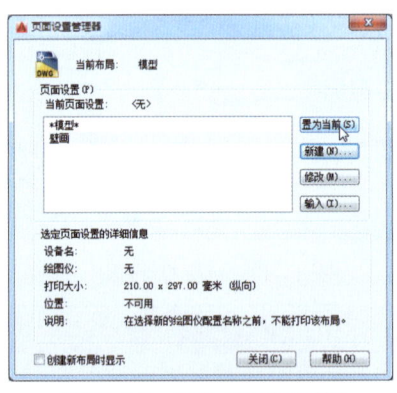

图 11-34 单击"置为当前"

完成打印设置后，还可以预览打印效果，如果不满意可以重新设置。AutoCAD 都将按照当前的页面设置、绘图设备设置以及绘图样式表等，在屏幕上显示出最终要输出的图形。在设置完成打印参数后，执行上述任意一种方法，AutoCAD 都将按照当前的页面设置、绘图设备设置及绘图样式表等，在屏幕上显示出最终要输出的图形，从中可以预览其效果。

▶ 专家指点

用户可以用以下 4 种方法调用"打印预览"命令。
（1）切换至"输出"选项卡，单击"打印"面板中的"预览"按钮 。
（2）单击菜单栏中的"文件" | "打印预览"命令。
（3）输入 PREVIEW 命令。
（4）单击"菜单浏览器"按钮 ，在弹出的菜单中单击"打印" | "打印预览"命令。

11.3.5 创建打印布局

用户可以为图形创建多种布局，每个布局代表一张单独的打印输出图纸。创建布局后，就可以在布局中创建浮动视口。视口中的各个视图可以使用不同的打印比例，还可以控制视图中图层的可见性。下面介绍创建打印布局的操作方法。

显示菜单栏，单击菜单栏上的"插入"|"布局"|"创建布局向导"命令，弹出"创建布局-开始"对话框，设置"输入新布局的名称"为"建筑布局"，如图11-35所示。单击"下一步"按钮，弹出"创建布局-打印机"对话框，选择合适的打印机，单击"下一步"按钮，如图11-36所示。

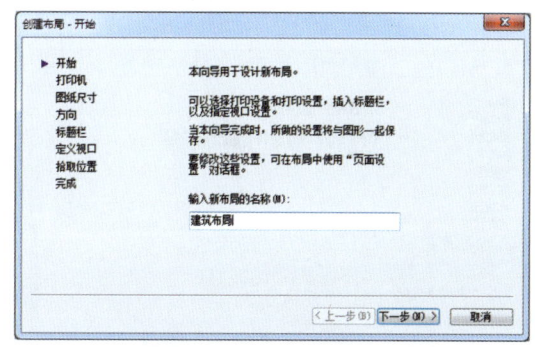
图 11-35　输入名称

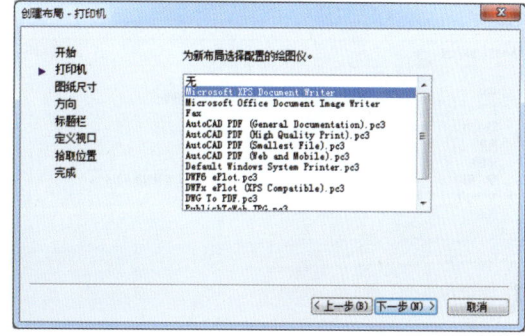
图 11-36　选择打印机

弹出"创建布局-图纸尺寸"对话框，保持默认选项，单击"下一步"按钮，如图11-37所示，弹出"创建布局-方向"对话框，选中"纵向"单选按钮，单击"下一步"按钮，如图11-38所示。

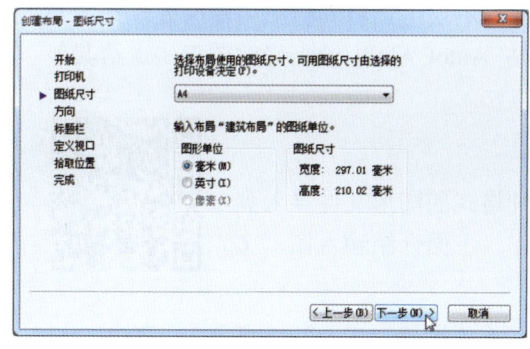
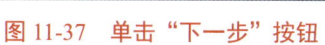
图 11-37　单击"下一步"按钮

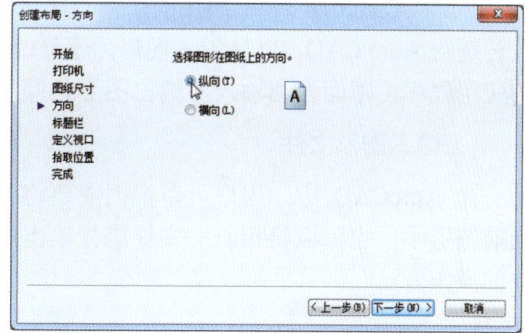
图 11-38　选中"纵向"单选按钮

弹出"创建布局-标题栏"对话框，选择合适的选项，单击"下一步"按钮，如图11-39所示。弹出"创建布局-定义视口"对话框，选中"标准三维工程视图"单选按钮，单击"下一步"按钮，如图11-40所示。

弹出"创建布局-拾取位置"对话框，单击"选择位置"按钮，如图11-41所示。在绘图区中的任意位置上单击鼠标左键，并向右上方拖曳鼠标至合适位置，释放鼠标，弹出"创建布局-完成"对话框，如图11-42所示，单击"完成"按钮，完成向导布局的创建。

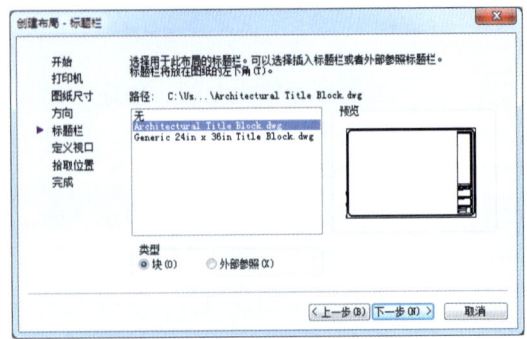

图 11-39　选择合适的选项　　　　　　图 11-40　选中"标准三维工程视图"

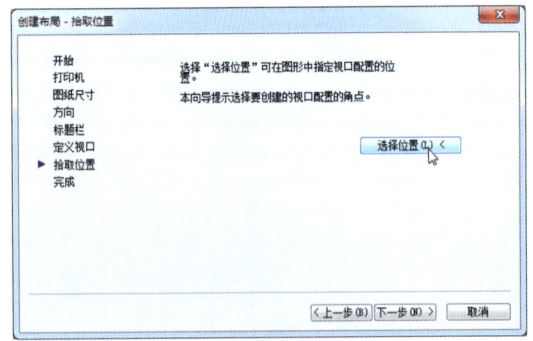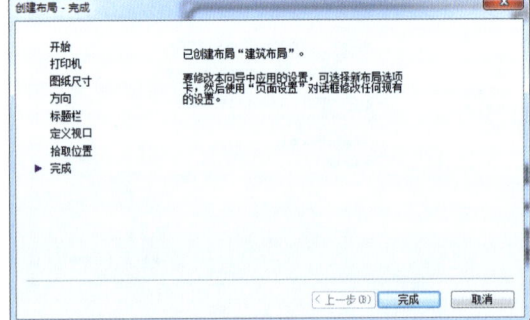

图 11-41　单击"选择位置"按钮　　　　图 11-42　"创建布局-完成"对话框

11.3.6　输入与输出图形

AutoCAD 2016 提供了图形的输入输出功能。不仅可以将其他应用程序处理好的数据传送给 Auto CAD，以显示其图形，还可以将在 AutoCAD 中绘制好的图形传送给其他的应用程序。下面介绍输入与输出图形的操作方法。

1. 输入图形文件

在 AutoCAD 中，用户可以根据需要将各种格式的图形文件导入到当前图形中，也可以将相应的文件进行输出操作。下面介绍输入图形文件的操作方法。

步骤 01　启动 AutoCAD 2016，在"功能区"选项板的"插入"选项卡中，单击"输入"面板中的"输入"按钮，如图 11-43 所示。

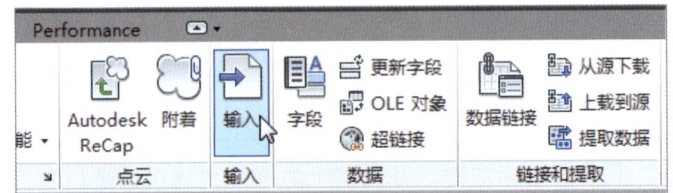

图 11-43　打击"输入"按钮

步骤 02　弹出"输入文件"对话框，选择要输入的图形文件（素材\第 11 章\带肩螺丝.wmf），如图 11-44 所示。

第 11 章　渲染与打印三维模型

步骤 03　单击"打开"按钮，执行操作后即可输入图形，如图 11-45 所示。

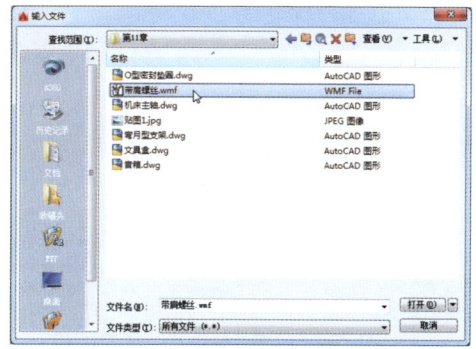
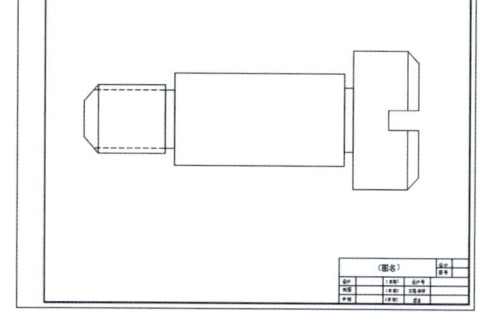

图 11-44　选择要输入的图形文件　　　　　图 11-45　输入图形

2. 输出图形文件

在 AutoCAD 2016 中，可以将图形输出为 DXF 文件，其中包含可由其他 CAD 系统读取的图形信息。下面介绍输出图形文件的操作方法。

步骤 01　打开素材图形（素材\第 11 章\轴承盖.dwg），在"功能区"选项板的"输出"选项卡中单击"输出"中间的下拉按钮，在弹出的列表框中单击"DWF"按钮，如图 11-46 所示。

步骤 02　弹出"另存为 DWF"对话框，如图 11-47 所示，设置文件名和保存路径，单击"保存"按钮，即可输出 DWF 图形。

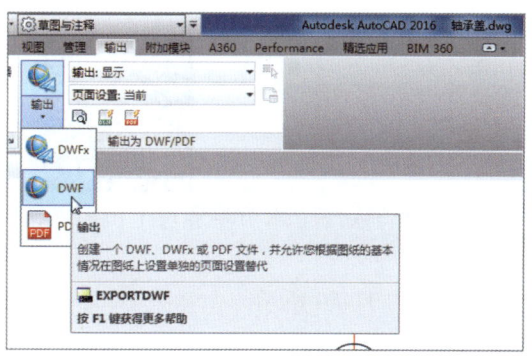
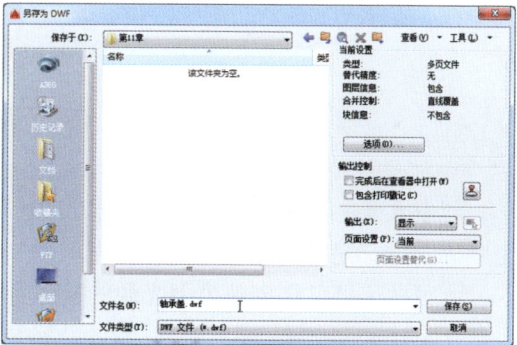

图 11-46　单击"DWF"按钮　　　　　图 11-47　输出 DWF 图形

11.3.7　打印图形文件

在 AutoCAD 2016 中，通过 PLOT（打印）命令可以打印图形文件，下面介绍打印图形文件的操作方法。

步骤 01　打开素材图形（素材\第 11 章\圆柱齿轮剖视图.dwg），在命令行中输入 PLOT（打印）命令，按【Enter】键确认，弹出"打印-模型"对话框，如图 11-48 所示。

步骤 02　单击"名称"下拉按钮，在弹出列表框中，选择相应选项，如图 11-49 所示。

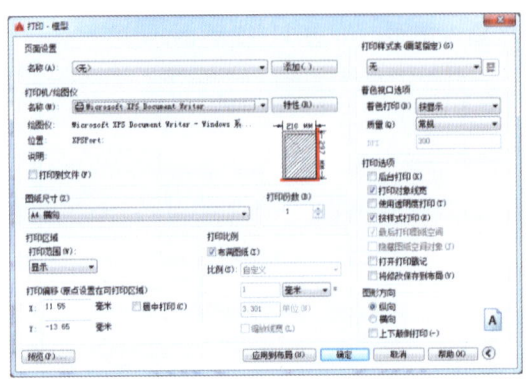
图 11-48 "打印-模型"对话框

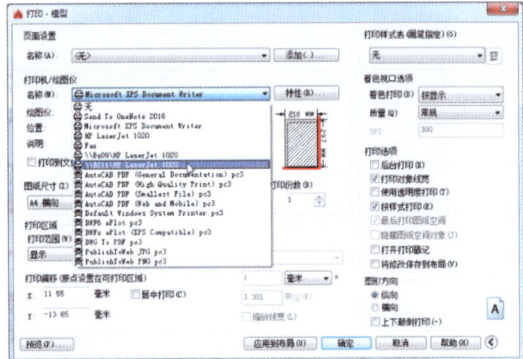
图 11-49 选择打印机

步骤 03 单击"确定"按钮,即可开始打印图形文件。

本章小节

本章首先介绍了设置三维材质与贴图的方法,主要包括设置模型材质、设置三维贴图等内容;然后介绍了设置模型光源并渲染的方法,主要包括创建模型光源、设置渲染环境以及渲染三维模型等内容;最后介绍了设置与打印图形图纸的方法,主要包括设置打印设备、设置图纸尺寸、设置打印区域、创建打印布局以及打印图形文件等内容。通过本章的学习,用户需要熟练掌握给三维模型赋予材质与贴图的方法,并能顺利打印图形文件。

课后习题

鉴于本章知识的重要性,为了帮助读者更好地掌握所学知识,本节将通过上机习题,帮助读者进行简单的知识回顾和补充。

本习题需要掌握创建模型光源的操作方法,效果如图 11-50 所示。

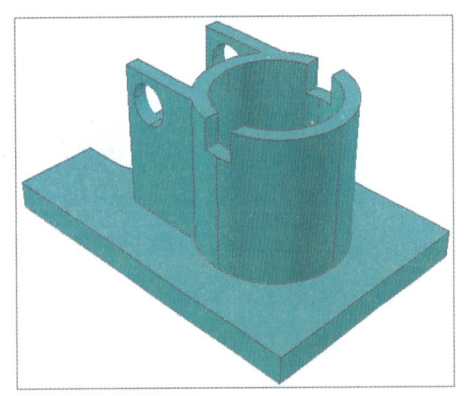
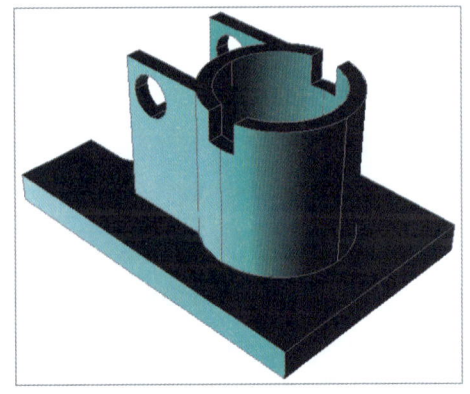

图 11-50 素材文件与效果文件

第 12 章 设计常用机械模型

【本章导读】

AutoCAD 在机械行业方面的应用非常普遍，但凡与机械相关的专业人士，如机械设计师、模具设计师、工业产品设计师等，一般都要求能熟练运用 AutoCAD 设计相关专业的图纸。本章通过 4 大案例设计，介绍常用机械模型的设计方法。

【本章导读】

- 二维机械：制作平垫圈
- 三维机械：制作轴固定座
- 模型零件：制作阀管模型
- 产品设计：制作电源插座

12.1 二维机械：制作平垫圈

在 AutoCAD 机械设计制图中，二维机械平面图形的使用率非常高、用途也非常广泛，常规的机械设计图几乎都是二维平面图纸。二维图形的轮廓形状基本上都是由图形的基本元素（如点、直线、圆、圆弧、矩形、多边形以及样条曲线等）组成。

本实例主要制作平垫圈，效果如图 12-1 所示。

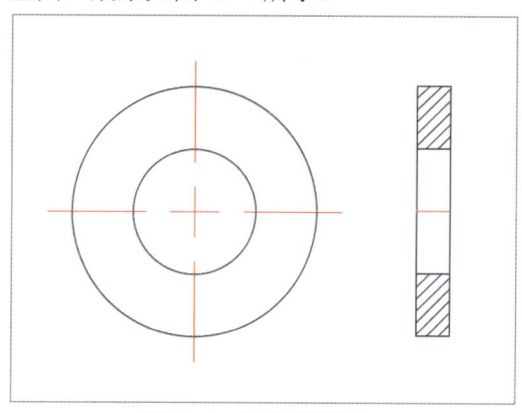

图 12-1 制作平垫圈

12.1.1 绘制平垫圈基本图形

下面介绍使用 CIRCLE（圆）命令、COPY（复制）命令、LINE（直线）命令、OFFEST（偏移）命令以及 TRIM（修剪）命令等绘制平垫圈基本图形。

步骤 01　双击 AutoCAD 2016 程序图标，如图 12-2 所示。
步骤 02　启动 AutoCAD 2016 应用程序，单击"菜单浏览器"按钮，在弹出的菜单列表中单击"新建"命令，如图 12-3 所示。

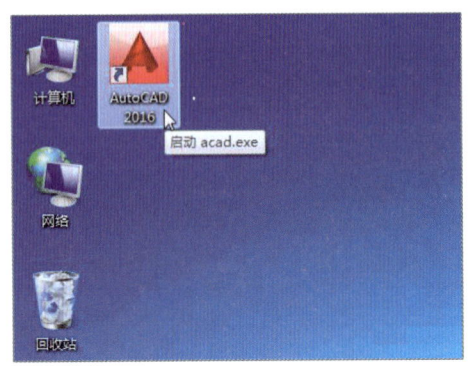

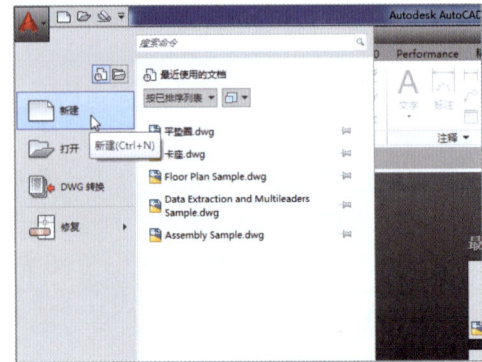

图 12-2　双击 AtuoCAD 2016 快捷图标　　　　图 12-3　单击"新建"命令

步骤 03　弹出"选择样板"对话框，在"名称"下拉列表框中选择"acadiso.dwt"选项，如图 12-4 所示。
步骤 04　单击"打开"按钮，新建一幅空白文件，如图 12-5 所示。

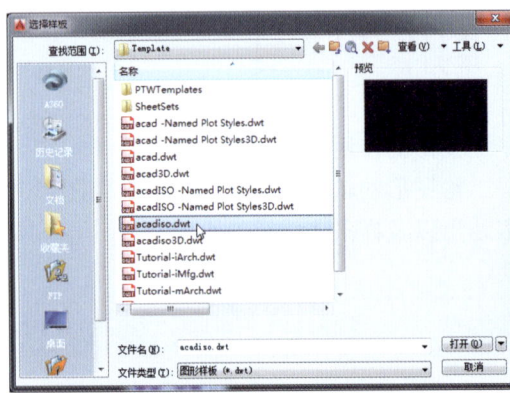

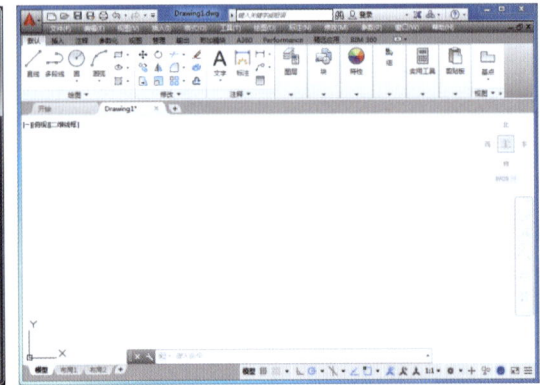

图 12-4　选择"acadiso"选项　　　　图 12-5　新建一副空白文件

步骤 05　在命令中输入 CIRCLE（圆）命令，按【Enter】键确认，如图 12-6 所示。
步骤 06　根据命令行中的提示进行操作，在绘图区中的任意一点上单击鼠标左键，确认圆心点，如图 12-7 所示。

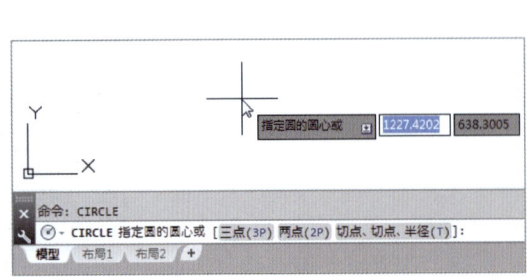

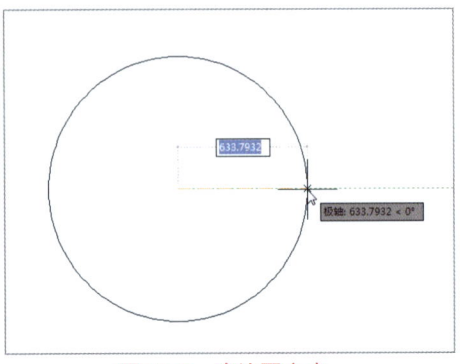

图 12-6　输入 CIRCLE 命令　　　　图 12-7　确认圆心点

| 步骤 07 | 输入半径值为 7.5，按【Enter】键确认，绘制第一个圆，如图 12-8 所示。 |
| 步骤 08 | 按【空格】键，捕捉刚绘制圆的圆心点，如图 12-9 所示。 |

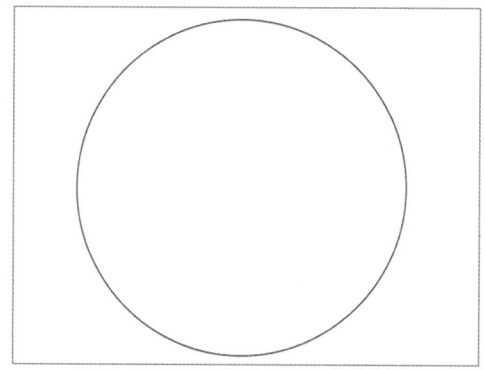
图 12-8 绘制第一个圆

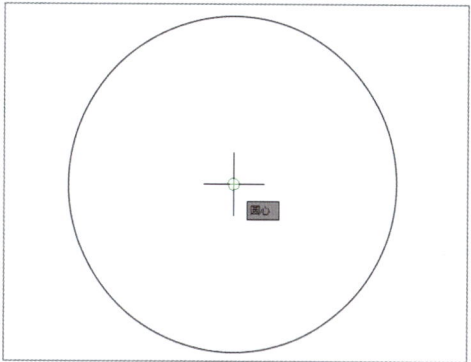
图 12-9 捕捉圆心

| 步骤 09 | 单击鼠标左键，确认圆心，输入半径值为 15，绘制第二个圆，如图 12-10 所示。 |
| 步骤 10 | 在命令行中输入 OSNAP（对象捕捉）命令，如图 12-11 所示。 |

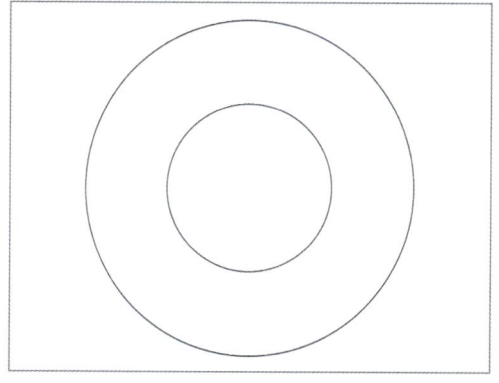
图 12-10 绘制第二个圆

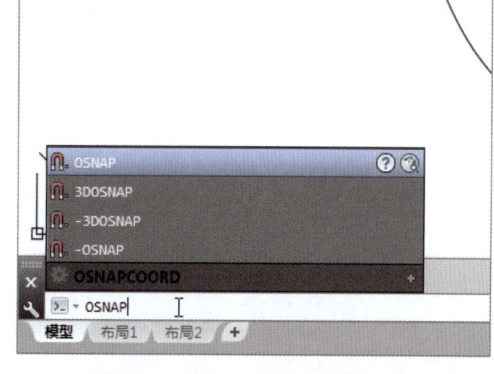
图 12-11 输入 OSNAP 命令

| 步骤 11 | 按【Enter】键确认，弹出"草图设置"对话框，如图 12-12 所示。 |
| 步骤 12 | 在"草图设置"对话框中分别选中"端点""圆心""交点"和"延长线"复选框，如图 12-13 所示，单击"确定"按钮，开启捕捉模式。 |

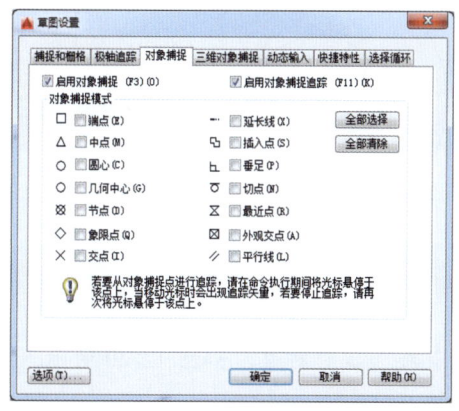
图 12-12 "草图设置"对话框

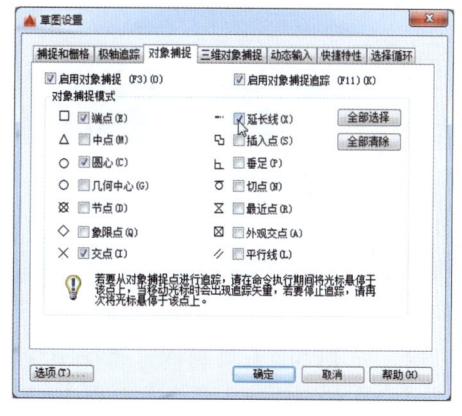
图 12-13 选择复选框

步骤 13 按【F8】键,开启正交模式,如图 12-14 所示。
步骤 14 在命令行中输入 LINE(直线)命令,如图 12-15 所示。

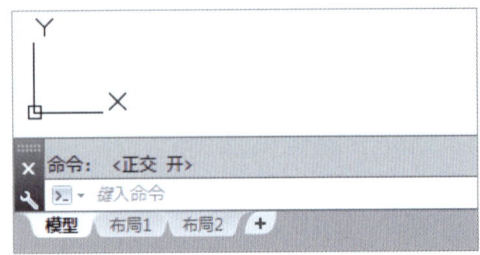

图 12-14 开启正交模式

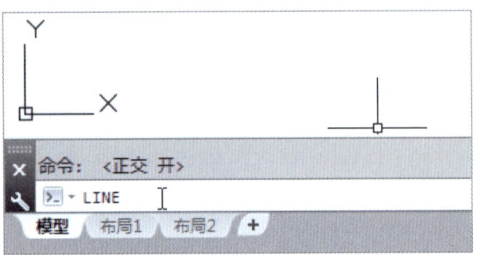

图 12-15 输入 LINE 命令

步骤 15 按【Enter】键确认,根据命令行的提示进行操作,在绘图区同心圆的右侧任意指定一点为直线的第一点,如图 12-16 所示。
步骤 16 向下引导光标,输入 34,按【Enter】键确认,绘制一条垂直直线,如图 12-17 所示。

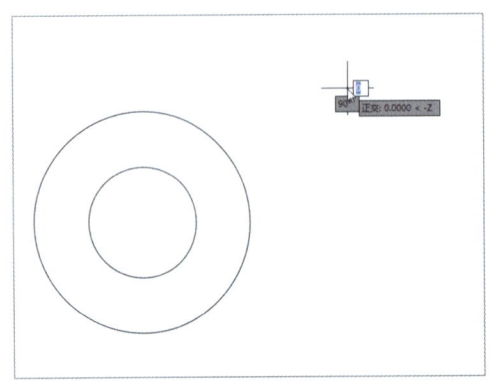

图 12-16 确认直线一点

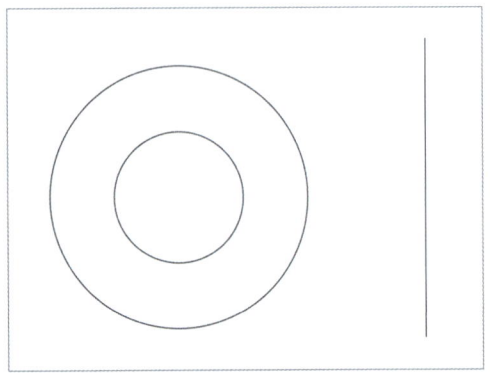

图 12-17 绘制一条垂直直线

步骤 17 在命令行中输入 OFFSET(偏移)命令,如图 12-18 所示。
步骤 18 按【Enter】键确认,根据命令行的提示进行操作,输入 4,如图 12-19 所示。

图 12-18 输入 OFFSET 命令

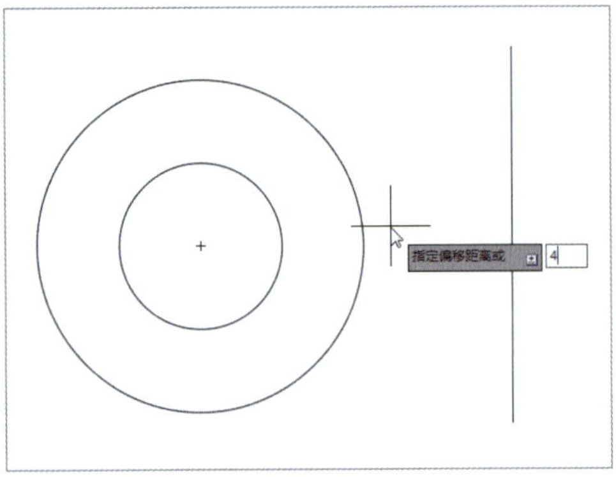

图 12-19 输入 4

步骤 19 按【Enter】键确认,选择刚绘制的直线为偏移对象,如图 12-20 所示。
步骤 20 向右偏移一条直线,如图 12-21 所示。

第 12 章　设计常用机械模型

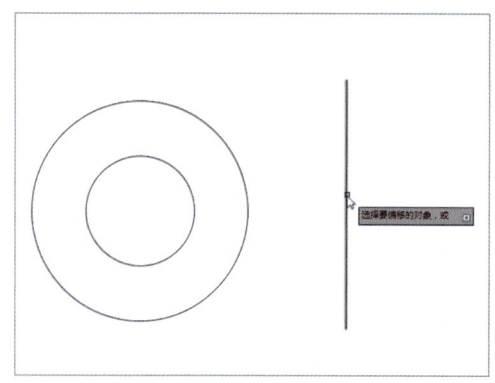

图 12-20　选择偏移对象　　　　　　　　图 12-21　偏移一条直线

步骤 21　按【F11】键开启对象捕捉追踪，如图 12-22 所示。
步骤 22　在命令行中输入 LINE（直线）命令，如图 12-23 所示。

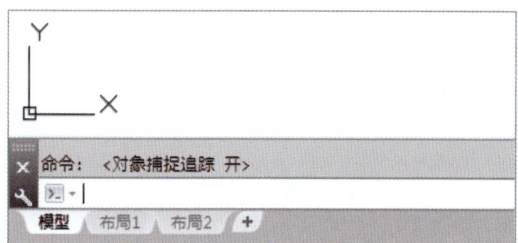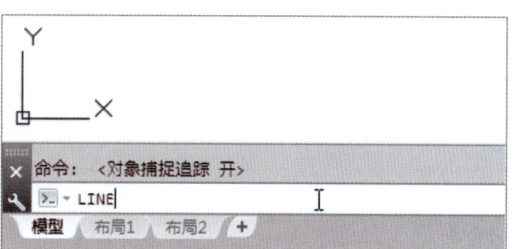

图 12-22　开启对象捕捉追踪　　　　　　图 12-23　输入 LINE 命令

步骤 23　按【Enter】键确认，根据命令行的提示进行操作，捕捉到圆心点，如图 12-24 所示。
步骤 24　向右引导鼠标，拾取经过圆心的虚线与第一条垂直，直线的交点，作为直线的第一点，圆心虚线与第二条垂直直线的交点为第二点，绘制一条直线，如图 12-25 所示。

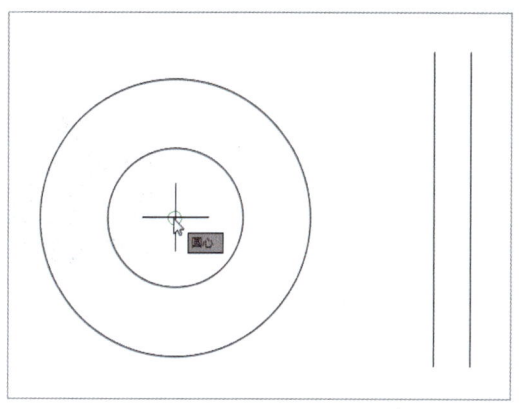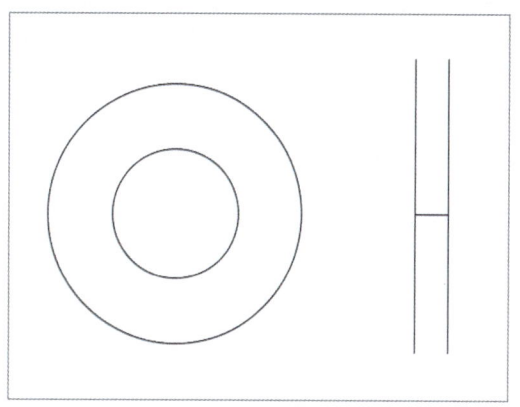

图 12-24　捕捉圆心点　　　　　　　　　图 12-25　绘制一条直线

步骤 25　在命令中输入 OFFSET（偏移）命令，如图 12-26 所示。
步骤 26　按【Enter】键确认，根据命令行的提示进行操作，输入 7.5，选中水平直线，沿垂直方向向上和向下偏移，依次偏移出两条直线，如图 12-27 所示。

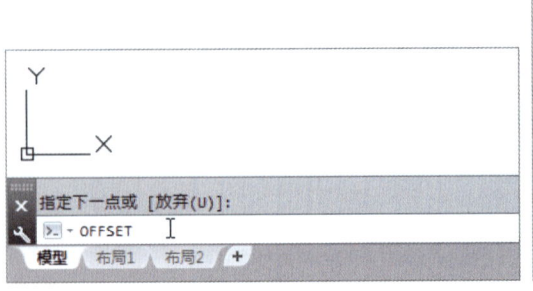
图 12-26　输入 OFFSET 命令

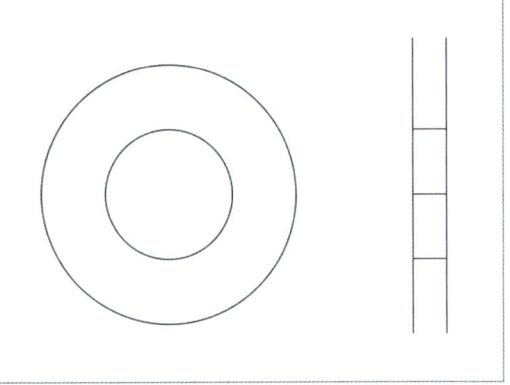
图 12-27　偏移出两条直线

步骤 27　按【空格】键，输入 15，选中水平直线，沿垂直方向向上和向下偏移，依次偏移出两条直线，如图 12-28 所示。

步骤 28　在命令行中输入 TRIM（修剪）命令，按【Enter】键确认，根据命令行的提示进行操作，选择需要修剪的对象，按【Enter】键确认，修剪多余的线段，如图 12-29 所示。

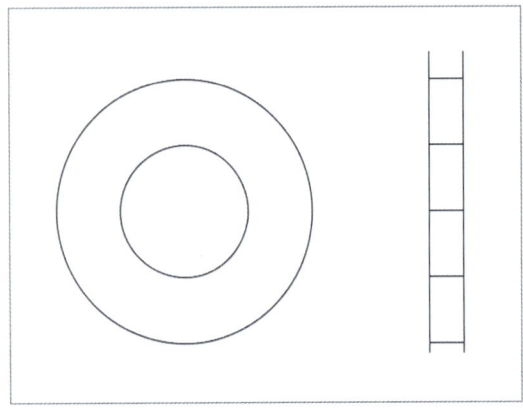
图 12-28　偏移出两条直线

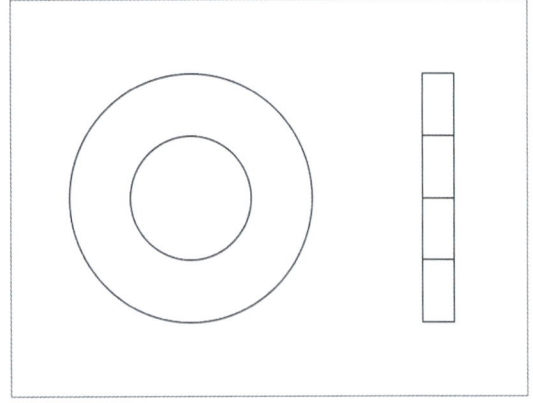
图 12-29　输入 TRIM 命令

12.1.2　填充平垫圈图形对象

下面介绍使用 HATCH（图案填充）命令填充平垫圈图形对象，然后使用 DIMSTYLE（标注样式）命令标注图形对象。

步骤 01　在命令行中输入 HATCH（图案填充）命令，按【Enter】键确认，切换至"功能区"选项板的"图案填充创建"选项卡，在"角度和比例"选项区中，设置"角度"为 45、"比例"为 1，如图 12-30 所示。

步骤 02　在"图案"面板中，单击"图案填充图案"下方的下拉按钮，弹出列表框，如图 12-31 所示。

第 12 章　设计常用机械模型

图 12-30　设置参数　　　　　　　图 12-31　"图案"对话框

步骤 03　在弹出的列表框中，选择 USER 图案，如图 12-32 所示。
步骤 04　在绘图区中选择最上方的矩形和下方的矩形，按【Enter】键确认，进行填充，效果如图 12-33 所示。

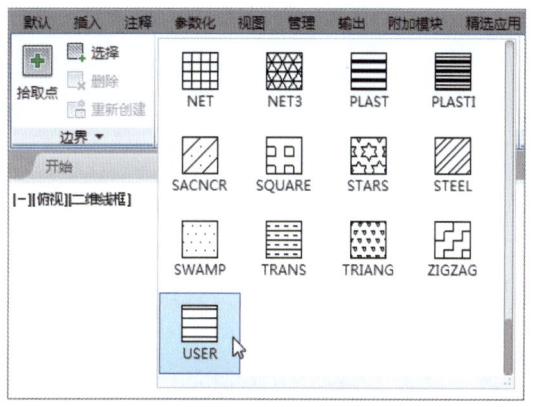

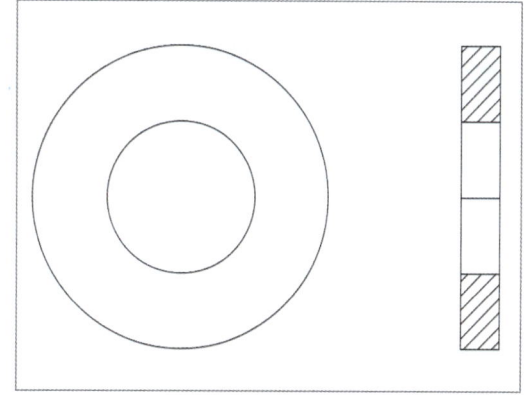

图 12-32　选择 USER 图案　　　　　图 12-33　填充图形

步骤 05　在命令行中输入 DIMSTYLE（标注样式）命令，如图 12-34 所示。
步骤 06　按【Enter】键确认，弹出"标注样式管理器"对话框，单击"修改"按钮，如图 12-35 所示。

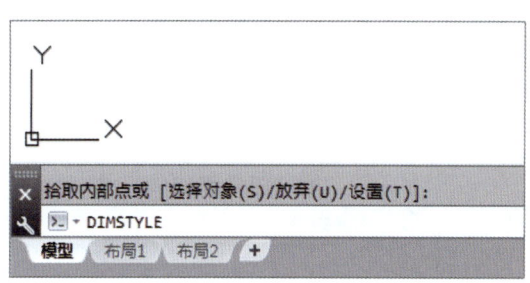

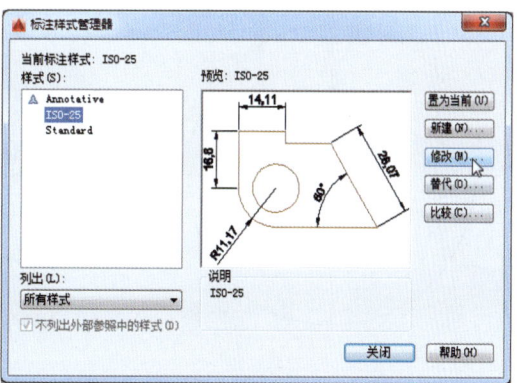

图 12-34　输入 DIMSTYLE 命令　　　　图 12-35　单击"修改"按钮

步骤 07　弹出"修改标注样式"对话框，切换至"符号和箭头"选项卡，在"圆心标记"选项区中，选中"直线"单选按钮，并在"显示和设置圆心标记或中心线的大小"数值框中输入3，如图12-36所示。

步骤 08　单击"确定"按钮，返回到"标注样式管理器"对话框，单击"关闭"按钮，返回到绘图区，单击"功能区"选项板中的"注释"选项卡，在"标注"面板上单击中间的下拉按钮，在展开的面板上单击"圆心标记"按钮，如图12-37所示。

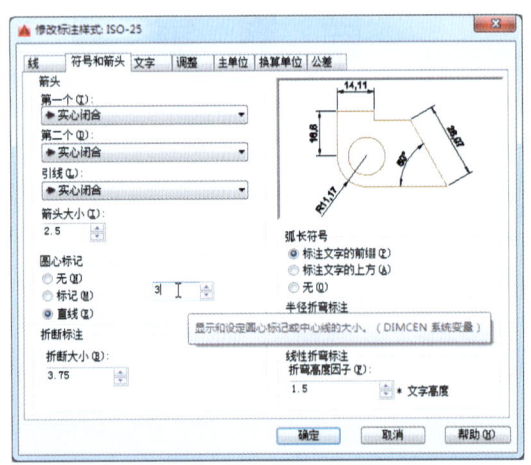

图 12-36　输入 3

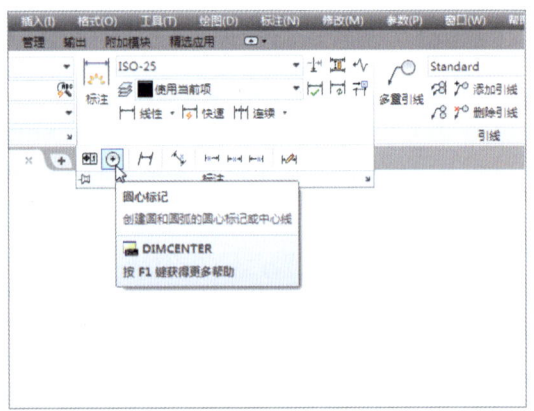

图 12-37　单击"圆心标记"按钮

步骤 09　单击半径为15的圆，标注圆心标记，如图12-38所示。

步骤 10　选择圆心标记，再单击"默认"选项卡"特性"面板中的"对象颜色"下拉按钮，弹出"对象颜色"面板，设置"颜色"为红色，如图12-39所示。

▶ 专家指点

在"对象颜色"面板中，单击"更多颜色"按钮，将弹出"选择颜色"对话框，在其中有富的颜色类型，主要包含三大种类，索引颜色、真彩色以及配色系统等，单击相应的色块即可设置线条的颜色。

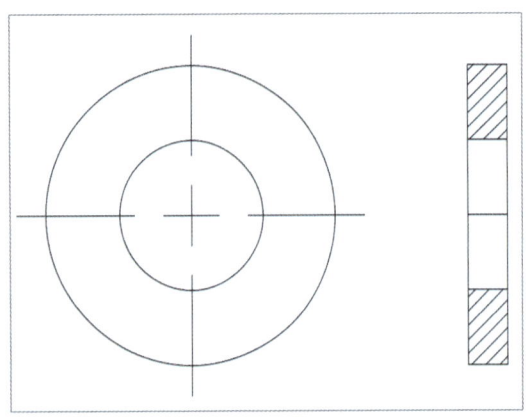

图 12-38　标注圆心标记

图 12-39　设置颜色为红色

步骤 11　按【ESC】键退出，此时圆心标记的线条变成了红色，效果如图 12-40 所示。
步骤 12　按【Ctrl+S】组合键，弹出"图形另存为"对话框，设置合适的文件保存路径及文件名，如图 12-41 所示，单击"保存"按钮，即可保存文件。

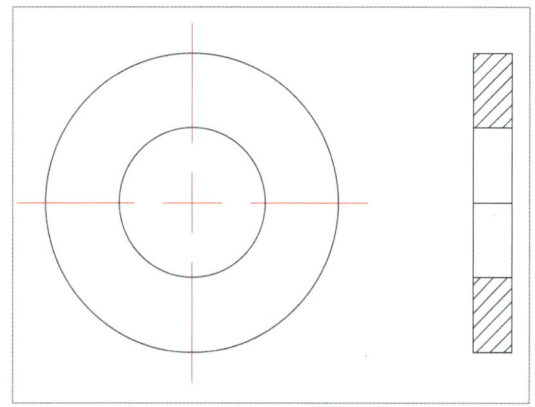

图 12-40　设置"颜色"为红色

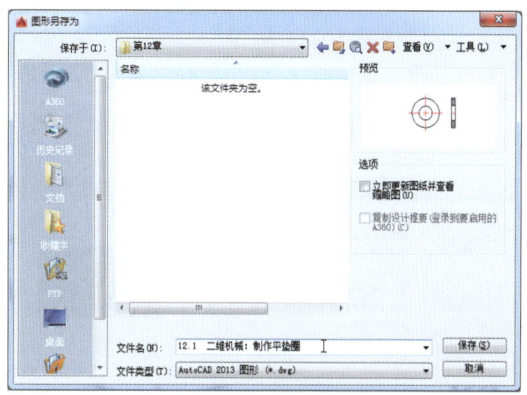

图 12-41　设置保存选项

12.2　三维机械：制作三通接头

因为三维效果图具有较强的立体感和真实感，能更清晰、全面地表达构成空间立体各组成部分的形状以及相对位置，所以设计人员往往首先是从构思三维立体模型进行设计，本节主要介绍设计三维机械模型的操作方法。

三通接头是管件的一种，它的连接形式就是直接将三通与钢管对焊，本实例主要介绍制作三通接头的方法，效果如图 12-42 所示。

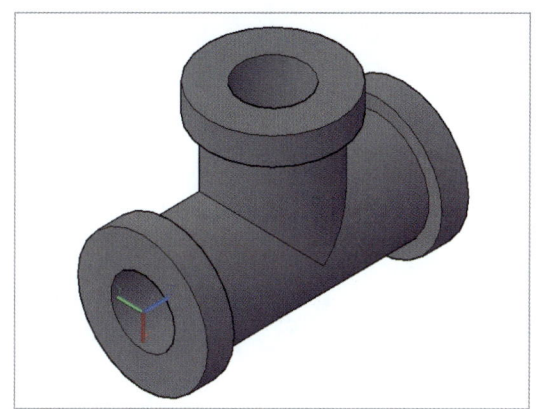

图 12-42　制作三通接头

12.2.1　绘制三通接头基本模型

本实例将介绍三通接头基本模型的创建，通过"直线"和"修剪"等命令绘制底层轮廓，展示了底层轮廓的具体绘制方法与技巧，其具体操作步骤如下所述。

步骤 01 单击"菜单浏览器"按钮，在弹出的菜单列表中单击"新建"命令，弹出"选择样板"对话框，在"名称"下拉列框中选择"acadiso.dwt"选项，如图 12-43 所示。

步骤 02 单击"打开"按钮，新建一幅空白文件，单击快速访问工具栏中"工作空间"下拉按钮，在弹出的列表中选择"三维建模"选项，如图 12-44 所示。

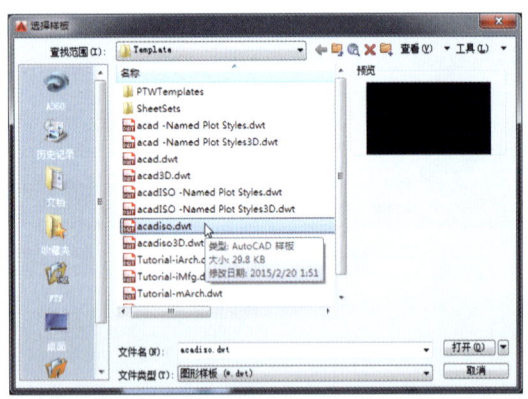
图 12-43 选择 acadiso.dwt 选项

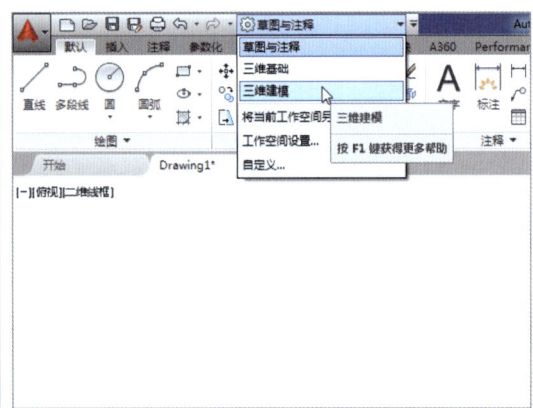
图 12-44 选择"三维建模"选项

步骤 03 在"功能区"选项板中切换至"可视化"选项卡，单击"视图"面板中的"视图"下拉按钮，在弹出的下拉列表中选择"西南等轴测"选项，如图 15-45 所示，切换至西南等轴测视图。

步骤 04 在命令行中输入 UCS（坐标系）命令，按【Enter】键确认，根据命令行的提示进行操作，将坐标系绕 Y 轴旋转 90°，如图 12-46 所示。

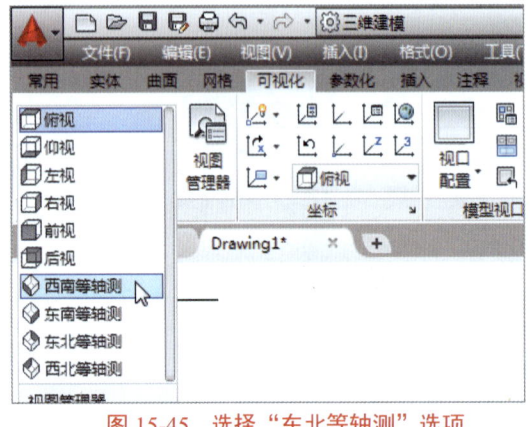
图 15-45 选择"东北等轴测"选项　　图 12-46 将坐标系绕 Y 轴旋转 90 度

步骤 05 在命令行中输入 CYLINDER（圆柱体）命令，如图 12-47 所示。

步骤 06 按【Enter】键确认，根据命令行的提示进行操作，输入（0,0,0）并确认，绘制半径为 50、高度为 20 的圆柱体，如图 12-48 所示。

第 12 章　设计常用机械模型

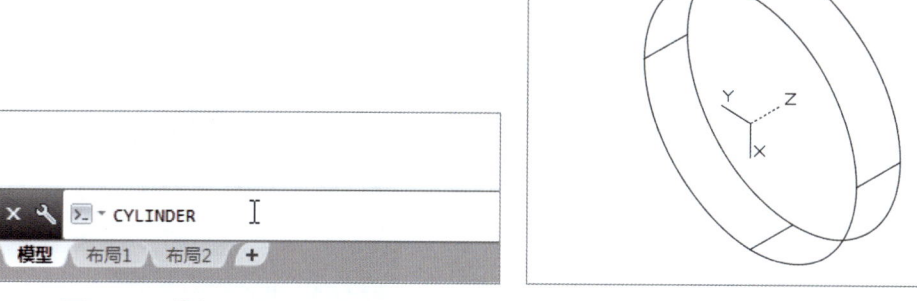

图 12-47　输入 CYLINDER 命令　　　　图 12-48　绘制圆柱体 1

步骤 07　在命令行中输入 CYLINDER（圆柱体）命令，按【Enter】键确认，根据命令行的提示进行操作，在其中输入（0,0,0）并确认，绘制半径为 40、高度为 100 的圆柱体，如图 12-49 所示。

步骤 08　在命令行中输入 CYLINDER（圆柱体）命令，按【Enter】键确认，根据命令行的提示进行操作，在其中输入（0,0,0）并确认，绘制半径为 25、高度为 100 的圆柱体，如图 12-50 所示。

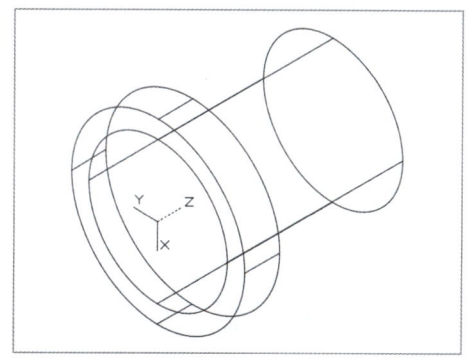 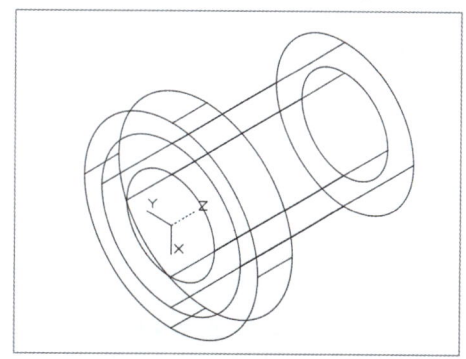

图 12-49　绘制圆柱体 2　　　　　　　图 12-50　绘制圆柱体 3

步骤 09　在命令行中输入 UNION（并集）命令，按【Enter】键确认，根据命令行的提示进行操作，在绘图区依次选择半径为 50 和 40 的圆柱体，按【Enter】键确认，并集运算图形，效果如图 12-51 所示。

步骤 10　在命令行中输入 SUBTRACT（差集）命令，按【Enter】键确认，根据命令行的提示进行操作，选择并集的图形，按【Enter】键确认，再选择半径为 25 的圆柱体并按【Enter】键确认，差集运算图形，在菜单栏中，选择"视图"｜"视觉样式"｜"概念"选项，将视图转换成概念视觉样式，效果如图 12-52 所示。

步骤 11　在二维线框视觉样式中显示图形。在命令行中输入 MIRROR3D（三维镜像）命令，按【Enter】键确认，根据命令行的提示进行操作，选择实体图形，以 XY 平面为镜像面，拾取实体右面的圆心点，选择 N（否）选项，镜像图形，如图 12-53 所示。

步骤 12　在命令行中输入 3DROTATE（三维旋转）命令，按【Enter】键确认，根据命令行的提示进行操作，选择镜像所得图形，按【Enter】键确认，指定绿色旋转轴，指定中间圆心为基点，输入旋转角度 90，并按【Enter】确认，旋转图形，如图 12-54 所示。

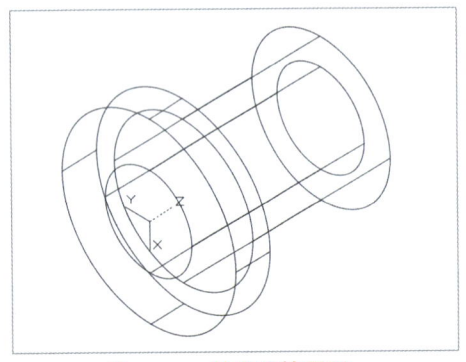

图 12-51　并集运算图形

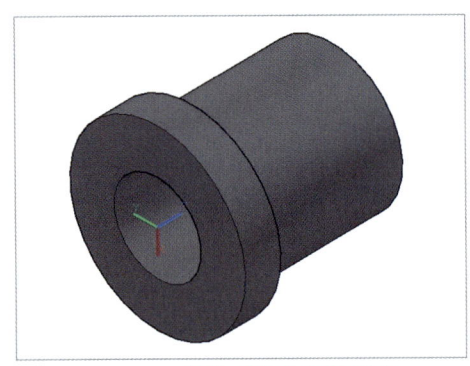

图 12-52　转换成概念视觉样式

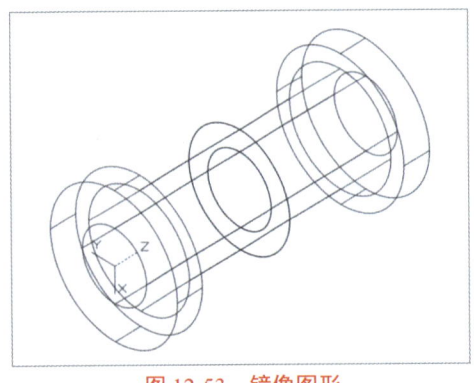

图 12-53　镜像图形

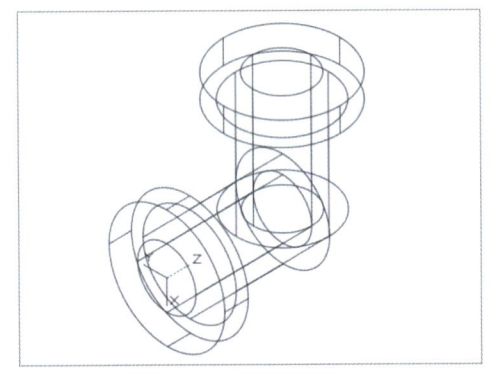

图 12-54　旋转图形

步骤 13　在命令行中输入 MIRROR3D（三维镜像）命令，按【Enter】键确认，根据命令行的提示进行操作，选择左侧实体图形，以 XY 平面为镜像面，拾取实体右面的圆心点，选择 N（否）选项，镜像图形，如图 12-55 所示。

步骤 14　在命令行中输入 UNION（并集）命令，按【Enter】键确认，根据命令行的提示进行操作，在绘图区选择所有实体，按【Enter】键确认，并集运算图形。在菜单栏中，选择"视图"｜"视觉样式"｜"概念"选项，将视图转换成概念视觉样式，如图 12-56 所示。

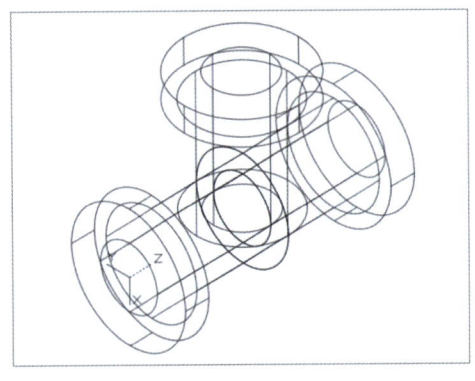

图 12-55　镜像图形

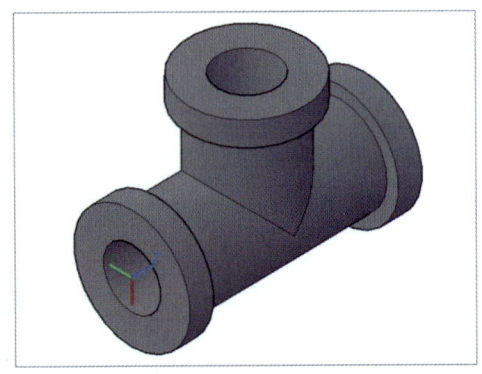

图 12-56　转换成概念视觉样式

第 12 章　设计常用机械模型

12.2.2　渲染三通接头机械模型

本实例将介绍三通接头的渲染，通过"直线"和"修剪"等命令绘制底层轮廓，展示了底层轮廓的具体绘制方法与技巧，其具体的操作步骤如下所述。

步骤 01　在命令行中输入 REC（矩形）命令，按【Enter】键确认，根据命令行的提示进行操作，在绘图区中绘制一个矩形框，为其赋予地面材质，如图 12-57 所示。

步骤 02　在菜单栏中，选择"视图"｜"视觉样式"｜"真实"选项，将视图转换成真实视觉样式，如图 12-58 所示。

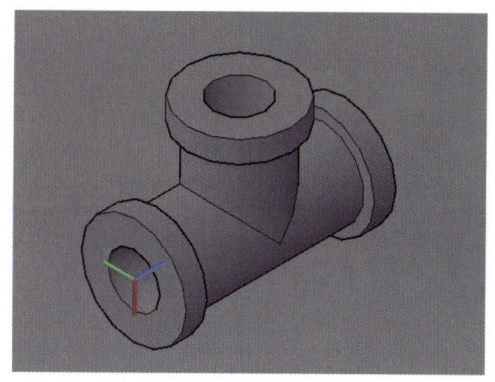

图 12-57　赋予地面材质

图 12-58　转换成真实视觉样式

步骤 03　在"材质浏览器"面板中新建一个常规材质，单击鼠标右键，在弹出的快捷菜单中选择"编辑"选项，如图 12-59 所示。

步骤 04　弹出"材质编辑器"面板，在"名称"文本框中输入"金属材质"，如图 12-60 所示。

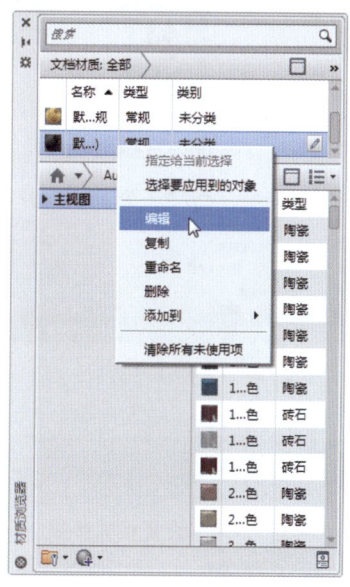

图 12-59　选择"编辑"选项

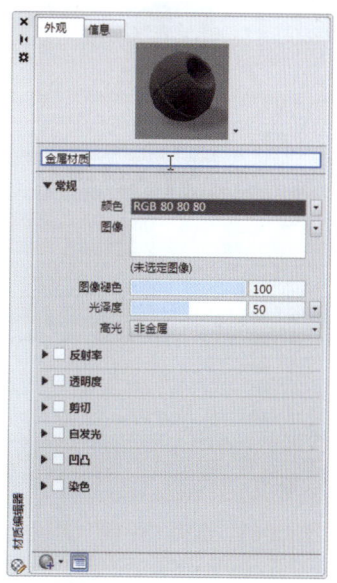

图 12-60　输入"金属材质"

215

步骤 05　在"常规"选项区的"图像"右侧空白处单击鼠标左键,弹出"材质编辑器打开文件"对话框,在其中选择相应的文件,如图12-61所示。

步骤 06　单击"打开"按钮,设置贴图并弹出"纹理编辑器"面板,如图12-62所示。

图 12-61　选择相应的文件　　　　图 12-62　"纹理编辑器"面板

步骤 07　在"材质编辑器"面板中单击"图像"右侧的下三角按钮,在弹出的列表框中选择"平铺"选项,如图12-63所示。

步骤 08　在"常规"选项区中设置"图像褪色"为83、"光泽度"为80、"高光"为"金属",在"反射率"选项区中设置"直接"和"倾斜"均为90,如图12-64所示。

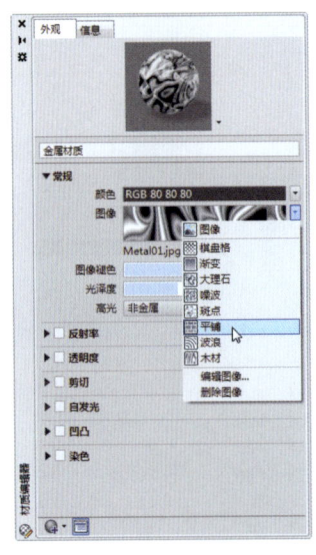

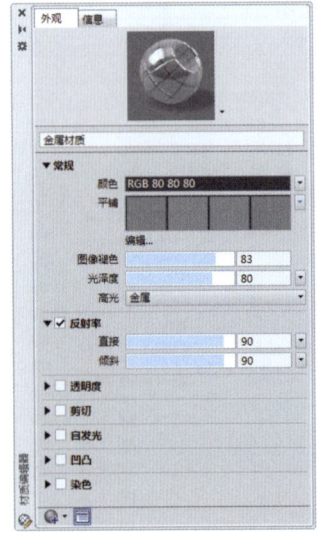

图 12-63　选择"平铺"选项　　　　图 12-64　设置相关参数

步骤 09　在"纹理编辑器"面板的"比例"选项区中,设置"样例尺寸"的"宽度"和"高度"均为1,如图12-65所示。

第 12 章　设计常用机械模型

步骤 10　选择三通接头,在"材质浏览器"面板上选择相应选项,单击鼠标右键,在弹出的快捷菜单中,选择"指定给当前选择"选项,如图 12-66 所示。

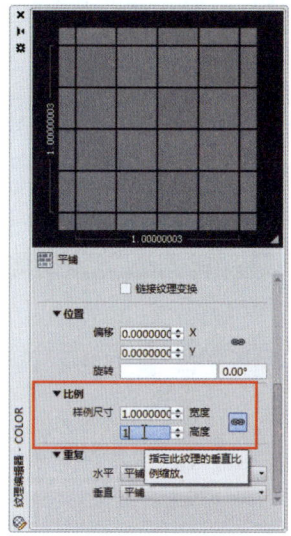
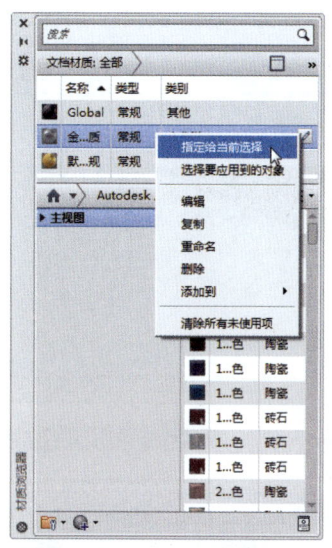

图 12-65　设置相关参数　　　　图 12-66　选择"指定给当前选择"选项

步骤 11　在菜单栏中,选择"视图"|"命名视图"选项,弹出"视图管理器"对话框,单击"新建"按钮,如图 12-67 所示。

步骤 12　弹出"新建视图/快照特性"对话框,在"视图名称"文本框中输入"渲染",在"背景"选项区中单击"默认"右侧的下拉按钮,在弹出的列表框中选择"阳光与天光"选项,如图 12-68 所示。

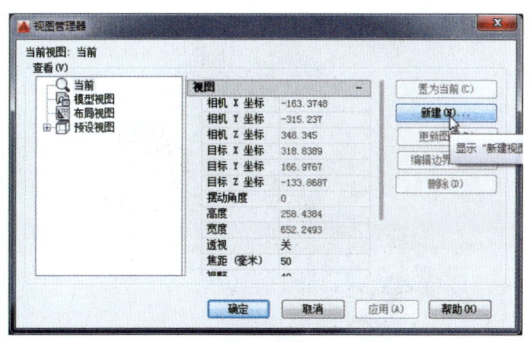
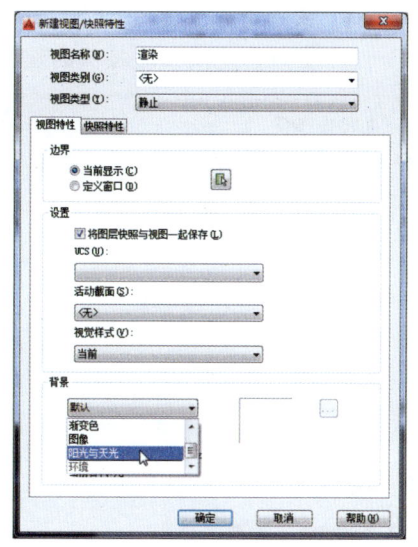

图 12-67　单击"新建"按钮　　　　图 12-68　选择"阳光与天光"选项

步骤 13　弹出"调整阳光与天光背景"对话框,在"常规"选项区中单击"状态"下拉按钮,在弹出列表框中选择"开"选项,如图 12-69 所示。

步骤 14　单击"确定"按钮,返回到"新建视图/快照特性"对话框,再单击"确定"

按钮。返回到"视图管理器"对话框,在"视图"选项区中单击"透视"下拉按钮,在弹出的列表框中选择"开"选项,如图12-70所示。依次单击"置为当前"和"应用"按钮,单击"确定"按钮,即可启用天光背景。

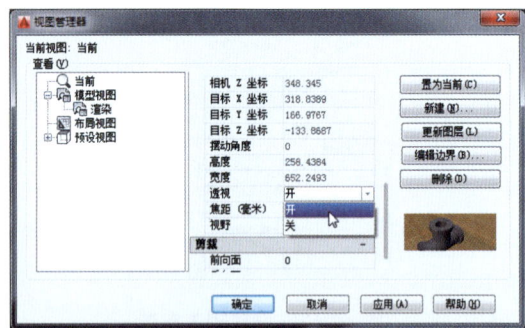

图12-69 选择"开"选项1　　　　　图12-70 选择"开"选项2

步骤 15 在菜单栏中选择"视图"|"渲染"|"高级渲染设置"选项,弹出"渲染预设管理器"面板,单击上方的"当前预设"下拉按钮,在弹出的列表框中选择"高"选项。在选项区中单击"渲染大小"下拉按钮,在弹出的列表框中选择"800×600px-SVGA"选项,如图12-71所示。

步骤 16 在命令行中输入RENDER(渲染)命令,按【Enter】键确认,弹出"渲染"窗口,完成三通接头的渲染,效果如图12-72所示。

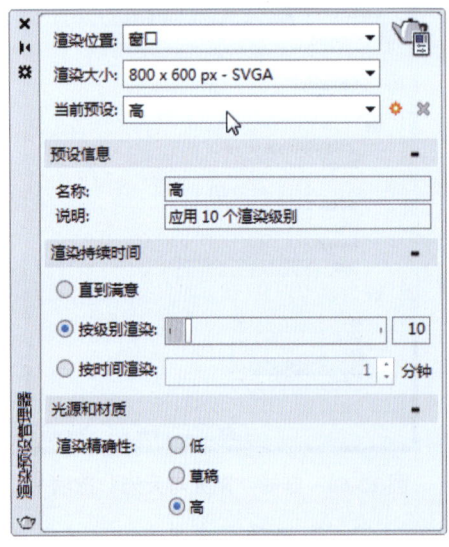

图12-71 选择相应选项　　　　　图12-72 三通接管的渲染效果

12.3　模型零件：制作阀管模型

绘制三维机械模型，首先要绘制基本的三维实体对象，如长方体、球体和楔体等，然后对三维实体进行编辑，如拉伸、对齐、镜像、复制和阵列等，或进行布尔运算，最后设置光源、材质和背景等，将三维对象渲染输出。

阀管是指阀门管件中的一种，一般用作管道连接，阀管具有能耗低、运行稳定、密封效果好等特点。本实例介绍阀管模型的设计，效果如图 12-73 所示。

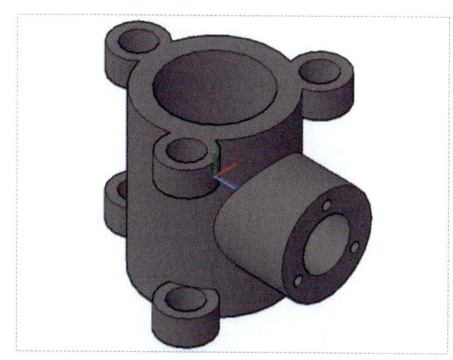 

图 12-73　阀管模型

12.3.1　绘制阀管基本模型

本实例将介绍阀管模型主体的创建，首先通过"圆"和"环形阵列"等命令绘制轮廓，然后使用"拉伸"和"复制"等命令创建阀管主体，展示了阀管主体的具体创建方法与技巧，其具体操作步骤如下所述。

步骤 01　单击"工作空间"下拉按钮，在弹出的列表中选择"三维建模"选项，切换至"三维建模"工作界面。在菜单栏中，选择"视图"|"三维视图"|"西南等轴测"选项，将视图切换至西南等轴测视图。在命令行中输入 C（圆）命令，按【Enter】键确认，根据命令行提示的进行操作，设置（0,0）为圆心，绘制半径为 15 的圆，如图 12-74 所示。

步骤 02　在命令行中输入 C（圆）命令，按【Enter】键确认，根据命令行的提示进行操作，设置（0,0）为圆心，绘制半径为 21 的圆，如图 12-75 所示。

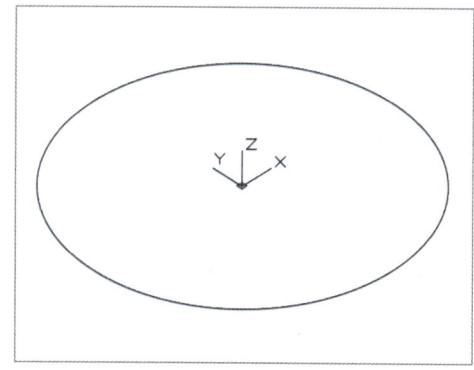 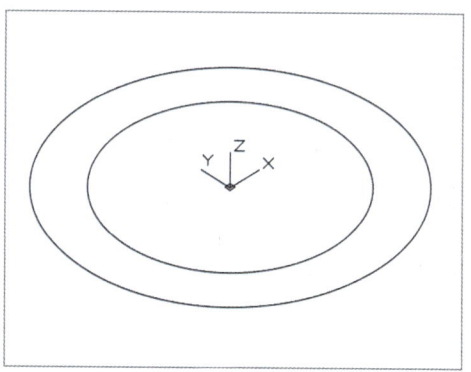

图 12-74　绘制圆　　　　　　　　　　图 12-75　绘制圆

| 步骤 | 03 | 在命令行中输入 C（圆）命令，按【Enter】键确认，根据命令行的提示进行操作，设置（0,26）为圆心，分别绘制半径为 5 和 8 的圆，如图 12-76 所示。

| 步骤 | 04 | 在命令行中输入 ARRAYPOLAR（环形阵列）命令，按【Enter】键确认，根据命令行的提示进行操作，选择新绘制的两个圆，按【Enter】键确认，输入中心点坐标为（0,0,0）并按【Enter】键确认，设置项目数为 3、填充角度为 360，即可环形阵列图形，如图 12-77 所示。

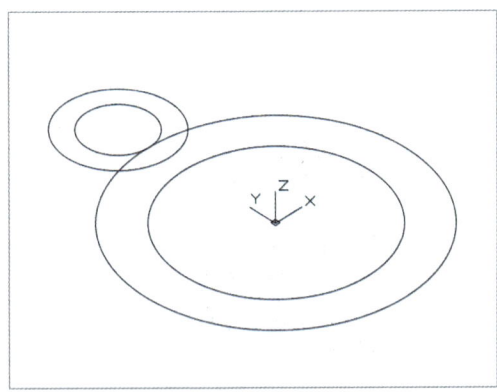
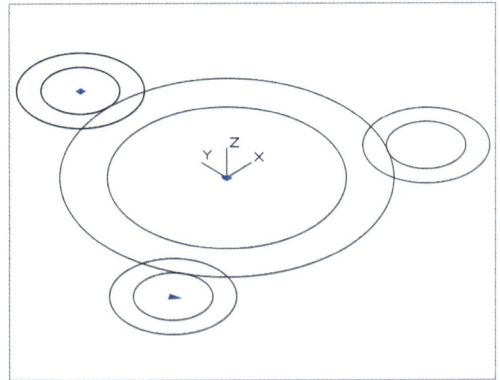

图 12-76　绘制圆　　　　　　　　　　图 12-77　环形阵列图形

| 步骤 | 05 | 在命令行中输入 UCS（坐标系）命令，按【Enter】键确认，根据命令行的提示进行操作，输入 X（X 轴）并按【Enter】键确认，设置旋转角度为 90，即可创建坐标系，如图 12-78 所示。

| 步骤 | 06 | 在命令行中输入 UCS（坐标系）命令，按【Enter】键确认，根据命令行的提示进行操作，输入坐标点（0,25）并按【Enter】键确认，即可移动坐标系，如图 12-79 所示。

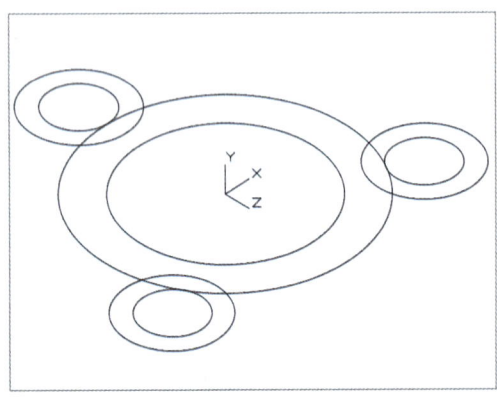
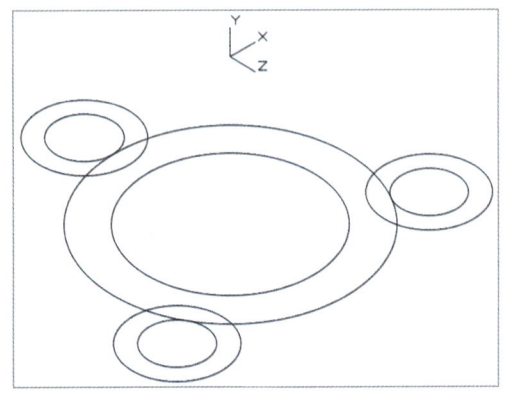

图 12-78　创建坐标系　　　　　　　　图 12-79　移动坐标系

| 步骤 | 07 | 在命令行中输入 C（圆）命令，按【Enter】键确认，根据命令行的提示进行操作，设置（0,0）为圆心，分别绘制半径为 8 和 15 的圆，如图 12-80 所示。

| 步骤 | 08 | 在命令行中输入 C（圆）命令，按【Enter】键确认，根据命令行的提示进行操作，设置（0,11）为圆心，绘制半径为 1.5 的圆，如图 12-81 所示。

第 12 章　设计常用机械模型

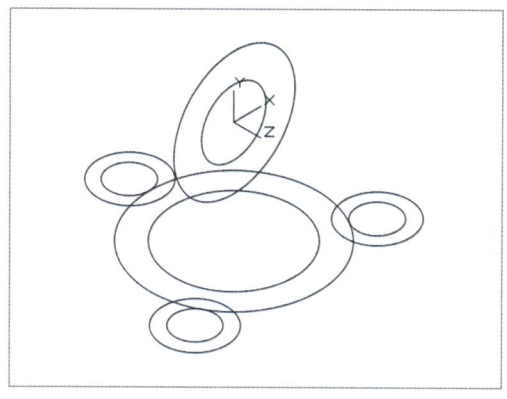

图 12-80　绘制圆

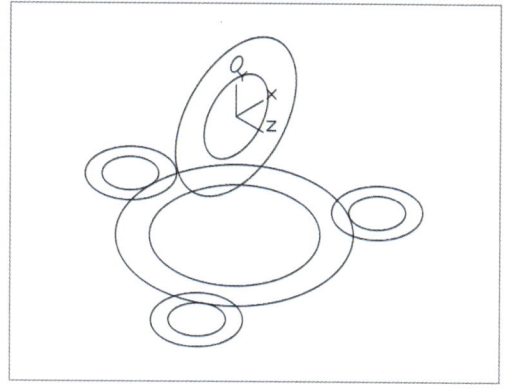

图 12-81　绘制圆

步骤 09 在命令行中输入 ARRAYPOLAR（环形阵列）命令，按【Enter】键确认，根据命令行的提示进行操作，选择新绘制的圆，按【Enter】键确认，输入中心点坐标为（0,0,0）并确认，设置项目数为 3、填充角度为 360，即可环形阵列图形，如图 12-82 所示。

步骤 10 在命令行中输入 X（分解）命令，按【Enter】键确认，根据命令行的提示进行操作，分解新阵列的圆。在命令行中输入 EXTRUDE（拉伸）命令，按【Enter】键确认，根据命令行的提示进行操作，选择相应的图形，按【Enter】键确认，设置拉伸高度为 38，执行操作后即可拉伸图形，如图 12-83 所示。

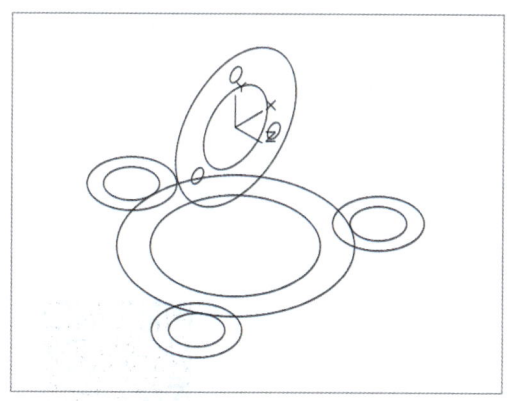

图 12-82　环形阵列图形

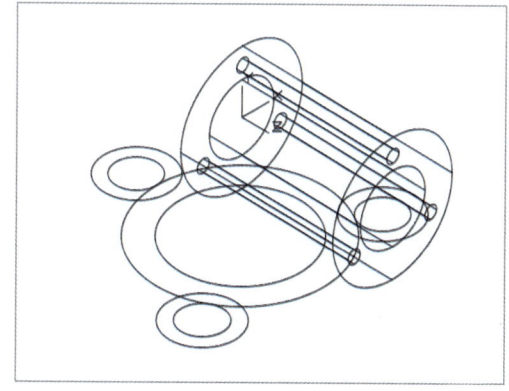

图 12-83　拉伸图形

步骤 11 在命令行中输入 EXTRUDE（拉伸）命令，按【Enter】键确认，根据命令行的提示进行操作，选择相应的图形，按【Enter】键确认，设置拉伸高度为 50，执行操作后，即可拉伸图形，如图 12-84 所示。

步骤 12 在命令行中输入 X（分解）命令，按【Enter】键确认，根据命令行的提示进行操作，分解下方阵列的小圆图形。在命令行中输入 EXTRUDE（拉伸）命令，按【Enter】键确认，根据命令行的提示进行操作，选择相应的图形，按【Enter】键确认，设置拉伸高度为 8，执行操作后即可拉伸图形，如图 12-85 所示。

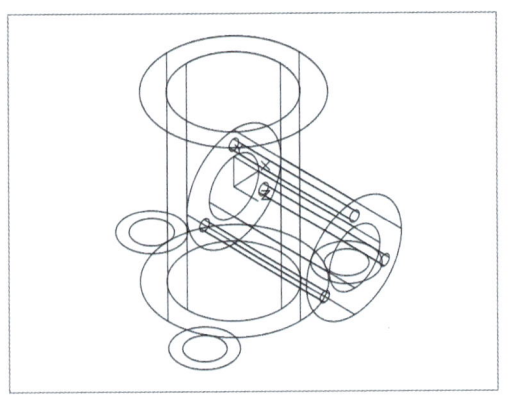 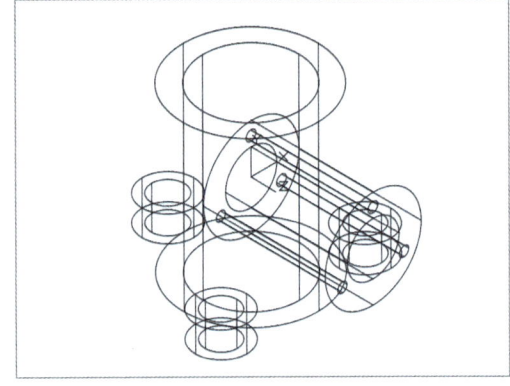

图 12-84 拉伸图形　　　　图 12-85 拉伸图形

步骤 13 在命令行中输入 CO（复制）命令，按【Enter】键确认，根据命令行的提示进行操作，选择新拉伸的图形，在绘图区任意指定一点为基点，输入（@0,42）并确认，复制图形，如图 12-86 所示。

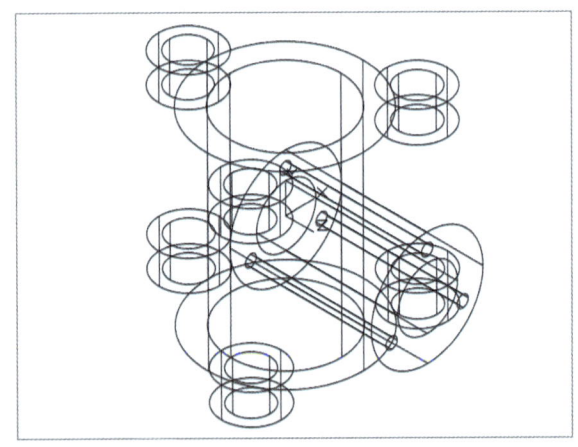

图 12-86 复制图形

12.3.2 完善阀管并着色处理

本实例将介绍阀管细节的创建，通过"并集"和"差集"命令创建阀管细节，展示了阀管细节的具体创建方法与技巧；通过"矩形"和"面域"等命令绘制地面，然后使用"材质浏览器"和"渲染"等命令渲染阀管，展示了阀管的具体渲染方法与技巧，其具体操作步骤如下所述。

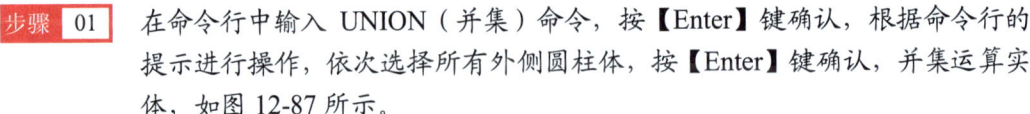

步骤 01 在命令行中输入 UNION（并集）命令，按【Enter】键确认，根据命令行的提示进行操作，依次选择所有外侧圆柱体，按【Enter】键确认，并集运算实体，如图 12-87 所示。

步骤 02 在命令行中输入 UNION（并集）命令，按【Enter】键确认，根据命令行的提示进行操作，依次选择所有内侧圆柱体，按【Enter】键确认，并集运算实体，如图 12-88 所示。

第 12 章　设计常用机械模型

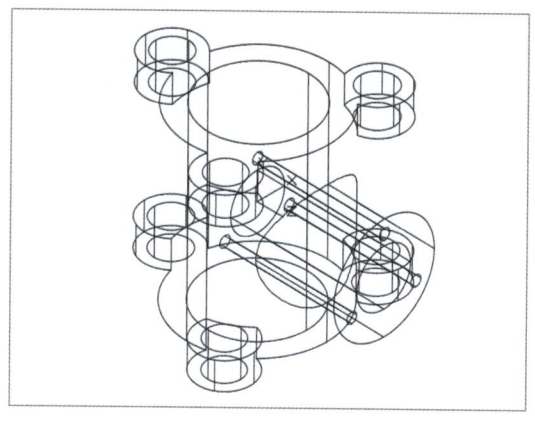

图 12-87　并集运算实体 1

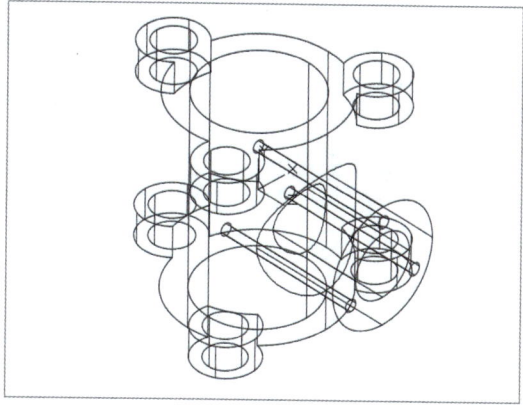

图 12-88　并集运算实体 2

步骤 03　在命令行中输入 SUBTRACT（差集）命令，按【Enter】键确认，根据命令行的提示进行操作，选择外侧圆柱体的并集，按【Enter】键确认，选择内侧圆柱体的并集，按【Enter】键确认，在菜单栏中选择"视图"|"视觉样式"|"概念"选项，将阀管视图转换成概念视觉样式，效果如图 12-89 所示。

步骤 04　绘制一个矩形，调入地面材质，单击"可视化"面板中"视觉样式"选项右侧的下拉按钮，在弹出的列表框中选择"真实"选项，即可将视图转换成真实的视觉样式，效果如图 12-90 所示。

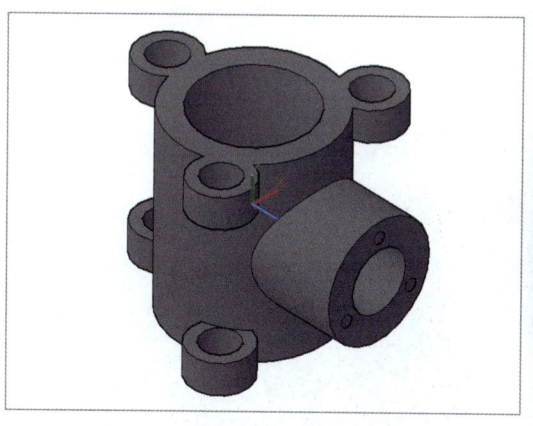

图 12-89　转换成概念视觉样式

图 12-90　转换成真实的视觉样式

步骤 05　执行 MATERIALS（材质）命令，按【Enter】键确认，弹出"材质浏览器"面板，单击"创建材质"右侧的下拉按钮，在弹出的下拉菜单中选择"新建常规材质"选项，如图 12-91 所示。

步骤 06　在"材质浏览器"面板上将显示新建的材质球，并弹出"材质编辑器"面板，在"图像"右侧的空白处单击，弹出"材质编辑器打开文件"对话框，选择合适的贴图文件，如图 12-92 所示。

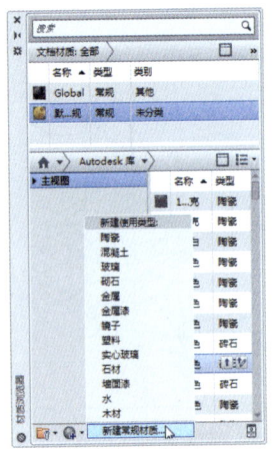
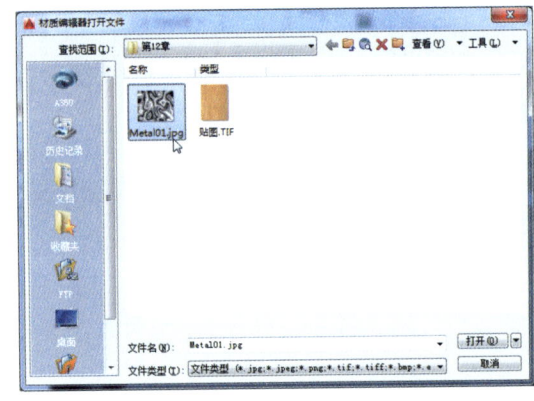

图 12-91　选择"新建常规材质"选项　　　　图 12-92　选择合适的贴图文件

步骤 07　单击"打开"按钮,返回到"材质编辑器"面板,在"常规"选项区中设置"图像褪色"为 83、"光泽度"为 80、"高光"为"金属""直接"和"倾斜"的反射率均为 90,如图 12-93 所示。

步骤 08　在"材质编辑器"面板中单击"图像"右侧的下拉按钮,在弹出的下拉菜单中选择"平铺"选项,在弹出的"纹理编辑器"面板中设置"瓷砖计数"均为 0,在"变换"选区中,设置"样例尺寸"的"宽度"和"高度"均为 0.25;在绘图区中选择阀管实体,然后在新建的材质球上单击鼠标右键,在弹出的快捷菜单中选择"指定给当前选择"选项,执行操作后,效果如图 12-94 所示。

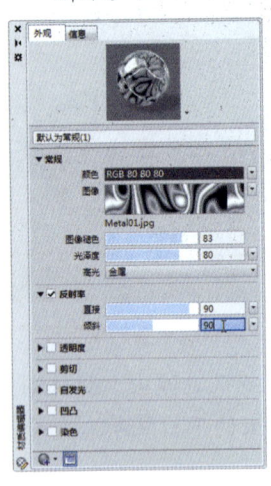

图 12-93　设置各参数　　　　图 12-94　选择"指定给当前选择"选项

步骤 09　执行 VIEW(视图)命令,弹出"视图管理器"对话框,单击"新建"按钮,在弹出的"新建视图/快照特性"对话框中设置"视图名称"为"渲染",在"背景"下拉列表框中选择"阳光与天光"选项,如图 12-95 所示。在弹出的"调整阳光与天光背景"对话框中单击"确定"按钮,返回"新建视图/快照特性"对话框,先单击"置为当前"按钮,再单击"确定"按钮,即可启用天光背景。

第 12 章 设计常用机械模型

步骤 10 执行 RENDER（渲染）命令，按【Enter】键确认，即可渲染图形，效果如图 12-96 所示。

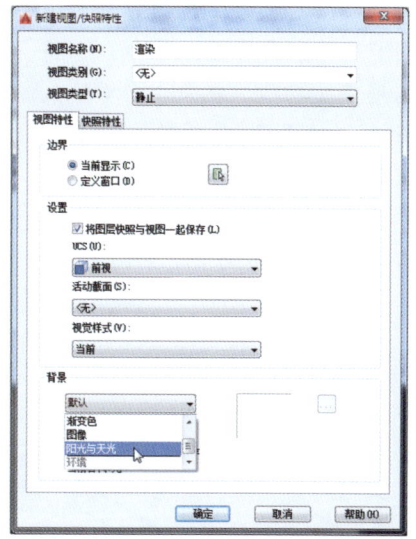

图 12-95 选择"阳光与天光"选项

图 12-96 渲染效果

12.4 产品设计：制作电源插座

在日常生活中，涉及到很多日常生活用品，如插座、肥皂盒、杯套等，其造型比较独特，设计方法也各不相同，本节详细地向读者介绍产品模型的设计技巧与操作方法。

插座又称电源插座、开关插座，通过它可插入各种接线，插座是我们日常生活中的必须品。本实例介绍电源插座日用品模型的设计，效果如图 12-97 所示。

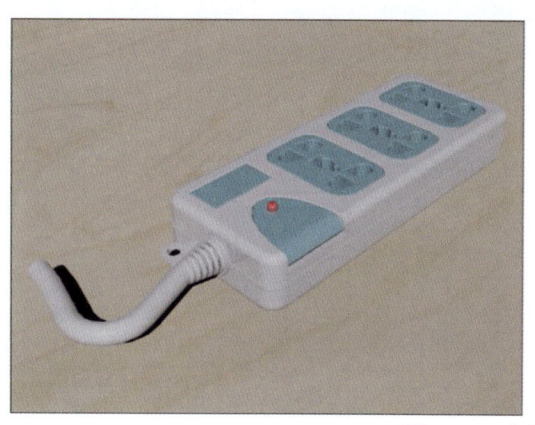

图 12-97 制作电源插座

12.4.1 绘制插座基本模型

下面介绍绘制插座基本模型的操作方法，主要通过 BOX（长方体）命令、FILLET（圆角）命令、RECTANG（矩形）命令以及 MIRROR（镜像）

命令进行操作，具体步骤如下所述。

步骤 01 单击"新建"按钮，新建一幅空白的图形文件；单击"工作空间"下拉列表框，在弹出的下拉列表中选择"三维建模"选项，切换至"三维建模"工作界面；选择菜单栏中的"视图"|"三维视图"|"东南等轴测"命令，将视图切换至东南等轴测视图；按【F8】键，启用正交功能；在命令行中输入 BOX（长方体）命令，按【Enter】键确认，根据命令行的提示，依次输入（0,0,0）和（120,315,50），绘制长方体，如图 12-98 所示。

步骤 02 重复执行 BOX（长方体）命令，按【Enter】键确认，根据命令行的提示，以（-1,-1,23.5）和（122,317,26.5）为长方体角点，绘制长方体，如图 12-99 所示。

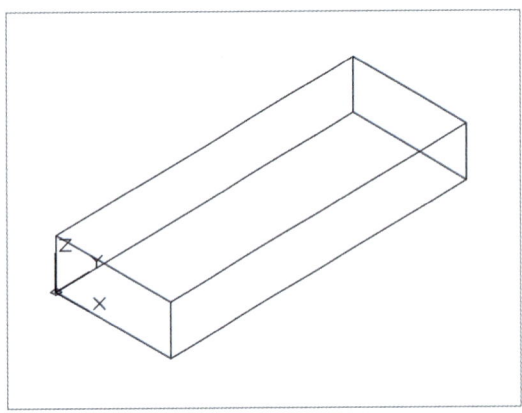

图 12-98　绘制长方体 1　　　　图 12-99　绘制长方体 2

步骤 03 在命令行中输入 FILLET（圆角）命令，按【Enter】键确认，根据命令行的提示，设置圆角半径为 15，对两个长方体侧面的 4 条边进行圆角处理，如图 12-100 所示。

步骤 04 选择菜单栏中的"视图"|"三维视图"|"俯视"命令，将视图切换至俯视视图；在命令行中输入 RECTANG（矩形）命令，按【Enter】键确认，根据命令行的提示，输入（105,300）和（@-90,-60），绘制一个矩形，如图 12-101 所示。

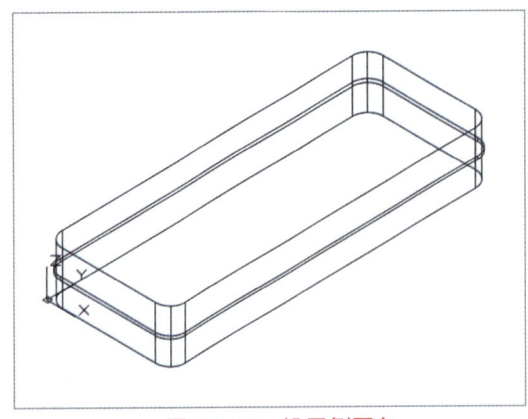 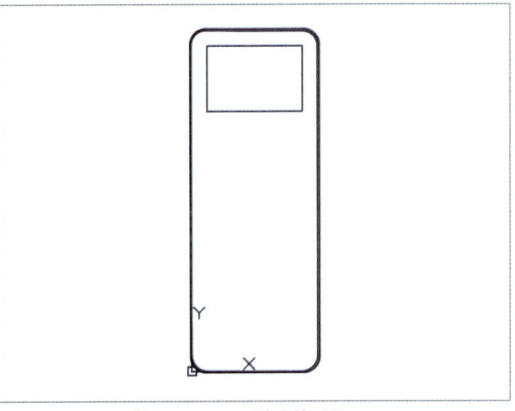

图 12-100　设置倒圆角　　　　图 12-101　绘制矩形

步骤 05　在命令行中输入 UCS（坐标系）命令，按【Enter】键确认，根据命令行的提示，输入 M，将坐标移至点（0,315）处；在命令行中输入 CIRCLE（圆）命令，按【Enter】键确认，根据命令行的提示，以（30,-30）为圆心，绘制半径为 7.5 的圆，如图 12-102 所示。

步骤 06　在命令行中输入 RECTANG（矩形）命令，按【Enter】键确认，根据命令行的提示，捕捉圆的象限点为角点，输入（@18,-7.5），绘制一个矩形，如图 12-103 所示。

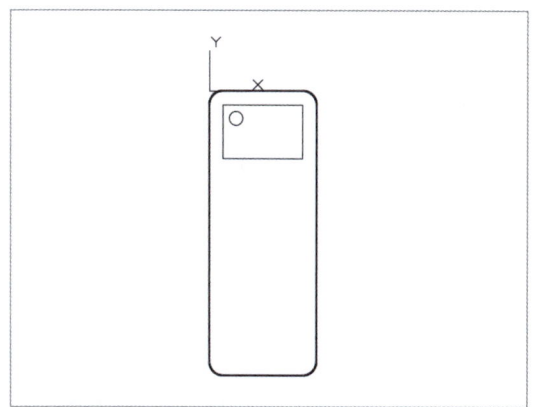
图 12-102　绘制圆

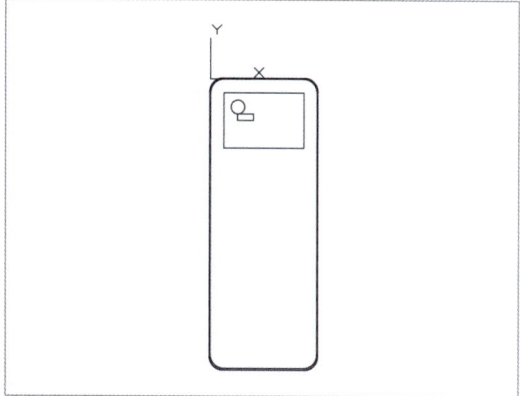
图 12-103　绘制矩形

步骤 07　在命令行中输入 MOVE（移动）命令，选择矩形作为移动对象，单击矩形的中点，单击圆的象限点，移动矩形对象；重复执行 MOVE（移动）命令，选择矩形作为移动对象，以原点为基点，以（@0,3.75）为目标点进行移动处理，效果如图 12-104 所示。

步骤 08　在命令行中输入 TRIM（修剪）命令，按【Enter】键确认；根据命令行的提示，修剪多余的线段和圆弧；在命令行中输入 REGION（面域）命令，选择修剪后的图形，按【Enter】键确认，创建面域，效果如图 12-105 所示。

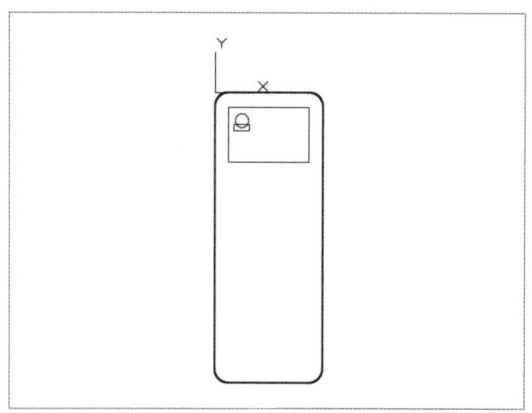
图 12-104　移动图形

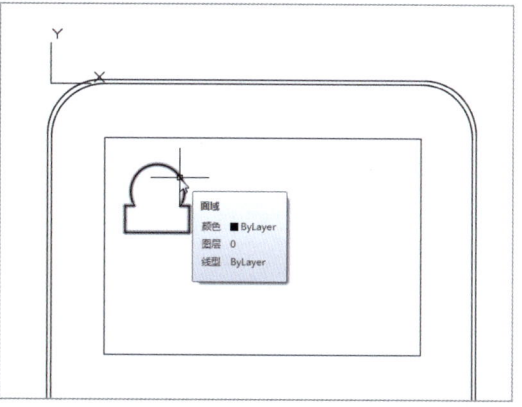
图 12-105　创建面域

步骤 09　在命令行中输入 MIRROR（镜像）命令，按【Enter】键确认，根据命令行的提示，选择新创建的面域作为镜像对象，以矩形的水平中心线为镜像线，进行镜像处理；重复执行 MIRROR（镜像）命令，选择镜像后的对象，以矩形的垂直中心线为镜像线进行镜像处理，效果如图 12-106 所示。

步骤 10 在命令行中输入 CIRCLE（圆）命令，按【Enter】键确认，根据命令行的提示，以（60,-45）为圆心点，绘制半径为 8 的圆；重复执行 CIRCLE（圆）命令，以（71,-45）为圆心，绘制半径为 4 的圆，效果如图 12-107 所示。

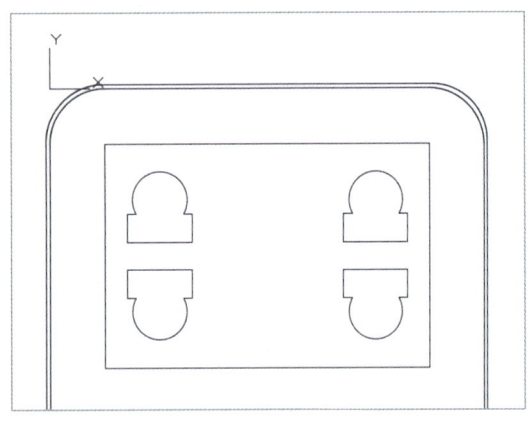 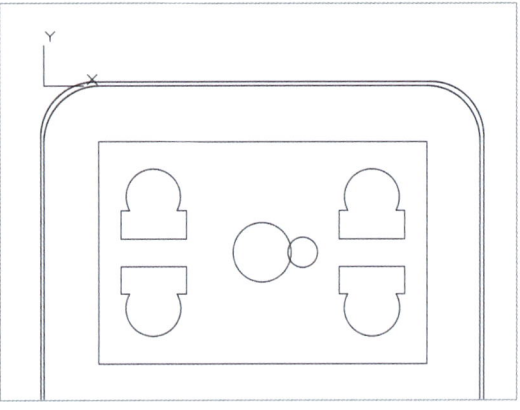

图 12-106　镜像图形　　　　　　　　图 12-107　绘制圆

步骤 11 在命令行中输入 RECTANG（矩形）命令，按【Enter】键确认，根据命令行的提示，捕捉半径为 8 的圆的左象限点作为矩形的角点，输入（@-4,-14），绘制一个矩形，如图 12-108 所示。

步骤 12 在命令行中输入 MOVE（移动）命令，选择矩形作为移动对象，捕捉矩形的右边中点作为基点，单击半径为 8 的圆的左象限点，移动矩形对象；重复执行 MOVE（移动）命令，选择矩形作为移动对象，以矩形的左边中点为基点，输入（@1,0），移动矩形，效果如图 12-109 所示。

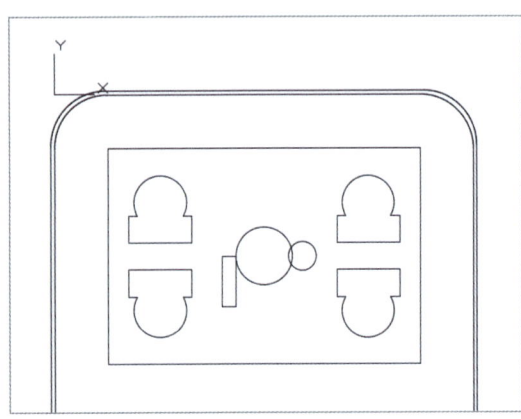 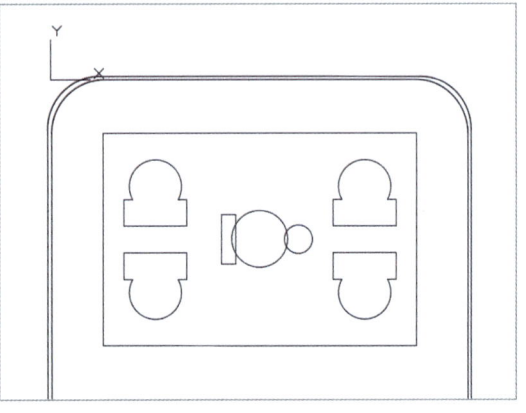

图 12-108　绘制矩形　　　　　　　　图 12-109　移动矩形

步骤 13 在命令行中输入 TRIM（修剪）命令，按【Enter】键确认，根据命令行的提示，修剪多余的线段和圆弧；在命令行中输入 REGION（面域），按【Enter】键确认，根据命令行的提示，将修剪后的图形创建为一个面域，效果如图 12-110 所示。

步骤 14 在命令行中输入 FILLET（圆角）命令，按【Enter】键确认，根据命令行的提示，设置圆角半径为 15，对矩形进行圆角处理，效果如图 12-111 所示。

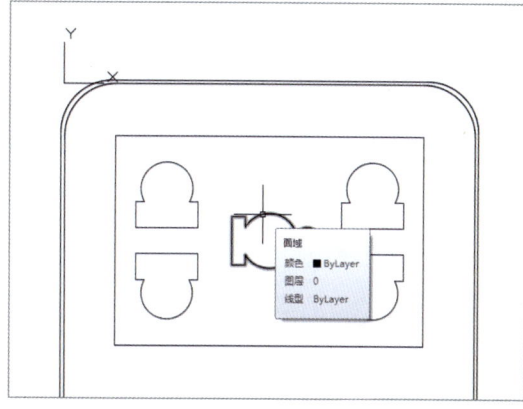

图 12-110 修剪图形

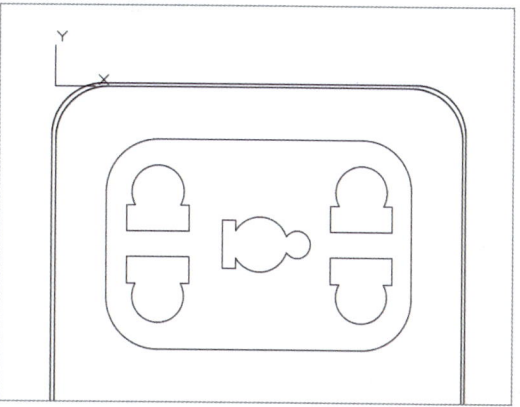

图 12-111 设置倒圆角

步骤 15 选择菜单栏中的"视图"|"三维视图"|"东南等轴测"命令，将视图切换至东南等轴测视图；在命令行中输入 MOVE（移动）命令，按【Enter】键确认，根据命令行的提示，选择二维图形，以原点为基点，输入（@0,0,50），按【Enter】键确认，进行移动处理，效果如图 12-112 所示。

步骤 16 在命令行中输入 EXTRUDE（拉伸）命令，按【Enter】键确认，根据命令行的提示，选择移动后的二维图形作为拉伸对象，向下拉伸高度为 25，如图 12-113 所示。

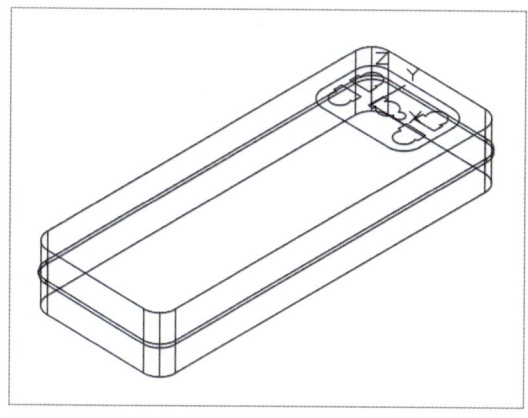

图 12-112 移动图形

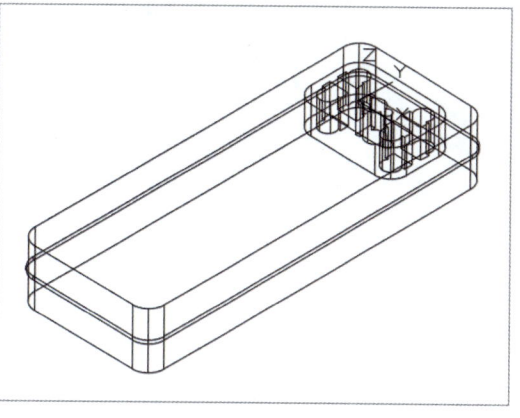

图 12-113 拉伸图形

步骤 17 在命令行中输入 COPY（复制）命令，按【Enter】键确认，根据命令行的提示，选择圆角矩形的拉伸对象，以（15,-15,50）为基点，依次输入（@0,0,0）、（@0,-75）和（@0,-150）进行复制处理，如图 12-114 所示。

步骤 18 在命令行中输入 SUBTRACT（差集）命令，按【Enter】键确认，根据命令行的提示，将合适的实体从插座中减去，并对其进行消隐处理，如图 12-115 所示。

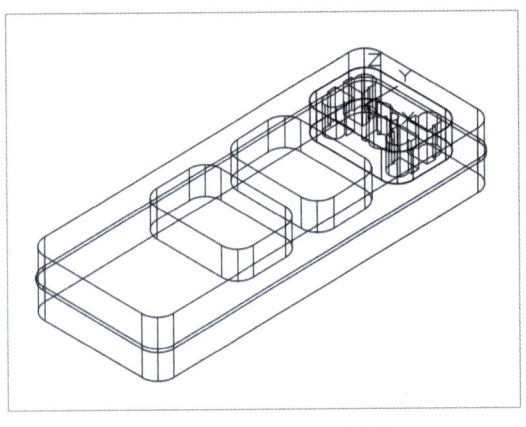
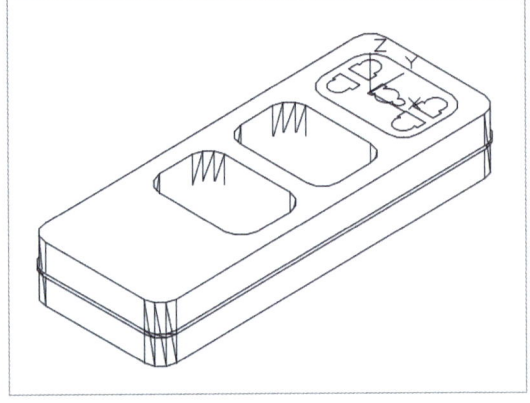

图 12-114　复制图形　　　　　　　　图 12-115　差集处理

步骤 19　在命令行中输入 FILLET（圆角）命令，按【Enter】键确认，根据命令行的提示，设置圆角半径为 1，对差集处理后的孔进行圆角处理，效果如图 12-116 所示。

步骤 20　在命令行中输入 COPY（复制）命令，按【Enter】键确认，根据命令行的提示，选择需要复制的对象，以（15,-15,50）为基点，依次输入（@0,0,0）、（@0,-75）和（@0,-150），进行复制处理，如图 12-117 所示。

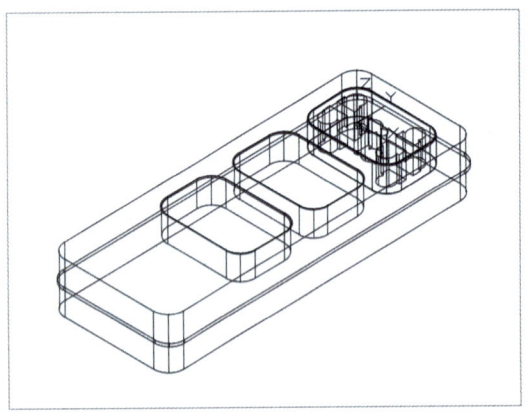
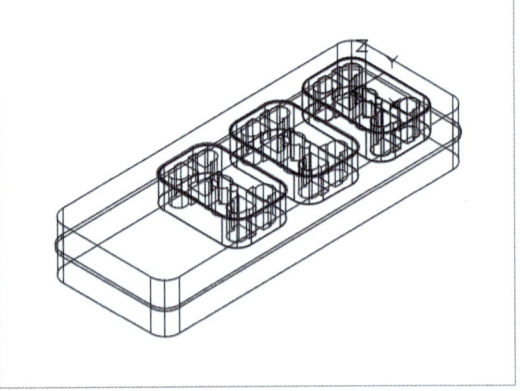

图 12-116　圆角图形　　　　　　　　图 12-117　复制图形

步骤 21　在命令行中输入 ERASE（删除）命令，按【Enter】键确认，根据命令行的提示，将最右侧的插座孔图形删除；在命令行中输入 FILLET（圆角）命令，根据命令行的提示，设置圆角半径为 2，对删除插座孔图形的孔进行圆角处理，如图 12-118 所示。

步骤 22　在命令行中输入 COPY（复制）命令，按【Enter】键确认，根据命令行的提示，选择相应的对象为复制对象，以（15,-15,50）为基点，输入（@0,75），进行复制处理，然后进行消隐处理，效果如图 12-119 所示。

第 12 章　设计常用机械模型

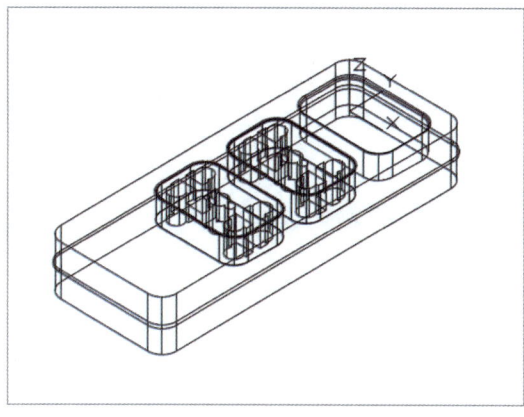

图 12-118　删除并圆角处理图形

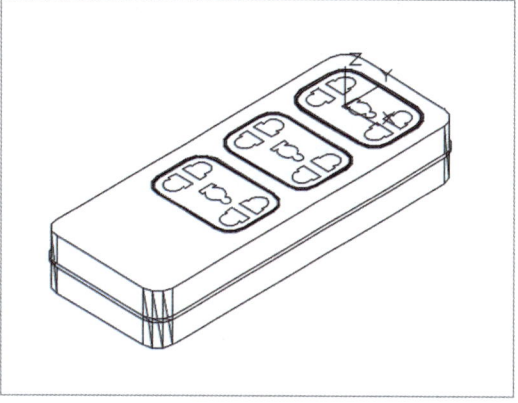

图 12-119　消隐效果

步骤 23　选择"视图"|"三维视图"|"俯视"命令，将视图切换至俯视视图；在命令行中输入 UCS（坐标系）命令，连续按两次【Enter】键确认，将坐标系恢复到世界坐标系；在命令行中输入 RECTANG（矩形）命令，按【Enter】键确认，根据命令行提示，以（15,15）和（@30,60）分别作为矩形的角点和对角点，绘制一个矩形，如图 12-120 所示。

步骤 24　在命令行中输入 ELLIPSE（椭圆）命令，按【Enter】键确认，根据命令行的提示，输入（60,45）、（@120,0）和 30 并确认，绘制椭圆，如图 12-121 所示。

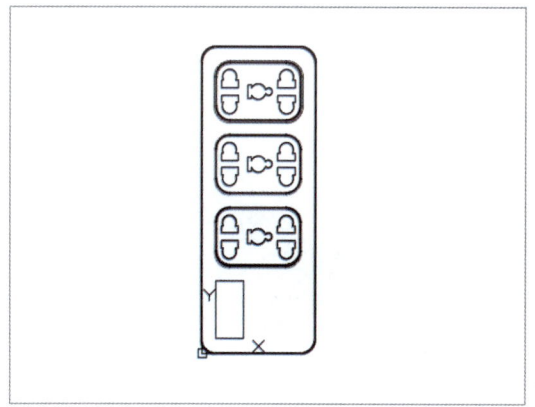

图 12-120　绘制矩形

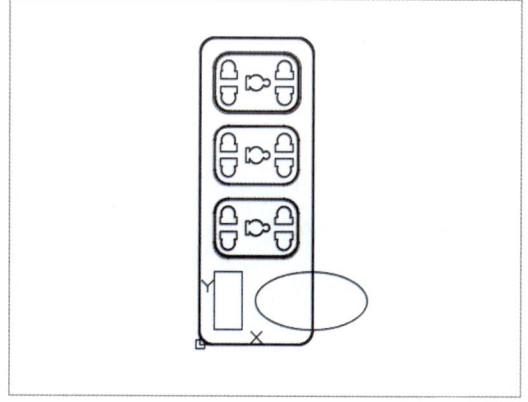

图 12-121　绘制椭圆

步骤 25　在命令行中输入 LINE（直线）命令，根据命令行的提示，依次捕捉椭圆的上、下两个象限点，绘制直线；在命令行中输入 TRIM（修剪）命令，根据命令行的提示，修剪多余的椭圆弧；在命令行中输入 REGION（面域）命令，根据命令行的提示，选择修剪后的直线和椭圆弧，按【Enter】键确认，创建面域，如图 12-122 所示。

步骤 26　单击"视图"|"三维视图"|"东南等轴测"命令，将视图切换至东南等轴测视图；在命令行中输入 EXTRUDE（拉伸）命令，根据命令行的提示，选择矩形和面域，按【Enter】键确认，输入 10 并确认，拉伸图形；在命令行中输入 COPY（复制）命令，根据命令行的提示，选择拉伸实体并确认，以（15,15,0）为基点，输入（@0,0,40），复制图形，效果如图 12-123 所示。

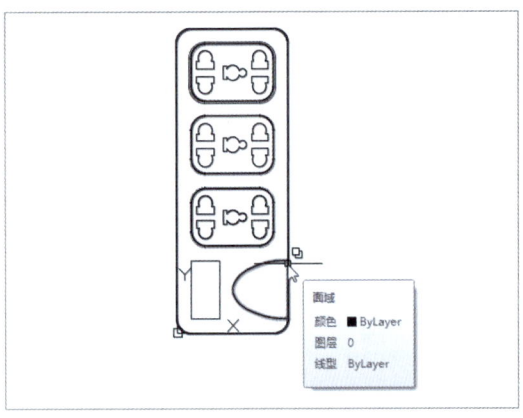
图 12-122 修剪并创建面域

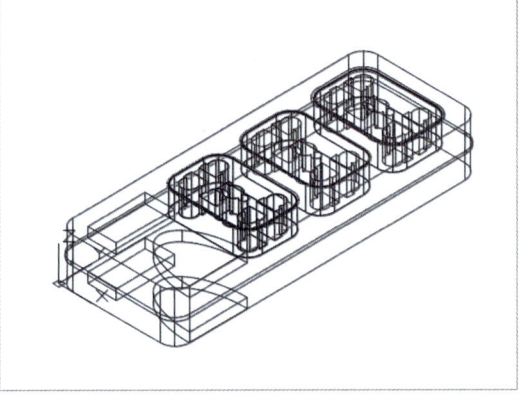
图 12-123 拉伸并复制图形

步骤 27 在命令行中输入 SUBTRACT（差集）命令，按【Enter】键确认；根据命令行的提示，选择插座底部实体，按【Enter】键确认，选择复制的实体并确认，差集处理图形；在命令行中输入 FILLET（圆角）命令，根据命令行的提示，设置圆角半径为 1，对差集后孔的边进行圆角处理，如图 12-124 所示。

步骤 28 在命令行中输入 FILLET（圆角）命令，按【Enter】键确认；根据命令行的提示，设置圆角半径为 1，对下方长方体顶边和半椭圆实体顶边、右下边进行圆角处理，按【Enter】键确认；重复 FILLET（圆角）命令，根据命令行的提示进行操作，设置圆角半径为 15，对半椭圆实体右上边进行圆角处理，效果如图 12-125 所示。

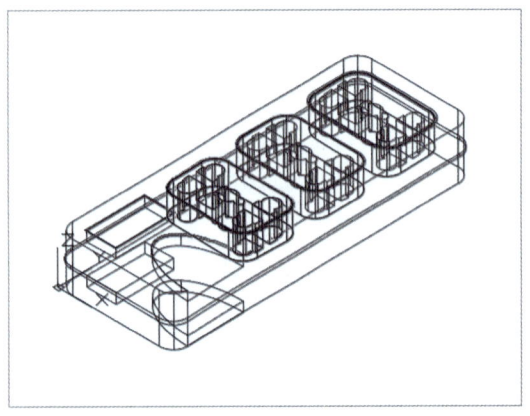
图 12-124 圆角图形

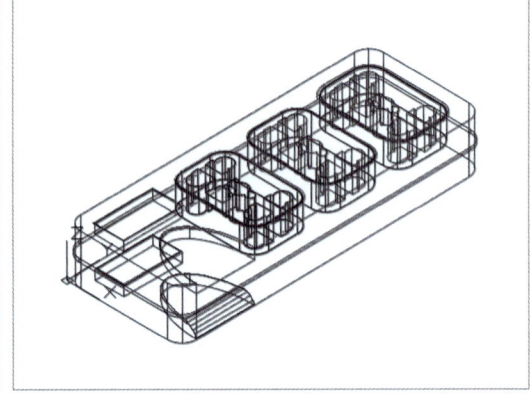
图 12-125 圆角图形

步骤 29 重复 FILLET（圆角）命令，设置圆角半径为 7，对两个长方体的左右四条边进行圆角处理，如图 12-126 所示。

步骤 30 在命令行中输入 MOVE（移动）命令，按【Enter】键确认，根据命令行的提示，选择下方长方体和半椭圆实体，按【Enter】键确认，输入（15,15,0）和（@0,0,40），移动图形，如图 12-127 所示。

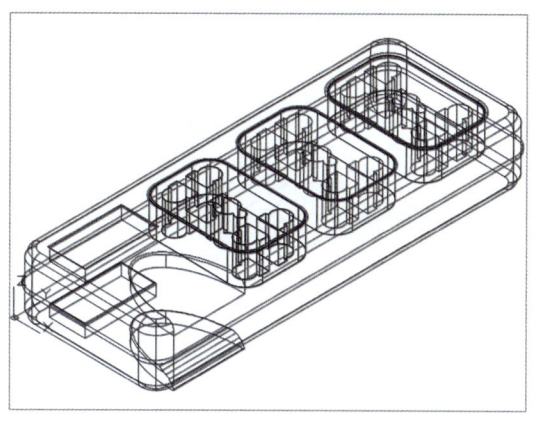

图 12-126 圆角边线

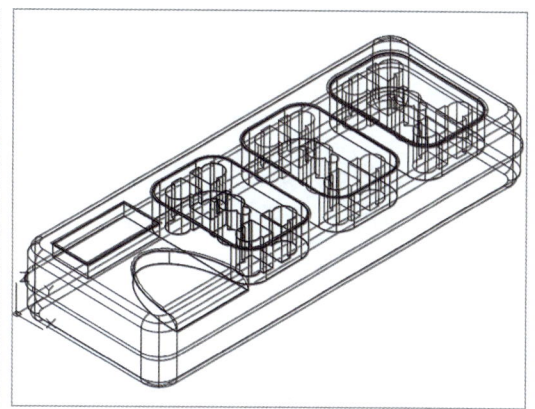

图 12-127 移动图形

步骤 31 在命令行中输入 BOX（长方体）命令，按【Enter】键确认，根据命令行的提示，在绘图区中选择合适的端点，输入 L（长度）并确认，移动鼠标至合适端点，输入宽度为-10、高度为 10，按【Enter】键确认，绘制长方体；在命令行中输入 SUBTRACT（差集）命令，按【Enter】键确认；根据命令行的提示，选择插座底部实体并确认，选择长方体并确认，差集处理图形，效果如图 12-128 所示。

步骤 32 在命令行中输入 CYLINDER（圆柱体）命令，按【Enter】键确认，根据命令行的提示，以（75,45,50）为圆柱体底面的中心点，绘制半径为 4，高为 5 的圆柱体，效果如图 12-129 所示。

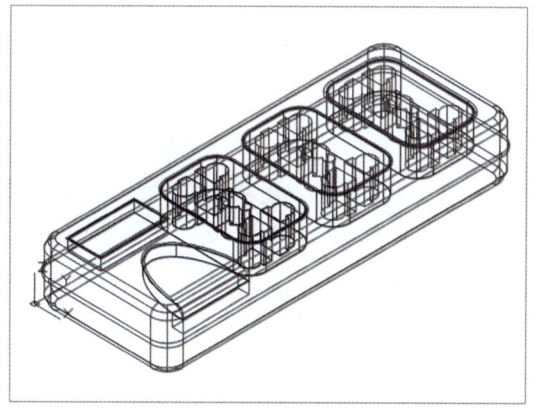

图 12-128 差集处理图形

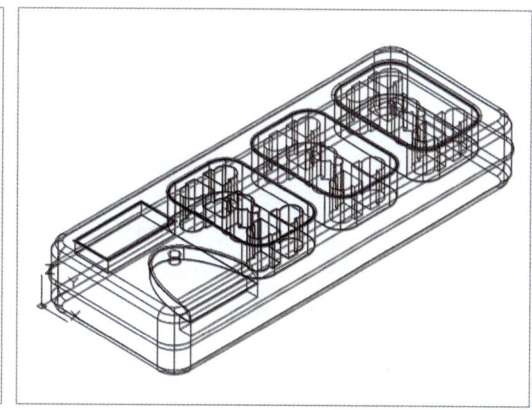

图 12-129 创建圆柱体

步骤 33 在命令行中输入 FILLET（圆角）命令，按【Enter】键确认，根据命令行的提示，设置圆角半径为 3，对圆柱体的顶面进行圆角处理，如图 12-130 所示。

步骤 34 在命令行中输入 UCS 命令，按【Enter】键确认，根据命令行的提示，将坐标系绕 X 轴旋转 90 度；在命令行中输入 CIRCLE（圆）命令，按【Enter】键确认；根据命令行的提示，以（60,25,-5）为圆心，绘制半径为 15 的圆，如图 12-131 所示。

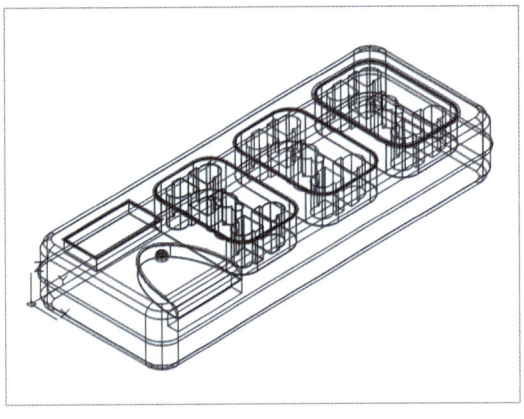 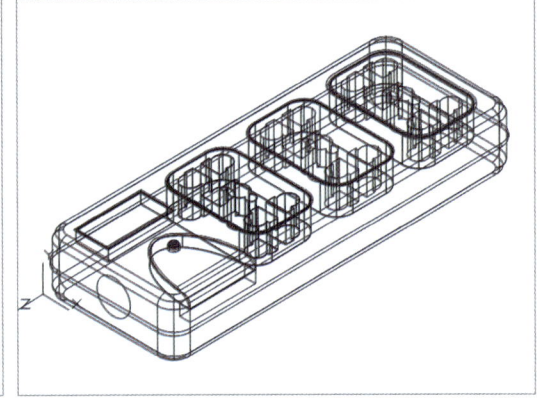

图 12-130 圆角图形　　　　　　　　图 12-131 绘制圆

步骤 35 在命令行中输入 EXTRUDE（拉伸）命令，按【Enter】键确认，根据命令行提示，选择所绘制的圆并确认，输入 T（倾斜角）并确认，输入 10 并确认，输入 40 并确认，拉伸图形，效果如图 12-132 所示。

步骤 36 在命令行中输入 SOLIDEDIT（实体编辑）命令，按【Enter】键确认，根据命令行的提示，输入 B（体），按【Enter】键确认，输入 S（抽壳）并确认，选择拉伸实体并确认，输入 1 并确认，抽壳图形；在命令行中输入行 SLICE（剖切）命令，根据命令行的提示，选择抽壳实体并确认，输入 XY 并确认，输入（0,0,0）并确认，输入（0,0,1）并确认，剖切图形，按【Enter】键确认；重复 SLICE（剖切）命令，根据命令行的提示进行操作，选择剖切后的实体并确认，输入 XY 并确认，输入（0,0,30）并确认，输入（0,0,1）并确认，剖切图形效果如图 12-133 所示。

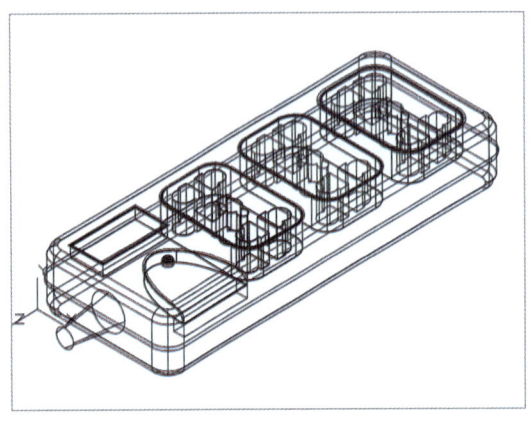 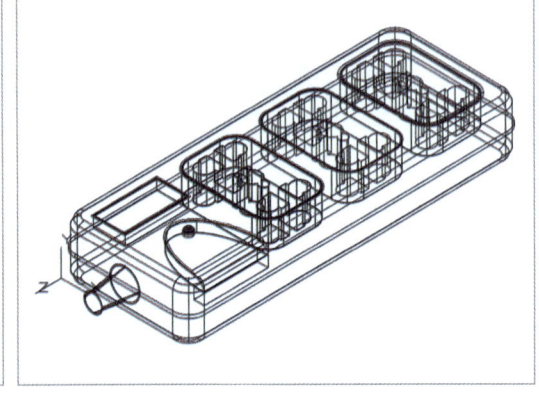

图 12-132 拉伸图形　　　　　　　　图 12-133 剖切效果

步骤 37 在命令行中输入 CYLINDER（圆柱体）命令，按【Enter】键确认；根据命令行的提示，以（60,25,0）为圆柱体底面的中心点，绘制半径为 20，高为 2 的圆柱体，效果如图 12-134 所示。

步骤 38 在命令行中输入 UCS 命令，按【Enter】键确认，根据命令行的提示，连续按两次【Enter】键确认，恢复坐标系；在命令行中输入 3DARRAY（三维阵列）命令，按【Enter】键确认，根据命令行的提示，选择所绘制的圆柱体并确认，输入 R（矩形）并确认，输入行数 6 并确认，输入列数 1 并确认，输入层数 1 并确认，输入行间距 -5 并确认，三维阵列图形效果如图 12-135 所示。

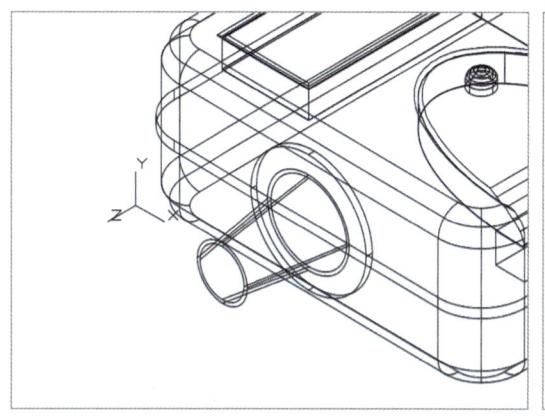

图 12-134　绘制圆柱体

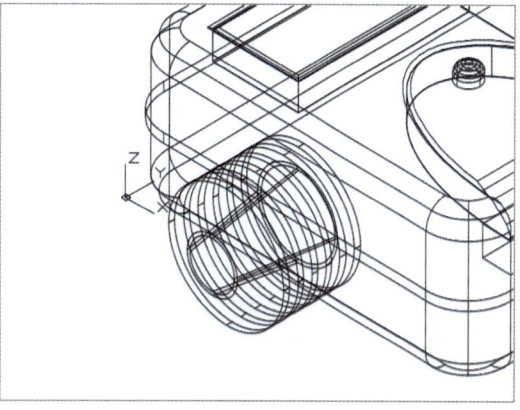

图 12-135　三维阵列图形

步骤 39　在命令行中输入 SUBTRACT（差集）命令，按【Enter】键确认，根据命令行的提示，将阵列的圆柱从实体中减去，进行差集运算，效果如图 12-136 所示。

步骤 40　在命令行中输入 CYLINDER（圆柱体）命令，按【Enter】键确认，根据命令行提示，以（37,-20,24）为圆柱体底面的中心点，绘制半径为 10，高为 2 的圆柱体；在命令行中输入 BOX（长方体）命令，按【Enter】键确认；根据命令行的提示，将（52,0,24）和（@-15,-30,2）作为长方体的角点，绘制长方体，效果如图 12-137 所示。

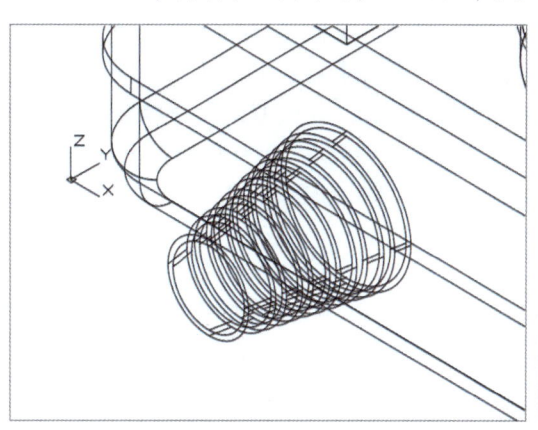

图 12-136　差集运算

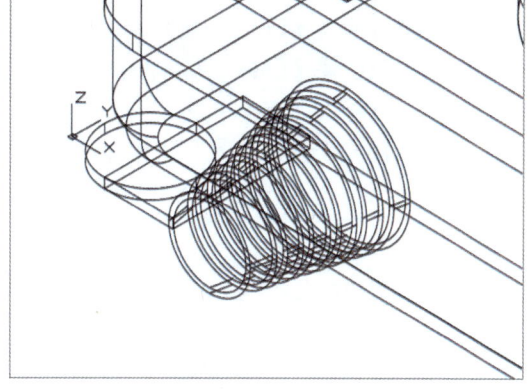

图 12-137　绘制长方体和圆柱体

步骤 41　在命令行中输入 UNION（并集）命令，按【Enter】键确认，根据命令行的提示，依次拾取长方体、圆柱体和差集实体，按【Enter】键确认，并集图形；在命令行中输入 FILLET（圆角）命令，按【Enter】键确认，根据命令行的提示，设置圆角半径为 3，对并集实体相应的边进行圆角处理，效果如图 12-138 所示。

步骤 42 在命令行中输入 CYLINDER（圆柱体）命令，按【Enter】键确认，根据命令行的提示，以（37,-20,24）为圆柱体底面的中心点，绘制半径为 5，高为 2 的圆柱体；在命令行中输入 SUBTRACT（差集）命令，按【Enter】键确认，根据命令行的提示，将刚创建的圆柱从实体中减去，进行差集运算，效果如图 12-139 所示。

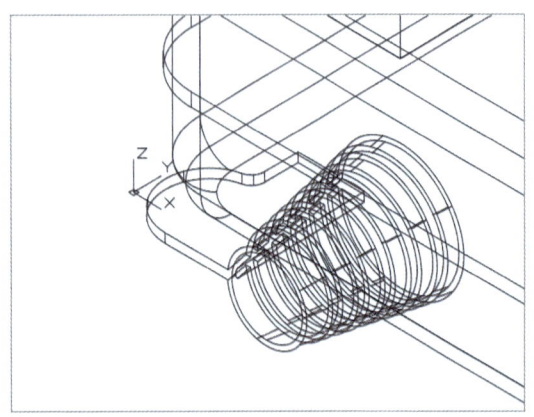
图 12-138　并集和圆角图形

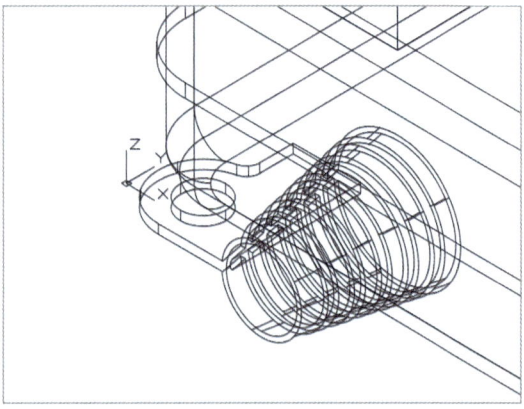
图 12-139　并差集处理

步骤 43 在命令行中输入 UCS 命令，按【Enter】键确认，根据命令行的提示，输入 X，按【Enter】键确认，输入 90 并确认，旋转坐标系；在命令行中输入 CYLINDER（圆柱体）命令，按【Enter】键确认；根据命令行的提示，以（60,25,0）为圆柱体底面的中心点，绘制半径为 16，高为 2 的圆柱体；在命令行中输入 CIRCLE（圆）命令，根据命令行的提示进行操作，输入（60,25）并确认，输入 8 并确认，绘制圆，效果如图 12-140 所示。

步骤 44 在命令行中输入 UCS 命令，按【Enter】键确认，根据命令行的提示，连续按两次【Enter】键确认，恢复坐标系；在命令行中输入 PLINE（多段线）命令，按【Enter】键确认，根据命令行的提示，输入（60,0,25）并确认，并依次输入（@0,-32）、（@15,-40）、A（圆弧）、（@-30,-30）和（-10,-100），且每输入一次按【Enter】键确认，绘制多段线，如图 12-141 所示。

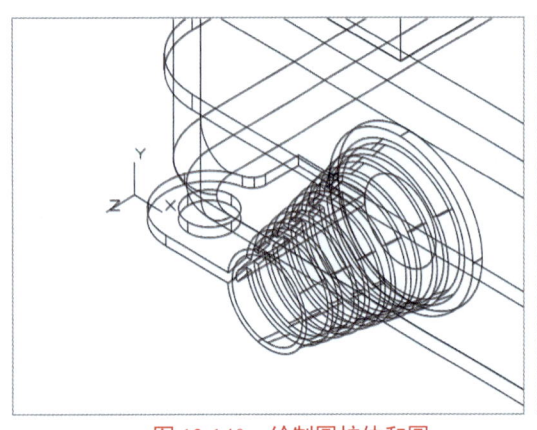
图 12-140　绘制圆柱体和圆

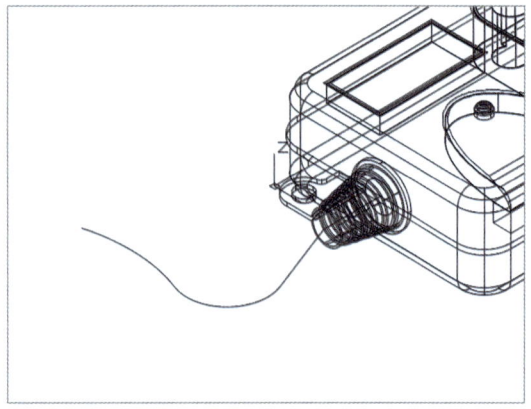
图 12-141　绘制多线段

步骤 45 在命令行中输入 EXTRUDE（拉伸）命令，按【Enter】键确认，根据命令行的提示，选择所绘制的圆，按【Enter】键确认，输入 P（路径）并确认，拾取多段线，拉伸图形，效果如图 12-142 所示。

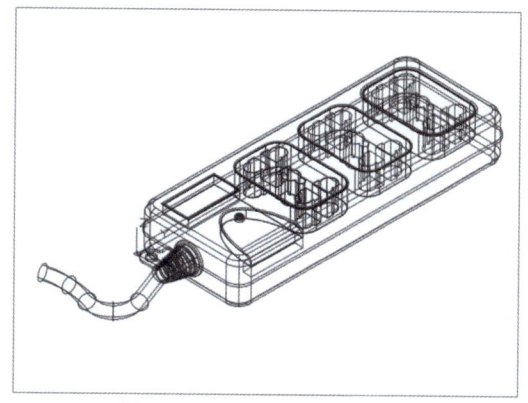

图 12-142　拉伸图形

12.4.2　渲染处理插座模型

下面介绍渲染处理插座模型的操作方法，主要使用 RECTANG（矩形）命令、MATERIALS（材质）命令以及 RENDER（渲染）命令，具体操作步骤如下所述。

步骤 01　在命令行中输入 RECTANG（矩形）命令，按【Enter】键确认，根据命令行的提示，在绘图区中绘制一个矩形框，为其赋予地面材质；选择菜单栏中的"视图"｜"视觉样式"｜"真实"命令，将视图转换成真实视觉样式，效果如图 12-143 所示。

步骤 02　在命令行中输入 MATERIALS（材质）命令，按【Enter】键确认，弹出"材质浏览器"面板；在材质库中选择"塑料"材质库，在右侧弹出的材质中选择"平滑-白色"选项，单击"将材质添加到文档中"按钮，在"材质浏览器"面板上将显示"平滑-白色"材质球，单击鼠标右键，在弹出的快捷菜单中选择"编辑"选项，如图 12-144 所示。

图 12-143　真实视觉样式

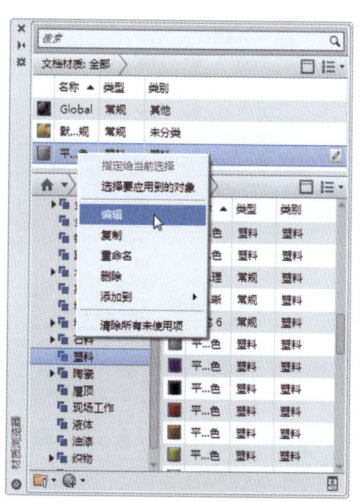

图 12-144　"材质浏览器"面板

步骤 03　弹出"材质编辑器"面板,设置"饰面"样式为"有光泽",如图 12-145 所示。

步骤 04　在绘图区选择插座底座和插座线实体,在"材质浏览器"面板中的"平滑-白色"材质球上,单击鼠标右键,在弹出的快捷菜单中选择"指定给当前选择"选项,如图 12-146 所示,赋予材质。

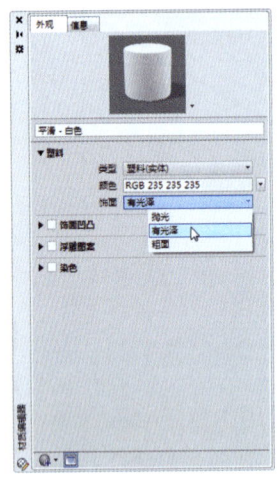 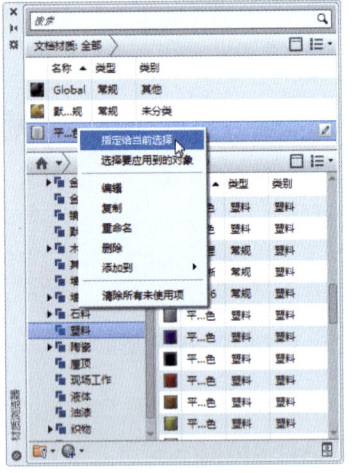

图 12-145　设置"饰面"样式　　　　　图 12-146　"材质浏览器"面板

步骤 05　在"材质浏览器"面板中的"塑料"材质库中,选择"平滑—深灰蓝色"材质球,并将其添加到文档中,单击鼠标右键,在弹出的快捷菜单中选择"编辑"选项,弹出"材质编辑器"面板,设置"饰面"为"有光泽"。在绘图区选择插座孔和插座按钮实体,在"材质浏览器"面板中的"平滑-深灰蓝色"材质球上,单击鼠标右键,在弹出的快捷菜单中选择"指定给当前选择"选项,如图 12-147 所示,赋予材质。

步骤 06　在"材质浏览器"面板中的"塑料"材质库中,选择"LED-红灯亮"选项,并将其添加到文档中,如图 12-148 所示。

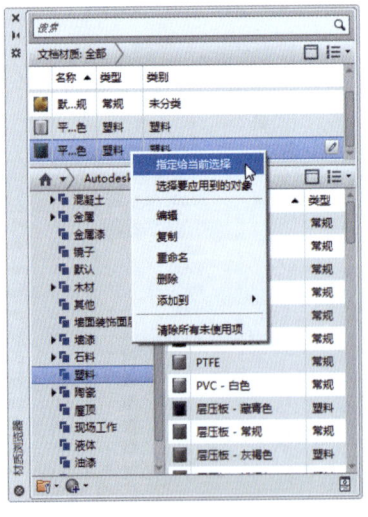 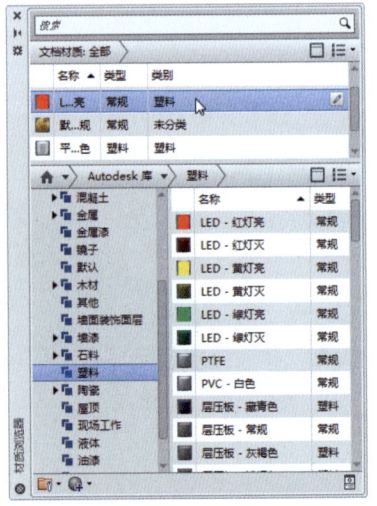

图 12-147　选择"指定给当前选择"选项　　　　　图 12-148　添加"LED-红灯亮"选项

第 12 章 设计常用机械模型

步骤 07 在绘图区选择插座显示灯实体，在"材质浏览器"面板中的"LED-红灯亮"材质球上，单击鼠标右键，在弹出的快捷菜单中选择"指定给当前选择"选项，赋予材质，单击"视图"|"命名视图"命令，弹出"视图管理器"对话框，单击"新建"按钮，弹出"新建视图/快照特性"对话框，在"视图名称"文本框中输入"渲染"，在"背景"选项区中单击"默认"右侧的下拉按钮，在弹出的列表框中选择"阳光与天光"选项，如图 12-149 所示。

步骤 08 弹出"调整阳光与天光背景"对话框，单击"确定"按钮，返回到"新建视图/快照特性"对话框，单击"确定"按钮，返回到"视图管理器"对话框，在"查看"列表框中显示创建的视图，如图 12-150 所示。

 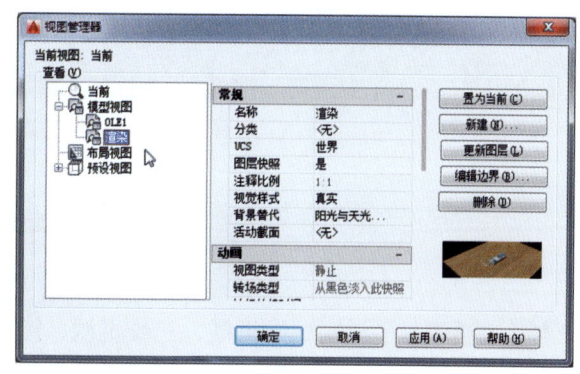

图 12-149 "新建视图/快照特性"对话框　　图 12-150 "视图管理器"对话框

步骤 09 单击"置为当前""应用"按钮和"确定"按钮，即可启用天光背景；在命令行中输入 SUNPROPERTIES（阳光特性）命令，按【Enter】键确认，根据命令行的提示，弹出"阳光特性"面板，在"太阳角度计算器"选项区中，设置时间为 10:00，如图 12-151 所示。

步骤 10 单击"视图"|"渲染"|"高级渲染设置"命令，弹出"渲染设置管理器"面板，设置"当前预设"为"高"，在"渲染大小"列表框中选择"800×600px-SVGA"，如图 12-152 所示。

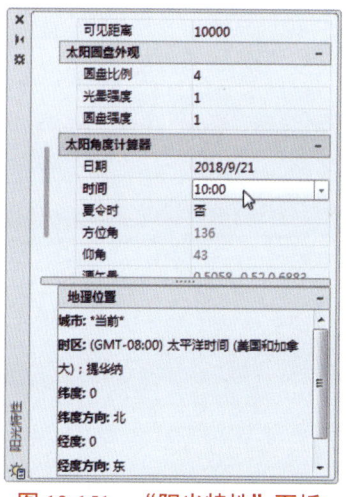 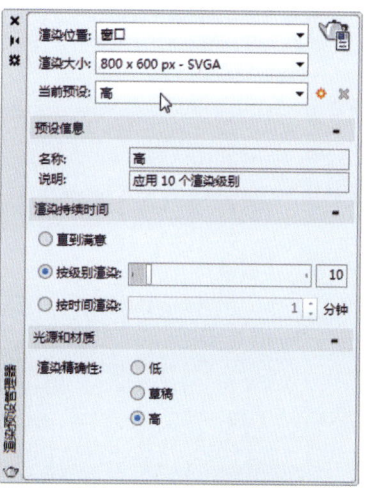

图 12-151 "阳光特性"面板　　图 12-152 "渲染设置管理器"面板

步骤 12 在命令行中输入 RENDER（渲染）命令，按【Enter】键确认，弹出"渲染"窗口，渲染模型效果如图 12-153 所示。

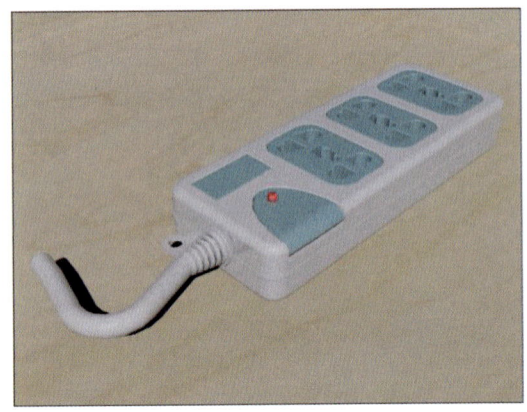
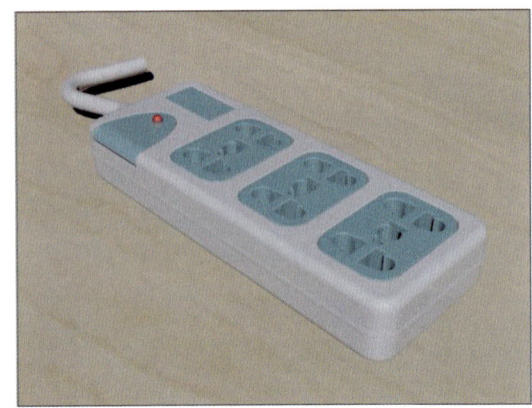

图 12-153　模型渲染效果

本章小节

　　本章主要学习了绘制二维机械、三维机械、模型零件以及产品模型的方法，讲解了 4 种机械产品模型的具体绘制技巧，主要包括平垫圈、三通接头、阀管模型以及电源插座等，首先通过"矩形""长方体"和"圆柱体"等命令绘制模型的基本效果，然后运用一系列的拉伸、镜像、运算、阵列、抽壳等命令创建机械产品模型的实体特征效果，最后对模型进行渲染处理。通过本章的学习，希望用户熟练掌握各类机械模型与产品零件的绘制技巧。